Ismail Kasikci · Udo Markgraf

Erlaubt? Verboten?

Ismail Kasikci • Udo Markgraf

Erlaubt? Verboten?

Elektroinstallation in Fragen und Antworten

Erläuterungen zu wichtigen Vorschriften aus DIN VDE, DIN, TAB, AR, NAV, BetrSichV, GBN u. a.

19., überarbeitete und erweiterte Auflage

VDE VERLAG GMBH

Bibliografische Information der Deutschen Nationalbibliothek
Die Deutsche Nationalbibliothek verzeichnet diese Publikation in der Deutschen Nationalbibliografie; detaillierte bibliografische Daten sind im Internet über *http://dnb.dnb.de* abrufbar.

ISBN 978-3-8007-5368-0 (Print)
ISBN 978-3-8007-5369-7 (E-Book)

Satz: Strassner ComputerSatz, Heidelberg
Druck: CPI Books GmbH, Leck
Printed in Germany 2021-10

Vorwort

Heute hat der starke Einfluss der Europäischen Gemeinschaft den ständigen Wandel im Vorschriftenwesen durch vereinbarte Anpassungspflichten an europäische Standards noch verstärkt. Ziel dieser Anpassung ist es außerdem, Handelshemmnisse, die durch unterschiedliche Vorschriften in den einzelnen Mitgliedsländern entstanden sind, abzubauen.

IEC- und EN-Normen ändern sich ständig. Die Änderungen müssen übernommen, veröffentlicht und die Zusammenhänge erklärt werden.

Die Durchführung von Elektroinstallationen, die Themen und die Normen sind sehr komplex und umfangreicher geworden. Für die Verbesserung und Erleichterung der Normungskenntnisse ist die vorliegende 19. Auflage mit einer neuen Struktur wiederum bearbeitet, dem neuesten Stand von Technik und Normen angepasst, in vielen Abschnitten erweitert und auch durch völlig neue Fragen und Antworten ergänzt worden.

Dieses Werk ist sowohl für die praktische Arbeit als auch für die Lehre und Prüfungsvorbereitung bestens geeignet. Zahlreiche Fragen sind praxisgerecht mit Abbildungen beantwortet worden. Die thematisch geordneten und aufeinander aufbauenden Fragen, die genauen Quellenangaben und die Berechnungen und Tabellen im Anhang, machen es möglich, das Buch als umfassendes Nachschlagewerk zu verwenden.

An dieser Stelle möchte ich mich bei Herrn Udo Markgraf herzlich bedanken, dass ich sein Buch weiterführen darf. Er hat in seinem aktiven Arbeitsleben die Handwerker und Ingenieure mit seinem Wissen und umfangreichen Erfahrungen auf dem Bereich der Normung und Praxis immer unterstützt.

Dank gebührt auch dem VDE Verlag und insbesondere Herrn Bernd Schultz für die Unterstützung bei der Veröffentlichung der neuen Auflage.

Weinheim, August 2021 *Ismail Kasikci*

Inhaltsverzeichnis

Verzeichnis der durchgearbeiteten Normen

VDE-Klassifikation	Ausgabe-datum	Original-Schriftstücks-bezeichnung	Titel
Gruppe 0			**Allgemeine Grundsätze**
VDE 0022	2008-08	–	Satzung für das Vorschriftenwerk des VDE Verband der Elektrotechnik Elektronik Informationstechnik e. V.
Gruppe 1			**Energieanlagen**
VDE 0100			Errichten von Niederspannungsanlagen
Beiblatt 1 zu VDE 0100	1982-11	Beiblatt 1 zu DIN 57100	Entwicklungsgang der Errichtungsbestimmungen
Beiblatt 2 zu VDE 0100	2001-05	Beiblatt 2 zu DIN VDE 0100	Verzeichnis der einschlägigen Normen und Übergangsfestlegungen
Beiblatt 3 zu VDE 0100	1983-03	Beiblatt 3 zu DIN 57100	Struktur der Normenreihe
Beiblatt 5 zu VDE 0100	2021-06	Beiblatt 5 zu DIN VDE 0100	Maximal zulässige Längen von Kabeln und Leitungen unter Berücksichtigung des Fehlerschutzes, des Schutzes bei Kurzschluss und des Spannungsfalls
Gruppe 100			*Anwendungsbereich – Allgemeine Anforderungen*
VDE 0100-100	2009-06	DIN VDE 0100-100	– Teil 1: Allgemeine Grundsätze, Bestimmungen allgemeiner Merkmale, Begriffe
Gruppe 200			*Begriffe*
VDE 0100-200	2006-06	DIN VDE 0100-200	– Teil 200: Begriffe
Gruppe 400			*Schutzmaßnahmen*
VDE 0100-410	2018-10	DIN VDE 0100-410	– Teil 4-41: Schutzmaßnahmen – Schutz gegen elektrischen Schlag
VDE 0100-420	2019-10	DIN VDE 0100-420	– Teil 4-42: Schutzmaßnahmen – Schutz gegen thermische Auswirkungen
VDE 0100-430	2010-10	DIN VDE 0100-430	– Teil 4-43: Schutzmaßnahmen – Schutz bei Überstrom

VDE-Klassifikation	Ausgabe-datum	Original-Schriftstücks-bezeichnung	Titel
VDE 0100-442	2013-06	DIN VDE 0100-442	– Teil 4-442: Schutzmaßnahmen – Schutz von Niederspannungsanlagen bei vorübergehenden Überspannungen infolge von Erdschlüssen im Hochspannungsnetz und bei Fehlern im Niederspannungsnetz
VDE 0100-443	2016-10	DIN VDE 0100-443	– Teil 4-44: Schutzmaßnahmen – Schutz bei Störspannungen und elektromagnetischen Störgrößen – Abschnitt 443: Schutz bei Überspannungen infolge atmosphärischer Einflüsse oder von Schaltvorgängen
VDE 0100-444	2010-10	DIN VDE 0100-444	– Teil 4-444: Schutzmaßnahmen – Schutz bei Störspannungen und elektromagnetischen Störgrößen
VDE 0100-450	1990-03	DIN VDE 0100-450	Errichten von Starkstromanlagen mit Nennspannungen bis 1000 V
VDE 0100-460	2018-06	DIN VDE 0100-460	Teil 4: Schutzmaßnahmen – Kapitel 46: Trennen und Schalten
Gruppe 500			***Auswahl und Errichtung elektrischer Betriebsmittel***
VDE 0100-510	2014-10	DIN VDE 0100-510	– Teil 5-51: Auswahl und Errichtung elektrischer Betriebsmittel – Allgemeine Bestimmungen
VDE 0100-520	2013-06	DIN VDE 0100-520	– Teil 5-52: Auswahl und Errichtung elektrischer Betriebsmittel – Kabel- und Leitungsanlagen
Beiblatt 1 zu VDE 0100-520	2016-10	Beiblatt 1 zu DIN VDE 0100-520	Leitfaden für elektrische Anlagen – Auswahl und Errichtung elektrischer Betriebsmittel – Kabel- und Leitungsanlagen – Begrenzung des Temperaturanstiegs bei Schnittstellenanschlüssen
Beiblatt 2 zu VDE 0100-520	2010-10	Beiblatt 2 zu DIN VDE 0100-520	Schutz bei Überlast, Auswahl von Überstrom-Schutzeinrichtungen, maximal zulässige Kabel- und Leitungslängen zur Einhaltung des zulässigen Spannungsfalls und der Abschaltzeiten zum Schutz gegen elektrischen Schlag
Beiblatt 3 zu VDE 0100-520	2012-10	Beiblatt 3 zu DIN VDE 0100-520	Strombelastbarkeit von Kabeln und Leitungen in 3-phasigen Verteilungsstromkreisen bei Lastströmen mit Oberschwingungsanteilen

VDE-Klassifikation	Ausgabe-datum	Original-Schriftstücks-bezeichnung	Titel
VDE 0100-530	2018-06	DIN VDE 0100-530	– Teil 530: Auswahl und Errichtung elektrischer Betriebsmittel – Schalt- und Steuergeräte
VDE 0100-534	2016-06	DIN VDE 0100-534	– Teil 5-53: Auswahl und Errichtung elektrischer Betriebsmittel – Trennen, Schalten und Steuern – Abschnitt 534: Überspannung-Schutzeinrichtungen (ÜSE)
VDE 0100-540	2012-06	DIN VDE 0100-540	– Teil 5-54: Auswahl und Errichtung elektrischer Betriebsmittel – Erdungsanlagen und Schutzleiter
VDE-AR-E 2100-550	2019-02	VDE-AR-E 2100-550	Errichten von Niederspannungsanlagen Teil 550: Auswahl und Errichtung elektrischer Betriebsmittel – Schalter und Steckdosen
VDE 0100-551	2017-02	DIN VDE 0100-551	– Teil 5-55: Auswahl und Errichtung elektrischer Betriebsmittel – Andere Betriebsmittel – Abschnitt 551: Niederspannungsstromerzeugungseinrichtungen
Beiblatt 1 zu VDE 0100-551	2019-06	Beiblatt 1 zu DIN VDE 0100-551	– Teil 5-55: Auswahl und Errichtung elektrischer Betriebsmittel – Andere Betriebsmittel – Abschnitt 551: Niederspannungsstromerzeugungseinrichtungen; Beiblatt 1: Ausführungen von Notstromeinspeisungen mit mobilen Stromerzeugungseinrichtungen
VDE 0100-557	2014-10	DIN VDE 0100-557	– Teil 5-557: Auswahl und Errichtung elektrischer Betriebsmittel – Hilfsstromkreise
VDE 0100-559	2014-02	DIN VDE 0100-559	– Teil 5-559: Auswahl und Errichtung elektrischer Betriebsmittel – Leuchten und Beleuchtungsanlagen
VDE 0100-560	2013-10	DIN VDE 0100-560	– Teil 5-56: Auswahl und Errichtung elektrischer Betriebsmittel – Einrichtungen für Sicherheitszwecke
Gruppe 600			***Prüfungen***
VDE 0100-600	2017-06	DIN VDE 0100-600	– Teil 6: Prüfungen

VDE-Klassifikation	Ausgabe-datum	Original-Schriftstücks-bezeichnung	Titel
Gruppe 700			***Anforderungen für Betriebsstätten, Räume und Anlagen besonderer Art***
VDE 0100-701	2008-10	DIN VDE 0100-701	– Teil 7-701: Anforderungen für Betriebsstätten, Räume und Anlagen besonderer Art – Räume mit Badewanne oder Dusche
VDE 0100-702	2012-03	DIN VDE 0100-702	– Teil 7-702: Anforderungen für Betriebsstätten, Räume und Anlagen besonderer Art – Becken von Schwimmbädern, begehbare Wasserbecken und Springbrunnen
VDE 0100-703	2006-02	DIN VDE 0100-703	– Teil 7-703: Anforderungen für Betriebsstätten, Räume und Anlagen besonderer Art – Räume und Kabinen mit Saunaheizungen
VDE 0100-704	2018-10	DIN VDE 0100-704	– Teil 7-704: Anforderungen für Betriebsstätten, Räume und Anlagen besonderer Art – Baustellen
VDE 0100-705	2007-10	DIN VDE 0100-705	– Teil 7-705: Anforderungen für Betriebsstätten, Räume und Anlagen besonderer– Elektrische Anlagen von landwirtschaftlichen und gartenbaulichen Betriebsstätten
VDE 0100-706	2021-06	DIN VDE 0100-706	– Teil 7-706: Anforderungen für Betriebsstätten, Räume und Anlagen besonderer Art – Leitfähige Bereiche mit begrenzter Bewegungsfreiheit
VDE 0100-708	2010-02	DIN VDE 0100-708	– Teil 7-708: Anforderungen für Betriebsstätten, Räume und Anlagen besonderer Art – Caravanplätze und ähnliche Bereiche
VDE 0100-709	2020-02	DIN VDE 0100-709	– Teil 7-709: Anforderungen für Betriebsstätten, Räume und Anlagen besonderer Art – Häfen, Marinas und ähnliche Bereiche – Besondere Anforderungen an die Versorgungseinrichtungen für den elektrischen Landanschluss von Schiffen
VDE 0100-710	2012-10	DIN VDE 0100-710	– Teil 7-710: Anforderungen für Betriebsstätten, Räume und Anlagen besonderer Art – Medizinisch genutzte Bereiche

VDE-Klassifikation	Ausgabedatum	Original-Schriftstücksbezeichnung	Titel
VDE 0100-711	2020-06	DIN VDE 0100-711	– Teil 711: Anforderungen für Betriebsstätten, Räume und Anlagen besonderer Art – Ausstellungen, Shows und Stände
VDE 0100-712	2016-10	DIN VDE 0100-712	– Teil 7-712: Anforderungen für Betriebsstätten, Räume und Anlagen besonderer Art – Solar-Photovoltaik-(PV)-Stromversorgungssysteme
VDE 0100-713	2017-10	DIN VDE 0100-713	– Teil 7-713: Anforderungen für Betriebsstätten, Räume und Anlagen besonderer Art – Möbel und ähnliche Einrichtungsgegenstände
VDE 0100-714	2014-02	DIN VDE 0100-714	– Teil 7-714: Anforderungen für Betriebsstätten, Räume und Anlagen besonderer Art – Beleuchtungsanlagen im Freien
VDE 0100-715	2014-02	DIN VDE 0100-715	– Teil 7-715: Anforderungen für Betriebsstätten, Räume und Anlagen besonderer Art – Kleinspannungsbeleuchtungsanlagen
VDE 0100-717	2010-10	DIN VDE 0100-717	– Teil 7-717: Anforderungen für Betriebsstätten, Räume und Anlagen besonderer Art – Ortsveränderliche oder transportable Baueinheiten
VDE 0100-718	2014-06	DIN VDE 0100-718	– Teil 7-718: Anforderungen für Betriebsstätten, Räume und Anlagen besonderer Art – Öffentliche Einrichtungen und Arbeitsstätten
VDE 0100-721	2019-10	DIN VDE 0100-721	– Teil 7-721: Anforderungen für Betriebsstätten, Räume und Anlagen besonderer Art – Elektrische Anlagen von Caravans und Motorcaravans
VDE 0100-722	2019-06	DIN VDE 0100-722	– Teil 7-722: Anforderungen für Betriebsstätten, Räume und Anlagen besonderer Art – Stromversorgung von Elektrofahrzeugen;
VDE 0100-723	2005-06	DIN VDE 0100-723	– Teil 723: Anforderungen für Betriebsstätten, Räume und Anlagen besonderer Art – Unterrichtsräume mit Experimentiereinrichtungen

VDE-Klassifikation	Ausgabe-datum	Original-Schriftstücks-bezeichnung	Titel
VDE 0100-729	2010-02	DIN VDE 0100-729	– Teil 7-729: Anforderungen für Betriebsstätten, Räume und Anlagen besonderer Art – Bedienungsgänge und Wartungsgänge
VDE 0100-730	2016-06	DIN VDE 0100-730	– Teil 7-730: Anforderungen für Betriebsstätten, Räume und Anlagen besonderer Art – Elektrischer Landanschluss für Fahrzeuge der Binnenschifffahrt
VDE 0100-731	2014-10	DIN VDE 0100-731	– Teil 7-731: Anforderungen für Betriebsstätten, Räume und Anlagen besonderer Art – Abgeschlossene elektrische Betriebsstätten
VDE 0100-737	2002-01	DIN VDE 0100-737	Feuchte und nasse Bereiche und Räume und Anlagen im Freien
VDE 0100-740	2007-10	DIN VDE 0100-737	– Teil 7-740: Anforderungen für Betriebsstätten, Räume und Anlagen besonderer Art – Vorübergehend errichtete elektrische Anlagen für Aufbauten, Vergnügungseinrichtungen und Buden auf Kirmesplätzen, Vergnügungsparks und für Zirkusse
VDE 0100-753	2015-10	DIN VDE 0100-753	Teil 7: Anforderungen für Betriebsstätten, Räume und Anlagen besonderer Art – – Teil 753: Fußboden- und Decken-Flächenheizungen
800			**Energieeffizienz, intelligente Niederspannungsanlagen**
VDE 0100-801	2020-10	DIN VDE 0100-801	Errichten von Niederspannungsanlagen – Teil 8-1: Funktionale Aspekte – Energieeffizienz
VDE 0100-802	2021-10	DIN VDE 0100-802	Errichten von Niederspannungsanlagen – Teil 8-2: Kombinierte Erzeugungs-/Verbrauchsanlagen
VDE 0101-1	2014-12	DIN EN 61936-1	Starkstromanlagen mit Nennwechselspannungen über 1 kV – Teil 1: Allgemeine Bestimmungen
VDE 0101-2	2011-11	DIN EN 50522	Erdung von Starkstromanlagen mit Nennwechselspannungen über 1 kV;
VDE 0105-100	2015-10	DIN VDE 0105-100	Betrieb von elektrischen Anlagen – Teil 100: Allgemeine Festlegungen

VDE-Klassifikation	Ausgabe-datum	Original-Schriftstücks-bezeichnung	Titel
VDE 0105-115	2006-02	DIN VDE 0105-115	Betrieb von elektrischen Anlagen – Besondere Festlegungen für landwirtschaftliche Betriebsstätten
VDE 0128-1	2003-06	DIN EN 50107-1	Leuchtröhrengeräte und Leuchtröhrenanlagen mit einer Leerlaufspannung über 1 kV, aber nicht über 10 kV Teil 1: Allgemeine Anforderungen;
VDE 0128-2	2005-09	DIN EN 50107-2	Leuchtröhrengeräte und Leuchtröhrenanlagen mit einer Leerlaufspannung über 1 kV, aber nicht über 10 kV Teil 2: Anforderungen an Erdschluss-Schutzeinrichtungen und Leerlauf-Schutzeinrichtungen;
VDE 0131	2020-01	DIN 57131	Errichtung und Betrieb von Elektrozaunanlagen für Tiere
VDE 0132	2018-07	DIN VDE 0132	Brandbekämpfung und technische Hilfeleistung im Bereich elektrischer Anlagen
VDE 0165-1	2014-10	DIN EN 60079-14	Explosionsgefährdete Bereiche – Teil 14: Projektierung, Auswahl und Errichtung elektrischer Anlagen
VDE 0165-101	2016-10	DIN EN 60079-10-1	Explosionsgefährdete Bereiche – Teil 10-1: Einteilung der Bereiche – Gasexplosionsgefährdete Bereiche
VDE 0185-305-1	2011-10	DIN EN 62305-1	Blitzschutz – Teil 1: Allgemeine Grundsätze
VDE 0185-305-2	2013-02	DIN EN 62305-2	Blitzschutz – Teil 2: Risiko-Management
VDE 0185-305-3	2011-10	DIN EN 62305-3	Blitzschutz – Teil 3: Schutz von baulichen Anlagen und Personen
VDE 0185-305-4	2011-10	DIN EN 62305-4	Blitzschutz – Teil 4: Elektrische und elektronische Systeme in baulichen Anlagen
VDE 0199	2003-05	DIN EN 60073	Grund- und Sicherheitsregeln für die Mensch-Maschine-Schnittstelle, Kennzeichnung Codierungsgrundsätze für Anzeigengeräte und Bedienteile
Gruppe 2			**Energieleiter**
VDE 0211	1985-12	DIN VDE 0211	Bau von Starkstrom-Freileitungen mit Nennspannungen bis 1000 V

VDE-Klassifikation	Ausgabe-datum	Original-Schriftstücks-bezeichnung	Titel
VDE 0250-1	1981-10	DIN 57250-1	Isolierte Starkstromleitungen Allgemeine Festlegungen
VDE 0276-1000	1995-06	DIN VDE 0276-1000	Starkstromkabel Teil 1000: Strombelastbarkeit, Allgemeines Umrechnungsfaktoren
VDE 0293-1	2006-10	DIN VDE 0293-1	Kennzeichnung der Adern von Starkstromkabeln und isolierten Starkstromleitungen mit Nennspannungen bis 1000 V – Teil 1: Ergänzende nationale Festlegungen
VDE 0298-3	2006-06	DIN VDE 0298-3	Verwendung von Kabeln und isolierten Leitungen für Starkstromanlagen – Teil 3: Leitfaden für die Verwendung nicht harmonisierter Starkstromleitungen
VDE 0298-4	2013-06	DIN VDE 0298-4	Verwendung von Kabeln und isolierten Leitungen für Starkstromanlagen – Teil 4: Empfohlene Werte für die Strombelastbarkeit von Kabeln und Leitungen für feste Verlegung in und an Gebäuden und von flexiblen Leitungen
VDE 0298-565-1	2015-02	DIN EN 50565-1	Kabel und Leitungen – Leitfaden für die Verwendung von Kabeln und isolierten Leitungen mit einer Nennspannung nicht über 450/750 V (U_0/U) – Teil 1: Allgemeiner Leitfaden;
VDE 0298-565-2	2015-02	DIN EN 50565-2	Kabel und Leitungen – Leitfaden für die Verwendung von Kabeln und isolierten Leitungen mit einer Nennspannung nicht über 450/750 V (U_0/U) – Teil 2: Aufbaudaten und Einsatzbedingungen der Kabel- und Leitungsbauarten nach EN 50525;
Gruppe 4			**Elektrische Sicherheit in Niederspannungsnetzen bis AC 1000 V und DC 1500 V – Geräte zum Prüfen, Messen oder Überwachen von Schutzmaßnahmen**
VDE 0413-1	2007-12	DIN EN 61557-1	– Teil 1: Allgemeine Anforderungen
VDE 0413-2	2008-02	DIN EN 61557-2	– Teil 2: Isolationswiderstand

VDE-Klassifikation	Ausgabe-datum	Original-Schriftstücks-bezeichnung	Titel
VDE 0413-3	2008-02	DIN EN 61557-3	– Teil 3: Schleifenwiderstand
VDE 0413-4	2007-12	DIN EN 61557-4	– Teil 4: Widerstand von Erdungsleitern, Schutzleitern und Potentialausgleichs-leitern
VDE 0413-5	2007-12	DIN EN 61557-5	– Teil 5: Erdungswiderstand
VDE 0413-6	2008-05	DIN EN 61557-6	– Teil 6: Wirksamkeit von Fehlerstrom Schutzeinrichtungen (RCD) in TT-, TN- und IT-Systemen
VDE 0413-7	2008-02	DIN EN 61557-7	– Teil 7: Drehfeld
VDE 0413-8	2015-12	DIN EN 61557-8	– Teil 8: Isolationsüberwachungsgeräte für IT-Systeme
Gruppe 5			**Bestimmungen für Kleintrans-formatoren**
VDE 0550-1	1969-12	DIN VDE 0550-1	Teil 1: Allgemeine Bestimmungen
VDE 0550-3	1969-12	DIN VDE 0550-3	Teil 3: Besondere Bestimmungen für Trenn- und Steuertransformatoren sowie Netzanschluss- und Isoliertransformato-ren über 1000 V
Gruppe 6			**Installationsmaterial, Schaltgeräte**
VDE 0603-1	2017-06	DIN VDE 0603-1	Installationskleinverteiler und Zähler-plätze AC 400 V Installationskleinverteiler und Zähler-plätze
VDE 0636-1	2015-05	DIN EN 60269-1	Niederspannungssicherungen – Teil 1: Allgemeine Anforderungen
VDE 0641-11	2020-11	DIN EN 60898-1	Elektrisches Installationsmaterial – Lei-tungsschutzschalter für Hausinstalla-tionen und ähnliche Zwecke – Teil 1: Leitungsschutzschalter für Wechselstrom (AC)
VDE 0641-12	2007-03	DIN EN 60898-2	Elektrisches Installationsmaterial – Lei-tungsschutzschalter für Hausinstalla-tionen und ähnliche Zwecke – Teil 2: Leitungsschutzschalter für Wechsel- und Gleichstrom (AC und DC)

VDE-Klassifikation	Ausgabedatum	Original-Schriftstücksbezeichnung	Titel
VDE 0660-600-4	2013-09	DIN EN 61439-4	Niederspannungs-Schaltgerätekombinationen – Teil 4: Besondere Anforderungen für Baustromverteiler (BV)
VDE 0660-505	2018-12	DIN VDE 0660-505	Niederspannung-Schaltgerätekombinationen Teil 505: Bestimmung für Hausanschlusskästen und Sicherungskästen
Gruppe 7			**Gebrauchsgeräte, Arbeitsgeräte**
VDE 0700-1 und Teile	2020-08	DIN EN 60335-1	Sicherheit elektrischer Geräte für den Hausgebrauch und ähnliche Zwecke – Teil 1: Allgemeine Anforderungen
VDE 0701	2021-02	DIN EN 50678	Allgemeines Verfahren zur Überprüfung der Wirksamkeit der Schutzmaßnahmen von Elektrogeräten nach der Reparatur
VDE 0702	2021-06	DIN EN 50699	Wiederholungsprüfung für elektrische Geräte
Gruppe 8			**Informationstechnik**
VDE 0800-2-310	2020-06	DIN EN 50310	Telekommunikationstechnische Potentialausgleichsanlagen für Gebäude und andere Strukturen
Sonstige Normen, Gesetzliche Vorschriften, Bestimmungen und Verordnungen			
BetrSichV			Betriebssicherheitsverordnung vom 3. Februar 2015 (BGBl. I S. 49), die zuletzt durch Artikel 7 des Gesetzes vom 27. Juli 2021 (BGBl. I S. 3146) geändert worden ist
GBN[1]	1992		Grundsätze für die Beurteilung von Netzrückwirkungen. VDEW
NAV			Niederspannungsanschlussverordnung vom 1. November 2006 (BGBl. I S. 2477), die zuletzt durch Artikel 35 des Gesetzes vom 23. Juni 2021 (BGBl. I S. 1858) geändert worden ist.
RPE[1]	2001		Richtlinie für Anschluss und Parallelbetrieb von Eigenerzeugungsanlagen am Niederspannungsnetz. VDW, VDN

VDE-Klassifikation	Ausgabe-datum	Original-Schriftstücks-bezeichnung	Titel
StromGVV			Stromgrundversorgungsverordnung vom 26. Oktober 2006 (BGBl. I S. 2391), die zuletzt durch Artikel 1 der Verordnung vom 22. Oktober 2014 (BGBl. I S. 1631) geändert worden ist
TAB			Technische Anschlussbedingungen für den Anschluss an das Niederspannungsnetz/Mittelspannungsnetz, herausgegeben vom VDN bzw. BDEW
VDE-AR-E 2510-2	2021-02		Stationäre elektrische Energiespeichersysteme vorgesehen zum Anschluss an das Niederspannungsnetz
VDE-AR-N 4100	2019-04		Technische Regeln für den Anschluss von Kundenanlagen an das Niederspannungsnetz und deren Betrieb (TAR Niederspannung)
VDE-AR-N 4105	2018-11		Erzeugungsanlagen am Niederspannungsnetz – Technische Mindestanforderungen für Anschluss und Parallelbetrieb von Erzeugungsanlagen am Niederspannungsnetz
			Elektrische Anlagen in Wohngebäuden
DIN 18015-1	2020-05		– Teil 1: Planungsgrundlagen
DIN 18015-2	2021-10		– Teil 2: Art und Umfang der Mindestausstattung
DIN 18015-3	2016-09		– Teil 3: Leitungsführung und Anordnung der Betriebsmittel
DIN 18015-4	2014-05		– Teil 4: Gebäudesystemtechnik
DIN 18015-5	2015-07		– Teil 5: Luftdichte und wärmebrückenfreie Elektroinstallation

[1] keine offizielle Abkürzung

Einleitung

Die VDE-Vorschriften sind nun über 100 Jahre alt. Bereits im Jahre 1894 wurde mit der Erarbeitung der ersten VDE-Vorschrift begonnen. Die Teilnehmer der Beratungen zur ersten VDE-Vorschrift setzten sich aus einem technischen Ausschuss des Elektrotechnischen Vereins und einer vom Verband Deutscher Elektrotechniker eingesetzten Kommission zusammen. Neben Vertretern der kaiserlichen Post- und Telegraphenverwaltung, der Physikalisch-Technischen Reichsanstalt, den Delegierten der bedeutendsten elektrotechnischen Vereine und den Vertretern städtischer Elektrizitätswerke waren auch die „hervorragendsten Firmen" in der Kommission vertreten [1].

Nach etwa 2-jähriger Beratungszeit trat dann am 1.1.1896 die erste Fassung der „Sicherheitsvorschriften für elektrische Starkstromanlagen" in Kraft.

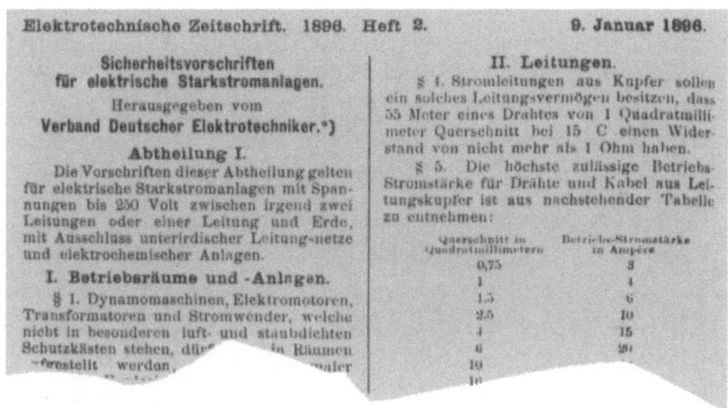

Elektrotechnische Zeitschrift. 1896. Heft 2. 9. Januar 1896.

Sicherheitsvorschriften für elektrische Starkstromanlagen.

Herausgegeben vom

Verband Deutscher Elektrotechniker.*)

Abtheilung I.

Die Vorschriften dieser Abtheilung gelten für elektrische Starkstromanlagen mit Spannungen bis 250 Volt zwischen irgend zwei Leitungen oder einer Leitung und Erde, mit Ausschluss unterirdischer Leitungsnetze und elektrochemischer Anlagen.

I. Betriebsräume und -Anlagen.

§ 1. Dynamomaschinen, Elektromotoren, Transformatoren und Stromwender, welche nicht in besonderen luft- und staubdichten Schutzkästen stehen, dür[illegible] in Räumen [illegible]gestellt werden, [illegible]maler

II. Leitungen.

§ 4. Stromleitungen aus Kupfer sollen ein solches Leitungsvermögen besitzen, dass 55 Meter eines Drahtes von 1 Quadratmillimeter Querschnitt bei 15 C einen Widerstand von nicht mehr als 1 Ohm haben.

§ 5. Die höchste zulässige Betriebs-Stromstärke für Drähte und Kabel aus Leitungskupfer ist aus nachstehender Tabelle zu entnehmen:

Querschnitt in Quadratmillimetern	Betriebs-Stromstärke in Ampère
0,75	3
1	4
1,5	6
2,5	10
4	15
6	20
10	[illegible]
16	[illegible]

Um die Jahrhundertwende umfasste das Vorschriftenwerk einschließlich Erläuterungen 195 Seiten [2]. In rascher Folge kamen Vorschriften für feuchte Räume, eine Hochspannungsvorschrift, Vorschriften für Warenhäuser, Theater und Bergwerke hinzu.

Auf immer neuen Erfahrungswerten aufbauend, wurde das gesamte Vorschriftenwerk immer wieder geändert, erweitert und ergänzt. Um 1940 wurden die bis dahin als Buch gebundenen VDE-Vorschriften in Form einzelner abgeschlossener Broschüren herausgegeben.

Dieser Schritt war wegen der stetig steigenden Zahl der Veränderungen unumgänglich geworden.

Heute hat der starke Einfluss der Europäischen Gemeinschaft den ständigen Wandel im Vorschriftenwesen durch vereinbarte Anpassungspflichten an europäische Standards noch verstärkt. Ziel dieser Anpassung ist es außerdem, Handelshemmnisse, die durch unterschiedliche Vorschriften in den einzelnen Mitgliedsländern entstanden sind, abzubauen.

Je mehr Normen und Vorschriften sich ändern, desto wichtiger ist es, dass sich Elektrofachkräfte den Stand der Technik durch weiterbildende Maßnahmen aneignen. Hierzu sind sie sogar gemäß den „Grundsätzen für die Zusammenarbeit von Elektrizitäts-Versorgungs-Unternehmen und Elektroinstallateuren bei der Ausführung und Unterhaltung von elektrischen Anlagen im Anschluss an das Niederspannungsnetz der EVU" [3] verpflichtet. Im Abschnitt 4 dieser Grundsätze steht unter den Aufgaben, Rechten und Pflichten des Elektroinstallateurs: „Der eingetragene Installateur hat bei der Ausführung der ihm in Auftrag gegebenen Installationsarbeiten an elektrischen Anlagen die gesetzlichen und behördlichen Bestimmungen, die einschlägigen Vorschriften des Verbandes Deutscher Elektrotechniker (VDE), die besonderen Vorschriften des EVU („Technische Anschlussbedingungen" etc.) und die „Allgemeinen Bedingungen für die Versorgung mit elektrischer Arbeit aus dem Niederspannungsnetz der Netzbetreiber (NB)" zu beachten".

Dem aufmerksamen Leser wird aufgefallen sein, dass – im Gegensatz zum heutigen Sprachgebrauch – von „VDE-Vorschriften" die Rede war. Dieser Terminus war nicht glücklich gewählt, weil das Erlassen von Gesetzen, Verordnungen und Vorschriften ausschließlich Aufgabe des Staates oder der Länder ist und einem Verband wie dem VDE nicht zukommt. Seit Anfang der 60er-Jahre wurde deshalb von „VDE-Bestimmungen und -Richtlinien" gesprochen. Als 1970 die Deutsche Elektrotechnische Kommission (DKE) im DIN und VDE gegründet wurde, ging man dazu über, neu erarbeiteten VDE-Bestimmungen eine DIN-Nummer, beginnend mit 57 …, voranzustellen (Beispiel: DIN 57700 Teil 2 / VDE 0700 Teil 2). Das erwies sich als unhandlich, so dass man 1985 eine vereinfachte Schreibweise einführte, bei der die vorangestellte DIN-Nummer wieder entfiel und stattdessen der VDE-Nummer das DIN-Zeichen vorangestellt wurde (Beispiel: DIN VDE 0700 Teil 2). Gleichzeitig wurde die Bezeichnung „DIN-VDE-Norm" verbindlich.

Mit der Einführung des europäischen Binnenmarkts hat sich die Situation erneut geändert. Immer mehr Normen werden international erarbeitet, als europäische Normen verabschiedet und dann in die nationalen Normenwerke übernommen. Am Beispiel der Norm EN 60204-1 für die „Elektrische Ausrüstung von Maschinen" soll dies deutlich gemacht werden. Nach der Übernahme in das deutsche Normenwerk erhielt die Norm die Bezeichnung DIN EN 60204-1. Die frühere Bezeichnung VDE 0113 Teil 1 wird als „VDE-Klassifikation" in Klammern hinter der DIN-VDE-Nummer angegeben: DIN EN 60204-1 (VDE 0113 Teil 1).

Entsprechend wird verfahren, wenn es sich um IEC-Normen (Normen der Internationalen Elektrotechnischen Kommission) handelt. Beispiel: DIN IEC 60076-7 (VDE 0532-76-7).

Seit April 2005 wurde die Schreibweise der VDE-Klassifikationen der der DIN-Normen angepasst, d. h. das Wort Teil wurde durch einen Bindestrich ersetzt, also z. B. DIN EN 60204-1 (VDE 0113-1). Auch die DIN-VDE-Normen, die zuvor erschienen waren und die noch die alte Schreibweise tragen, werden mit der neuen Schreibweise dargestellt.

Seit 2020 entfällt bei der Übernahme von IEC-Normen als EN die Buchstabenfolge IEC vor der 60000er Nummer nicht mehr, sondern wird beibehalten, also z. B. : DIN EN IEC 61439-1 (VDE 0660-600-1):2021-10 statt bisher DIN EN 60204-1 (VDE 0113-1):2019-06).

Infolgedessen gibt es inzwischen eine Vielzahl von Bezeichnungen: DIN EN, DIN IEC, DIN EN IEC und DIN VDE, immer zusätzlich bezeichnet mit der VDE-Klassifikationsnummer, welche im Übrigen wieder der früheren alleinigen Nummerierung der VDE-Bestimmungen entspricht. In diesem Buch werden der Kürze wegen die Normen entsprechend der VDE-Klassifikation nur mit der Bezeichnung VDE aufgeführt.

Die Bezeichnung „DIN-VDE-Norm" (oder „VDE-Bestimmung") bedeutet nicht, dass man diese Regeln außer Acht lassen darf. In behördlichen Vorschriften wird oft auf „anerkannte Regeln der Technik" verwiesen, und zu diesen zählen auch die DIN-VDE-Normen.

Einteilung der DIN-VDE-Normen

Das VDE-Vorschriftenwerk teilt sich in neuen Hauptgruppen (Gruppe 0 bis 8) auf.

Die Gruppe 0 heißt Allgemeine Grundsätze und enthält allgemeine Angaben zur Organisation der Normungsarbeit und zur Prüfzeichenvergabe durch die VDE-Prüfstellen. Außerdem sind dieser Gruppe die allgemeinen Leitsätze zur sicherheitsgerechten Gestaltung technischer Erzeugnisse zugeordnet.

Die folgenden Gruppen 1 bis 8 spiegeln den Stand der Technik wider.

Gruppe 1 – Energieanlagen

In dieser Gruppe sind die Errichtungsbestimmungen für elektrische Energieanlagen zusammengefasst. Die für den Elektroinstallateur bzw. Elektroniker wichtigsten Bestimmungen der Gruppe 1 sind:

VDE 0100 Errichten von Niederspannungsanlagen

VDE 0101 Starkstromanlagen mit Nennspannungen über 1 kV

Für die meisten Elektroinstallateure dürfte die VDE 0101 ein Randgebiet darstellen. Desto wichtiger ist sie für die Netzbetreiber (NB), früher Elektrizitätsversorgungsunternehmen (EVU), als Verteiler der elektrischen Energie. Die weiträumigen Verteileraufgaben der NB können mit geringen Übertragungsverlusten nur mit Spannungen über 1 kV erfüllt werden. Das gilt auch für größere Industrienetze mit hohen Anschlusswerten der Maschinen und damit großen Lastdichten.

Eine weitere sehr wichtige VDE Norm ist

VDE 0105 Betrieb von elektrischen Anlagen.

Gegenstand dieser VDE-Norm sind die eindeutigen Vorgehens- und Verhaltensweisen beim Umgang mit elektrischen Anlagen und Sicherheitsmaßnahmen bei Arbeiten in elektrischen Anlagen. Diese Norm ist neben der DGUV Vorschrift 3 (früher BGV A3) Elektrische Anlagen und Betriebsmittel[1] die wichtigste Bestimmung für Elekt-

1 Unfallverhütungsvorschriften (UVV) der Berufsgenossenschaften – Elektrische Anlagen und Betriebsmittel – [4].

rofachkräfte und deren eigene Sicherheit beim Umgang mit elektrischer Energie.

Die Elektrofachkraft, also auch oder gerade der Elektroniker bzw. Elektroinstallateur, sollte dieser lebenswichtigen Norm sein besonderes Augenmerk schenken, da es bei diesen Regeln buchstäblich um Leben und Tod geht.

Weitere wichtige Errichtungsbestimmungen für elektrische Anlagen runden das Bild der Gruppe 1 ab. Im Wesentlichen sind noch zu nennen:

VDE 0100-410	Schutz gegen elektrischen Schlag
VDE 0100-710	Anforderungen für Betriebsstätten, Räume und Anlagen besonderer Art – Medizinisch genutzte Bereiche
VDE 0100-718	Bauliche Anlagen für Menschenansammlungen
VDE 0132	Brandbekämpfung und technische Hilfeleistung im Bereich elektrischer Anlagen
VDE 0141	Erdungen für spezielle Starkstromanlagen mit Nennspannungen über 1 kV
VDE 0160	Ausrüstung von Starkstromanlagen mit elektronischen Betriebsmitteln
VDE 0165	Explosionsgefährdete Bereiche
VDE 0185-305	Blitzschutz

Gruppe 2 – Energieleiter

In Gruppe 2 sind die Transportmittel für elektrische Energie, die Starkstromleitungen und -kabel, genormt:

VDE 0210	Freileitungen über AC 1 kV
VDE 0211	Bau von Starkstrom-Freileitungen mit Nennspannungen bis 1 000 V

Weitere wichtige Normen dieser Gruppe sind:

VDE 0250	Isolierte Starkstromleitungen
VDE 0276	Starkstromkabel

Richtwerte für die Belastbarkeit von Kabeln und Leitungen sind zu finden in

VDE 0298 Verwendung von Kabeln und isolierten Leitungen für Starkstromanlagen

- Teil 3 – Leitfaden für die Verwendung nicht harmonisierter Starkstromleitungen
- Teil 4 – Empfohlene Werte für die Strombelastbarkeit von Kabeln und Leitungen für feste Verlegung in und an Gebäuden und von flexiblen Leitungen
- Teil 300 – Leitfaden für die Verwendung harmonisierter Niederspannungsstarkstromleitungen für harmonisierte Leitungen

Gruppe 3 – Isolierstoffe

Gruppe 3 enthält alle VDE-Normen, die sich mit den Anforderungen an die Isolierstoffe befassen.

Isolierstoffeigenschaften, Kriechstromfestigkeitswerte und elektrische Eigenschaften sind in diesen Bestimmungen genauso genormt wie die Brennbarkeitsprüfung, die thermische Beständigkeit und die Prüfverfahren zur Ermittlung all dieser Eigenschaften von Schichtpressstoffen, Porzellan, Vergussmassen, Isolierbändern, Isolierlacken und Isoliergasen.

Gruppe 4 – Messen, Steuern, Prüfen

In Gruppe 4 sind die für Messaufgaben und Prüfungen erforderlichen Mess- und Prüfgeräte sowie Messverfahren zusammengefasst. Angefangen bei

VDE 0411 Sicherheitsbestimmungen für elektrische Mess-, Steuer-, Regel- und Laborgeräte

über

VDE 0413 Elektrische Sicherheit in Niederspannungsnetzen bis AC 1 000 V und DC 1 500 V – Geräte zum Prüfen, Messen oder Überwachen von Schutzmaßnahmen

sind hier auch Bestimmungen für Erdungsmessgeräte, Strom- und Spannungswandler, Wirk- und Blindleistungs-Verbrauchszähler sowie für Schutzrelais in Starkstromanlagen zu finden.

Spezielle Mess- und Prüfverfahren für die Brandgefahrprüfungen, Glühdrahtprüfungen, Kälteprüfungen und Dichtheitsprüfungen von Kabelmänteln sind hier ebenfalls enthalten.

Eine weitere wesentliche Norm dieser Gruppe ist

VDE 0470-1 Schutzarten durch Gehäuse (IP-Code)

Gruppe 5 – Maschinen, Umformer

Diese Gruppe enthält Baubestimmungen, die in erster Linie für die Hersteller von Maschinen, Transformatoren und Umformern elektrischer Energie wichtig sind, z. B.:

VDE 0530 Drehende elektrische Maschinen – also für Motoren und Generatoren größerer Leistung

VDE 0532 Transformatoren und Drosselspulen mit Angaben zu Übertemperaturen, Kurzschlussfestigkeit und zur Anwendung von Transformatoren

In VDE 0544 bis VDE 0545 sind die Kenngrößen für Schweißtransformatoren und deren Zubehör festgelegt.

Die Bestimmungen für Kleintransformatoren findet man in VDE 0550.

VDE 0560 mit den zugehörigen Teilen enthält Angaben für Kondensatoren und VDE 0565 solche für Funkentstörmittel. Neben der VDE 0580 für elektromagnetische Geräte und Komponenten ist noch die am Anfang der Gruppe 5 angeordnete VDE 0510 für Batterieanlagen einschließlich der Antriebsbatterien für Elektrofahrzeuge zu nennen.

Gruppe 6 – Installationsmaterial, Schaltgeräte

Gruppe 6 ist ebenfalls eine für den Elektrotechniker wichtige Gruppe, da hier jegliches Installationsmaterial sowie Schaltgeräte einschließlich Zubehör genormt sind. Besonders hervorzuheben sind:

VDE 0603 Installationskleinverteiler und Zählerplätze AC 400 V

VDE 0604 Elektroinstallationskanalsysteme

VDE 0606 Verbindungsmaterial und Klemmen bis VDE 0613

VDE 0616 Lampenfassungen

VDE 0618 Betriebsmittel für den Potentialausgleich

VDE 0620 bis VDE 0627	Steckvorrichtungen vom einfachen Haushaltsstecker zum hochstromfesten Industriestecker
VDE 0630 bis VDE 0632	Temperaturregler, Schalter, fernbediente Schalter, Schaltuhren

Weitere wesentliche VDE-Normen sind:

VDE 0636	Niederspannungssicherungen mit den zugehörigen Teilen
VDE 0641	Leitungsschutzschalter

Fabrikfertige Installationsverteiler (FIV) sind in VDE 0660 genormt; fabrikfertige Schaltgerätekombinationen einschließlich Schütze, Trennschalter, Hilfsstromschalter, Motorschutzschalter u. ä. behandelt VDE 0660 (Niederspannungsschaltgerätekombinationen), darunter Teil 600-4 die besonderen Anforderungen an Baustromverteiler.

Fehlerstromschutzeinrichtungen (RCD) sind in VDE 0664 zu finden.

Körperschutzmittel, Schutzvorrichtungen und Geräte zum Arbeiten an unter Spannung stehenden Teilen bis 1 000 V enthält VDE 0680 mit den einzelnen Teilen.

Gruppe 7 – Gebrauchsgeräte, Arbeitsgeräte

Wie die Gruppenbezeichnung schon ausdrückt, werden in dieser Gruppe Festlegungen für Verbrauchsgeräte getroffen. Ähnlich den Gruppen 5 und 6 ist auch Gruppe 7 in erster Linie für den Gerätehersteller von Bedeutung, mit Ausnahme von

VDE 0701	Allgemeines Verfahren zur Überprüfung der Wirksamkeit der Schutzmaßnahmen von Elektrogeräten nach der Reparatur
VDE 0702	Wiederholungsprüfung für elektrische Geräte

Diese VDE-Norm legt maßgebliche Punkte für die Reparaturarbeiten an elektrischen Geräten fest.

Gruppe 8 – Informationstechnik

Auch hier bestehen, wie schon in Gruppe 7, nur einige Berührungspunkte mit dem Elektrohandwerk bzw. dem Elektroinstallateur. Dies sind im Wesentlichen:

VDE 0800	Fernmeldetechnik
VDE 0800-1	Allgemeine Begriffe, Anforderungen und Prüfungen für die Sicherheit der Anlagen und Geräte
VDE 0804-100	Besondere Sicherheitsanforderungen an Geräte zum Anschluss an Telekommunikationsnetze und/oder Kabelverteilsysteme
VDE 0833	Gefahrenmeldeanlagen für Brand, Einbruch und Überfall
VDE 0848	Gefährdung durch elektromagnetische Felder
VDE 0855	Kabelnetze für Fernsehsignale, Tonsignale und interaktive Dienste
VDE 0860	Audio-, Video- und ähnliche elektronische Geräte
VDE 0875	Funk-Entstörung von elektrischen Betriebsmitteln und Anlagen

Wegen der immer empfindlicher werdenden Geräte gewinnen

VDE 0838	Rückwirkungen in Stromversorgungsnetzen, die durch Haushaltsgeräte und durch ähnliche elektrische Einrichtungen verursacht werden
VDE 0839	Elektromagnetische Verträglichkeit

ständig an Bedeutung.

Weitere Bestimmungen dieser Gruppe sind auf spezielle Rundfunk-, Fernmelde- und Informationsanlagen anzuwenden und haben somit nur eine untergeordnete Bedeutung für die allgemeine Elektroinstallation. Im speziellen Fall sind diese VDE-Bestimmungen aber zu beachten.

Wie diese kurze Übersicht zeigt, ist das Gebiet der VDE-Bestimmungen sehr umfassend. Wenn man bis ins Detail gehen muss, findet man in einem vom VDE Verlag herausgegebenen Sachverzeichnis zum VDE-Vorschriftenwerk fast immer einen Hinweis auf entsprechende Normen [5].

Aktuelle normative Neuregelungen

Wichtige Neuerungen der DIN VDE 0100-410:2018-10

- Alle Steckdosenstromkreise bis zu einem Bemessungsstrom von **32 A** müssen jetzt über einen Fehlerstromschutz mit einem Differenzstrom von ≤30 mA abgesichert sein (bisher bis 20 A Bemessungsstrom).
- Elektrische **Betriebsmittel im Außenbereich** bis 32 A Bemessungsstrom müssen wie gehabt über einen RCD abgesichert sein. Die Norm empfiehlt hier den Einsatz von *RCBOs* (FI/LS-Schalter). Dies gilt nun auch für **festangeschlossene** ortsveränderliche Betriebsmittel.
- In Abschnitt 411.3.4 der VDE 0100-410:2018-10 wird erstmals der Einsatz von RCDs für **Beleuchtungsstromkreise in Wohnungen** im TN- und TT-System gefordert. Diese sind jetzt ebenfalls über einen RCD oder RCBO ≤30 mA zu schützen.
- **Abschaltzeiten** gelten nun auch für Steckdosenstromkreise mit einem Bemessungsstrom bis 63 A (bisher 32 A).

Ergänzende Forderung der DIN 18015 – Selektive Abschaltung

Die DIN 18015 fordert zusätzlich die Vermeidung von Totalausfällen: „Die Zuordnung von Fehlerstrom-Schutzeinrichtungen (RCDs) zu den Stromkreisen ist so vorzunehmen, dass das Abschalten eines Fehlerstrom-Schutzschalters nicht zum Ausfall aller Stromkreise führt." Das bedeutet, dass es nicht ausreichend ist, einen Fehlerstromschutzschalter für eine komplette *Unterverteilung* zu verwenden. Die Stromkreise sind immer auf mehrere Fehlerstromschutzschalter aufzuteilen.

Wichtige Neuerungen der DIN VDE 0100-530:2018-6

Der Teil 500 der DIN VDE 0100 beschreibt und regelt die Auswahl und Errichtung elektrischer Betriebsmittel sowie deren Ausführung. Im Teil 530 der am 1. Juni 2018 veröffentlichten Neuauflage der Norm hat es eine Reihe von Änderungen hinsichtlich der „Auswahl und Errichtung elektrischer Betriebsmittel, Schalt- und Steuergeräte" gegeben.

Aufteilung der Stromkreise auf mehrere FI-Schutzschalter

Die Norm empfiehlt Stromkreise über mehrere RCDs abzusichern, um die Anlagenverfügbarkeit zu verbessern und die RCDs besser auf die Anforderungen der Betriebsmittel abstimmen zu können. Erstmals gefordert wird auch, dass Verteilerstromkreise auf mindestens zwei RCDs aufzuteilen sind. Das bedeutet, dass es pro *Stromkreisverteiler* mindestens zwei RCDs geben muss. Bisher war dies nur durch die DIN 18015 gefordert und damit nicht zwingend vorgeschrieben. Nicht zulässig ist, dass ein *Fehlerstromschutzschalter* alle Endstromkreise abschalten kann, die von einem gemeinsamen Verteilungsstromkreis versorgt werden.

Reduzierung der Abschaltströme auf 0,3-fachen Bemessungsfehlerstrom

Bisher ist der Wert für unerwünschtes Abschalten durch betriebsbedingte Ableitströme auf das 0,4-Fache des Bemessungsfehlerstroms festgelegt. Dieser Wert wurde nun auf das 0,3-Fache reduziert. Wenn man bedenkt, dass VDE 0701 und VDE 0702 den maximalen betriebsbedingten Ableitstrom auf 3,5 mA pro elektrisches Betriebsmittel begrenzt, dürfen nun weniger Betriebsmittel als zuvor durch einen RCD abgesichert werden. (Nennfehlerstrom 30 mA x 0,3 = 9 mA max. Ableitströme). Für die Praxis hieße das, dass pro RCD nur noch sechs LS-Schalter (3-phasig aufgeteilt) angeschlossen werden dürften.

Verwendung von kurzzeitverzögerten RCDs

Die Norm empfiehlt für gewisse Anwendungsbereiche den Einsatz von *kurzzeitverzögerten RCDs*. Diese schalten in gewissen Betriebssituationen zeitverzögert ab, aber immer noch im Bereich der für den Personenschutz nötigen Zeit.

Neuaufnahme des Fehlerstromschutzschalters vom Typ F

Erstmals wird der RCD vom Typ F für bestimmte Anwendungsfälle vorgeschrieben. Hintergrund ist die Erweiterung der Beispiele für Elektronikschaltungen in der Norm, die eine größere Bandbreite an Fehlerstromschutzeinrichtungen nötig machen. Gerade durch den Einsatz von Frequenzumrichtern bei Wechselstrommotoren, wie z. B. in modernen Waschmaschinen, Klimaanlagen oder Heizungspumpen, kann es zu Fehlerströmen kommen die der Netzfrequenz von 50 Hz überlagert sind und die von RCDs des Typs A nicht erkannt werden. Der RCD Typ F ist mischstromsensitiv und erkennt auch diese Fehlerströme. Hersteller geben i. d. R. in ihren Gerätebeschreibungen an, wenn ein spezieller RCD eingesetzt werden muss.

1 Allgemeine Schutzbestimmungen

1.1 In der Einleitung zu diesem Buch wurde Ihnen der Werdegang von Normen kurz dargestellt. Wie werden demnach die für die Sicherheit auf dem Gebiet der Elektrotechnik gültigen Normen in Deutschland bezeichnet?

1.2 Kann es sein, dass ein Übersetzer die komplizierten fachlichen Normentexte z. B. aus dem Englischen übersetzt und dass diese Übersetzung lediglich durch Voranstellen des DIN-Zusatzes zu einer nationalen Norm wird?

1.3 Wie werden DIN-VDE-Normen veröffentlicht?

1.4 Müssen die DIN-VDE-Normen als Sicherheitsnormen auf dem Gebiet der Elektrotechnik grundsätzlich angewendet werden?

1.5 Ist man mit der korrekten Anwendung der DIN-VDE-Normen von der eigenen Verantwortung entbunden?

1.6 Was muss beachtet werden, wenn in Sonderfällen keine Festlegungen in DIN-VDE-Normen zu finden sind?

1.7 Was passiert, wenn ein Neubau angefangen ist und nun neue DIN-VDE-Normen herauskommen? Muss jetzt alles nach den neuesten Normen geändert und angepasst werden?

1.8 In einer bestehenden älteren Anlage mit klassischer Nullung kam es zu einer gefährlichen Spannungsverschleppung infolge Leiterbruchs. Wurden hier Anpassungsmaßnahmen versäumt?

1.9 Wer schon einmal eine Komplettsammlung von DIN-VDE-Normen gesehen hat, weiß, dass diese rund drei laufende Meter in DIN-A4-Ordnern umfasst. Selbstverständlich gibt es die Normen auch auf einer DVD oder als Normen-Bibliothek mit mobilem Onlinezugriff. Wie ist dieses Normenwerk themenmäßig unterteilt?

1.10 Bei den Errichtungsbestimmungen für Niederspannungsanlagen (VDE 0100) wurde mit der Einarbeitung internationaler

Normen auch eine Unterteilung vorgenommen. Nach welchen Gesichtspunkten ist diese erfolgt?

1.11 Müssen bestehende Starkstromanlagen den jeweils neuesten VDE-Bestimmungen angepasst werden?

1.12 Einem Gerät (dem Gerät selbst, nicht allein dessen Stecker) wurde das VDE-Prüfzeichen erteilt. Ist das auch nach jahrelanger Produktion eine Garantie dafür, dass die VDE-Bestimmungen noch eingehalten werden?

1.13 Gibt es im Handel auch Steckvorrichtungen, die mit den genormten Schutzkontakt-Steckvorrichtungen nicht zusammenpassen?

1.14 Ein Kunde beanstandet eine Kunststoff-Schlauchleitung. Sie führt nur einen schwarz-grünen Kennfaden. Entspricht diese Leitung den VDE-Bestimmungen?

1.15 Was besagt das Zeichen an einer elektrischen Handkreissäge? Ist diese Kreissäge etwa mit einer großen Sicherheit gegen Überlastung versehen?

1.16 Ein Gerät führt nur das Funkschutzzeichen. Entspricht es somit allen für das Gerät zutreffenden VDE-Bestimmungen?

1.17 Was versteht man unter Basisschutz (Schutz gegen direktes Berühren) und Fehlerschutz (Schutz bei indirektem Berühren)?

1.18 Wodurch entsteht eine Berührungsspannung?

1.19 Welche Schutzmaßnahmen gegen elektrischen Schlag werden in den VDE-Bestimmungen unterschieden?

1.20 Wie verhält es sich mit Schutzmaßnahmen für Zähler, Rundsteuerempfänger und Schaltuhren sowie deren Schränke oder Tafeln?

1.21 Sind bei Dachständern Schutzmaßnahmen zu beachten?

1.22 Wie wird ein Netzbetreiber (NB) die Hausanschlusskästen für seine (zahlreicher werdenden) Kabelnetze gegen zu hohe Berührungsspannungen schützen?

1.23 In welchem Bereich müssen spannungsführende Teile, wie Leitungen, Kabel, Klemmen, Schalterkontakte, blanke Leiter, entweder voll isoliert sein oder durch Verkleidung gegen zufälliges Berühren geschützt werden?

1.24 Gibt es Ausnahmen von der Regel zu Schutzmaßnahmen im Handbereich?

1.25 Müssen Leitungen, die ordnungsgemäß in Decken- oder Wand-Hohlräumen verlegt sind, im „Handbereich" noch zusätzlich abgedeckt sein?

1.26 Ein Auszubildender wechselt in einem Raum, in dem Schutzmaßnahmen nicht gefordert werden, von den drei Steckdosen eine, die defekt ist, gegen eine neue aus. Dazu verwendet er eine Schutzkontaktsteckdose. Den Schutzkontakt schließt er nicht an, weil die anderen beiden Steckdosen ja auch keine Schutzkontaktanschlüsse haben. – Handelt er richtig?

1.27 Wie muss eine ausschließlich als Schutzleiter (PE) verwendete Ader gekennzeichnet sein?

1.28 Wie wird ein als PEN-Leiter verwendeter Neutral- oder Sternpunktleiter gekennzeichnet?

1.29 Darf seit der Einführung des grün-gelben Schutzleiters in Neuanlagen die rote Ader nicht mehr als Schutzleiter, die hellgraue Ader nicht mehr als Neutralleiter verwendet werden?

1.30 Welche Farbe ist für den reinen Neutralleiter festgelegt?

1.31 Dürfen zwecks Vereinfachung irgendwelche Konstruktionsteile, Rohrleitungen oder Spann- und Aufhängeseile als Schutzleiter benutzt werden?

1.32 Sind als Schutzleiter verwendete Konstruktionsteile grün-gelb zu kennzeichnen?

1.33 Eine Drehstrom-Waschmaschine soll über eine Gummischlauchleitung angeschlossen werden. Zur Verfügung steht ein Stück mit folgenden Aderfarben: schwarz, grün-gelb, schwarz, hellblau, braun. Darf diese Leitung verwendet werden?

1.34 Aus einer Werkzeugmaschine ist die Leitung herausgerissen, sie kann aber wiederverwendet werden. Man erkennt die Aderfarben etwa auf 1 cm Länge: schwarz, blau, braun und gelb. Welche Ader wird als Schutzleiter verwendet?

1.35 Wenn „Freischalten" gefordert wird, betrifft das auch Neutralleiter, PEN-Leiter und Schutzleiter?

1.36 Bei welchen Schaltern wird (außer den Außenleitern) der etwa vorhandene Neutralleiter mitgeschaltet?

1.37 Kann man mit einem Spannungsmesser z. B. an einer Steckdose oder an einer Maschine feststellen, ob der Schutzleiter oder sein Anschluss von ausreichender Leitfähigkeit ist?

1.38 Gibt es Metallteile, bei denen es ausdrücklich verboten ist, sie mit einem Schutz-, PEN-, Erdungs- oder Schutzpotentialausgleichsleiter zu verbinden?

2 Schutzmaßnahmen im TN-, TT- und IT-System

VDE 0100-410

2.1 Welche wichtige Voraussetzung muss für Körper erfüllt sein, damit die Schutzmaßnahme durch Überstromschutzeinrichtungen im TN-System angewendet werden darf?

2.2 Nach welcher Zeit muss bei einem vollständigen Körperschluss im TN-System mit der Schutzmaßnahme „Schutz durch Überstromschutzeinrichtungen" abgeschaltet werden?

2.3 Wie kann an einer Schmelzsicherung eine automatische Abschaltung innerhalb vorgegebener Zeit ein- oder festgestellt werden?

2.4 Wie stellt man sicher, dass der Kurzschlussstrom im Fehlerfall auch wirklich den zum Abschalten erforderlichen Strom I_a erreicht?

2.5 Was ist zu tun, wenn man die Bedingung zur automatischen Abschaltung nicht erfüllen kann?

2.6 Welche Schutzeinrichtung außer der Überstromschutzeinrichtung zur automatischen Abschaltung ist im TN-System noch zulässig?

2.7 Was ist bei der Installation der Fehlerstromschutzeinrichtung (RCD) besonders zu beachten?

2.8 Ist für die Fehlerstromschutzeinrichtung (RCD) ein besonderer Erder gefordert?

2.9 Wie wird bei der Fehlerstromschutzeinrichtung (RCD) durch die Erdung garantiert, dass die Fehlerspannung höchstens z. B. AC 50 V beträgt?

2.10 Müssen durch Fehlerstromschutzeinrichtungen (RCDs) überwachte Geräte mit beweglichen Anschlussleitungen stets (grün-gelbe) Schutzleiter haben, oder genügt die „natürliche" Erdung dort, wo ohnehin Verbindung mit dem Erdreich besteht, etwa bei Baugeräten?

2.11 Sind bei ortsveränderlichen Geräten, die durch Fehlerstromschutzeinrichtungen (RCDs) überwacht werden, die Schutzkontakte der Steckdosen zu erden?

2.12 Worauf beruht die Funktionsprüfung bei der Fehlerstromschutzeinrichtung?

2.13 Aus welchem Grund kann die Fehlerspannung vor Ansprechen der Fehlerstromschutzeinrichtung (RCD) den vorgeschriebenen Wert übersteigen?

2.14 Was wird bei den Schutzmaßnahmen im TT-System für den Netzsternpunkt und für die Körper gefordert?

2.15 Warum werden in Hausinstallationen im TT-System Überstromschutzeinrichtungen für Personenschutz so selten angewendet?

2.16 Welche Schutzeinrichtungen außer der Überstromschutzeinrichtung dürfen im TT-System ebenfalls angewendet werden?

2.17 Worin besteht die grundsätzliche Idee für die Schutzmaßnahmen im IT-System?

2.18 Wie groß darf der Erdungswiderstand des gesamten IT-Systems höchstens sein?

2.19 In einer Anlage mit der Netzform IT-System bedeutet ein Erd- oder Körperschluss noch keinen Kurzschluss. Kann das IT-System, mit einem einpoligen Fehler behaftet, weiterbetrieben werden, oder muss sofort automatisch abgeschaltet werden?

2.20 Muss der Isolationszustand der Anlage mit IT-System laufend überwacht werden, um den ersten Erdschluss festzustellen?

2.21 Welche Farbkennzeichnung hat der Schutzleiter in Anlagen mit IT-System?

2.22 Ersatzstromanlagen sind Anlagen mit eigener Stromerzeugung. Darf hier ebenfalls das IT-System angewendet werden?

2.23 Welche Schutzmaßnahmen gegen zu hohe Berührungsspannung können bei der Ersatzstromversorgung erforderlich sein?

2.24 Nennen Sie drei Beispiele wie man in elektrischen Anlagen die Schutzmaßnahme Schutz durch Abschaltung erfüllen kann.

2.25 Welche Anforderungen müssen an den Fehlerschutz gestellt werden?

2.26 Welche Bedingung ist für die Netzbetreiber in TN-Systemen verpflichtend?

2.27 Welche Abschaltzeiten sind im TT-System zulässig?

3 Schutz durch Verwendung von Betriebsmitteln der Schutzklasse II oder durch gleichwertige Isolierung · Schutz durch Schutztrennung · Schutz durch Schutzkleinspannung

3.1 Worin besteht der Schutz durch Verwendung von Betriebsmitteln der Schutzklasse II oder durch gleichwertige Isolierung?

3.2 Ist bei Geräten der Schutzklasse II oder gleichwertiger Isolierung ein Schutzleiter in der Anschlussleitung überflüssig?

3.3 Sind Geräte der Schutzklasse II oder gleichwertiger Isolierung besonders kenntlich gemacht?

3.4 Was muss bei der Reparatur von Geräten der Schutzklasse II oder gleichwertiger Isolierung beachtet werden?

3.5 Kann man nicht einfach als Schutz gegen zu hohe Berührungsspannung die Bemessungsspannung so niedrig wählen, dass jede Gefahr ausgeschlossen ist?

3.6 Was versteht man unter PELV (früher: Funktionskleinspannung)?

3.7 Warum verwendet man bei Spielzeugeisenbahnen kein normales Installationsmaterial?

3.8 Gibt es Fälle, für die der Schutz durch Schutzkleinspannung zwingend vorgeschrieben ist?

3.9 Welcher Grundgedanke hat zur Schutzmaßnahme Schutz durch Schutztrennung geführt?

3.10 Darf die Schutzmaßnahme Schutz durch Schutztrennung für alle Spannungen verwendet werden?

3.11 Sind hinsichtlich der Anzahl der Geräte und deren Leistungen bei der Schutzmaßnahme Schutz durch Schutztrennung Grenzen gesetzt?

3.12 Darf ein übliches Gerät (z. B. für AC 230 V, Anschlussleitung führt Schutzleiter und hat Schutzkontaktstecker) an einen Trenntransformator mit der Schutzmaßnahme Schutz durch Schutztrennung angeschlossen werden?

3.13 Haben Trenntransformatoren ein besonderes Kennzeichen?

3.14 Ist das Gehäuse eines Trenntransformators in eine Schutzmaßnahme einzubeziehen?

3.15 Bei Anwendung der Schutzmaßnahme Schutz durch Schutztrennung für Arbeiten in Kesseln oder Behältern muss der Transformator außerhalb des Kessels oder Behälters stehen. Ist sonst noch etwas zu beachten?

3.16 Welche Schutzmaßnahmen sind für Elektrowerkzeuge vorgeschrieben, die in oder an metallenen Kesseln, auf Stahlgerüsten usw. mit begrenzter Bewegungsfreiheit verwendet werden?

3.17 Welche Schutzmaßnahme bei Fehlerschutz ist für Leuchten vorgeschrieben, wenn diese während des Betriebs bewegt werden, und welche Schutzmaßnahmen sind einzuhalten, wenn die Leuchten fest installiert werden?

3.18 Welche Schutzmaßnahme ist anzuwenden, wenn in metallenen Kesseln und Behältern eine Mess- und Steuereinrichtung angebracht werden soll?

3.19 Welche Schutzmaßnahme ist für elektrisch beheizte Geräte zur Haut- und Haarbehandlung vorgeschrieben, wenn diese Geräte während des Gebrauchs mit dem menschlichen oder tierischen Körper in Berührung kommen können, also z. B. für Haartrockner?

3.20 Welche Schutzmaßnahme ist für „Kinderkochherde", „Kinderbacköfen" und „Kinderbügeleisen" vorgesehen?

4 Verteilungen · Leitungsbemessung · Geräteanschluss

VDE 0100-430, DIN EN 61439-3

F 4

4.1 Wie müssen Verteiler beschaffen sein?

4.2 Was ist bei der räumlichen Anordnung von Schaltanlagen und Verteilern zu beachten?

4.3 Was ist hinsichtlich der Länge von Gängen und Rettungswegen vorgeschrieben?

4.4 Werden metallene Konstruktionsteile von Schalt- und Verteilungsanlagen in eine Schutzmaßnahme einbezogen?

4.5 Was versteht man unter einem Stromkreis?

Es sind z. B. drei Steckdosen (oder drei Lampen) zweipolig an L1–N, L2–N bzw. L3–N angeschlossen. Ist dies ein Drehstromkreis, oder sind dies drei Wechselstromkreise?

4.6 Wie viele Stromkreise dürfen in einem Kabel, einer Mehraderleitung oder – bei Einaderleitungen – einem Rohr vereinigt sein?

4.7 Dürfen einzelne Leiter eines Stromkreises auf verschiedene Rohre, Leitungen oder Kabel verteilt werden?

4.8 Dürfen Starkstrom- und Fernmeldeleitungen bei Gebäudeinstallationen in gemeinsamen Schlitzen verlegt werden?

4.9 Sind einpolige Schalter auch zum Trennen geeignet?

4.10 Sollen einpolige Schalter stets den spannungsführenden Leiter schalten, oder darf das auch ein anderer Leiter sein?

4.11 Dürfen Betriebsmittel anstatt mit Schaltern auch mit Steckvorrichtungen in oder außer Betrieb gesetzt werden?

4.12 Was gilt für den Anschluss und die Auswahl von Drehstromsteckvorrichtungen?

4.13 Ersetzt ein Leitungsschutzschalter (MCB) vom Typ B die Schmelzsicherung vollständig?

4.14 Welche Kurzschlussströme kann ein Leitungsschutzschalter (MCB) schalten?

4.15 Welche Arten der Verlegung unterscheidet man bei fest verlegten Leitungen?

4.16 Was ist bei Leitungen, die fest verlegt werden, außer den Verlegungsarten noch zu beachten?

4.17 Muss hinter jeder Leitungsquerschnittsverjüngung eine entsprechend bemessene Schutzeinrichtung gegen Überlast angeordnet werden?

4.18 Der Meister eines Maschinensaals wünscht, dass die zu den elektrischen Antrieben gehörenden Überlastschutzeinrichtungen nicht im Verteilerschrank, der in einem Seitenraum steht, sondern jeweils in der Nähe der einzelnen Maschinen angeordnet werden. Ist das zulässig?

4.19 Gibt es Fälle, in denen auf Überlastschutz und Kurzschlussschutz verzichtet werden darf?

4.20 Wie hoch dürfen Stromkreise mit Steckdosen abgesichert sein?

4.21 Wie hoch darf eine Stegleitung 1,5 mm² Cu abgesichert werden?

4.22 Gibt es Leuchten für Entladungslampen (Leuchtstofflampen, Hochdrucklampen), die auf brennbaren Baustoffen ohne (umständliches) feuersicheres Trennen – also ohne Abstand – angebracht werden dürfen?

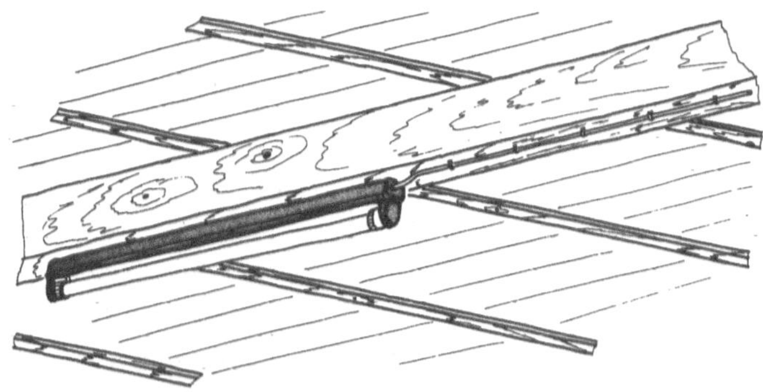

4.23 Eine größere Leuchtstofflampen-Anlage soll, um den stroboskopischen Effekt zu verringern, gruppenweise an Drehstrom angeschlossen werden. Was ist bei der Installation zu beachten?

4.24 Was ist bei der Installation einer Wandleuchte zu beachten?

4.25 Was ist der Unterschied zwischen einer Anschlussklemme und einer Verbindungsklemme?

4.26 Sind Leiterverbindungen erlaubt, die nicht lösbar sind, also nicht zugänglich zu sein brauchen?

4.27 Darf man die Anschlussleitungen bewegter Maschinen durch Metallschläuche schützen?

4.28 Eine Maschine soll aufgestellt werden. Der sachgemäße elektrische Anschluss ist sichergestellt. Was muss der Elektroinstallateur weiter beachten?

4.29 Gibt es Qualitäts-Mindestbedingungen bei beweglichen Anschlussleitungen für Leuchten und Elektrowerkzeuge, die in oder an Kesseln u. dgl. betrieben werden sollen?

4.30 Ein Elektro-Durchlauferhitzer hat auf dem Typenschild die Angabe „Nennspannung 380/220 V $^{+6\%}_{-10\%}$". Darf das Gerät ohne Bedenken an das vorhandene Netz mit der Nennspannung 230 V/400 V angeschlossen werden, oder muss man einen Anpassungstransformator dazwischenschalten?

4.31 Darf man einen Klingeltransformator mittels Steckdose ans Netz anschließen, oder muss man ihn fest installieren?

4.32 Darf die Erde betriebsmäßig als ausschließliche Rückleitung für Starkstromanlagen benutzt werden? Wenn ja, darf das durch Metallmäntel von Leitungen geschehen?

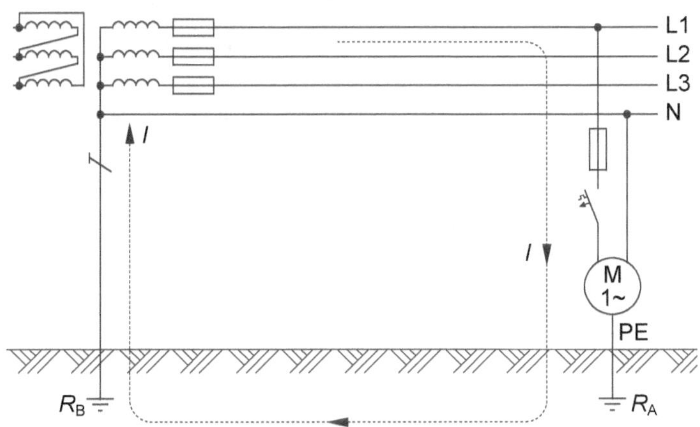

4.33 Woran erkennt man an den Betriebsmitteln, also z. B. bei Leuchten, Geräten oder Werkzeugen, welche Schutzmaßnahme für sie wirksam sein kann?

4.34 In einem Fertighaus, dessen Wände aus Spanplatten mit Steinwollfüllung bestehen, soll die Verteilung erweitert werden. Worauf muss bei der Auswahl des Kleinverteilers geachtet werden?

4.35 Dürfen Verteiler-, Verbindungs- und Gerätedosen ohne das Kennzeichnen für Hohlwanddosen auch verwendet werden?

4.36 Worauf ist bei der Leitungsverlegung in Hohlwänden zu achten?

4.37 Ist es erlaubt, in Hohlwänden Stegleitungen zu verwenden?

4.38 In einer Verbindungsdose (Verteilerdose) der Größe 1,5 mit 95 cm^3 Dosenvolumen sollen 20 Leiter (1,5 mm^2) mit 8 Klemmen zusammengeschaltet werden. Ist das in einer solchen Verbindungsdose überhaupt zulässig?

4.39 Welche Verlegearten werden für Kabel, Leitungen und Leiter unterschieden?

4.40 Welche Verlegearten sind für blanke Leiter, isolierte Leiter sowie Kabel und Mantelleitungen vorgegeben?

4.41 Nennen Sie Schutzeinrichtungen, die bei Überlast und Kurzschluss schützen.

4.42 Wie können Leitungen und Überstrom-Schutzeinrichtungen koordiniert werden?

4.43 Wie kann die Kurzschlussdauer bestimmt werden?

4.44 Wie kann der Kurzschlussstrom berechnet werden?

4.45 Nennen Sie zwei Kurzschlussströme, die für die Bemessung und Dimensionierung der elektrischen Anlagen von großer Bedeutung sind.

4.46 Wo müssen die Schutzeinrichtungen bei Überlast und Kurzschluss eingebaut werden?

4.47 Wie können parallel geschaltete Leitungen gegen Überlast geschützt werden?

4.48 Wie können parallel geschaltete Leitungen gegen Kurzschluss geschützt werden?

5 Erdungsanlagen · Schutzleiter · Schutzpotentialausgleich · Fundamenterder

VDE 0100-540, DIN 18014

5.1 Wie werden nach den VDE-Bestimmungen die einzelnen Arten von Verteilungssystemen (Systeme nach Art der Erdverbindungen) (früher: Netzformen) eingeteilt?

5.2 Was bedeuten die Begriffe „TN-C-System“ und „TN-S-System“?

5.3 Welche weiteren Systeme (Netzformen) sind üblich?

5.4 Wo verbindet der Elektroinstallateur den Schutz- oder PEN-Leiter mit der Wasserverbrauchsanlage?

5.5 Ist für Schutzpotentialausgleichsleitungen ein Mindestquerschnitt vorgeschrieben?

5.6 Welche Mindestquerschnitte sind für den zusätzlichen Schutzpotentialausgleich vorgeschrieben?

5.7 Wie werden Band- oder Staberder verlegt?

5.8 Welches ist der wichtigste Erder für Neubauten?

5.9 Aus welchem Werkstoff dürfen Erder bestehen?

5.10 Worauf ist bei der Verbindung des Erders mit der Erdungsleitung besonders zu achten?

5.11 Fremde leitfähige Teile können unter bestimmten Umständen als Schutzleiter verwendet werden. Dürfen fremde leitfähige Teile auch als PEN-Leiter dienen?

5.12 Dürfen Fernmeldeerdungen mit den Starkstrom-Niederspannungserdungen leitend verbunden werden?

5.13 Dürfen Blitzschutzerdungen mit den Starkstrom-Niederspannungserdungen leitend verbunden werden?

5.14 Besteht die Gefahr, dass bei Blitzeinschlag in einen Gebäudeblitzableiter die Blitzentladung auf die im Haus installierte elektrische Anlage überschlägt?

5.15 Worauf beruht die Prüfung eines Erdungswiderstands mit Strom- und Spannungsmesser?

5.16 In welchen Fällen ist bei der Schutzmaßnahme durch Überstromschutzeinrichtungen im TN-System der besondere Schutzleiter vorgeschrieben, so dass alle zu schützenden Körper über einen 3. Leiter (Wechselstrom) bzw. 5. Leiter (Drehstrom) mit der Schutzleiterklemme(-schiene) verbunden werden?

5.17 Was gilt für PEN-Leiter und Schutzleiter hinsichtlich Querschnitt, Verlegung, Isolierung und Erdung?

5.18 Was ist in einer älteren Hausinstallation, in der die Nullung ohne besondere Schutzleiter angewendet wurde, beim Erweitern der Anlage zu tun?

5.19 Können bewegliche Leitungen PEN-Leiter haben?

5.20 Beim Öffnen einer an Drehstrom angeschlossenen Waschmaschine entdeckt der Installateur, dass die aus der fünfadrigen Gummischlauchleitung ankommende grün-gelbe Ader wohl an die Schutzleiterklemme des Gehäuses angeschlossen ist, dass aber von dort aus eine Brücke zur Neutralleiterklemme der hellblauen Ader fehlt.

Hat er als Fachmann an diesem Anschluss etwas auszusetzen?

5.21 Muss der Elektroinstallateur die Wirksamkeit der Schutzmaßnahme durch Überstromschutzeinrichtungen im TN-C-S-System überall durch Messung nachprüfen.

5.22 Welchen Querschnitt müssen Erdungsleiter haben?

5.23 Welche Leiter müssen mit der Haupterdungsschiene verbunden werden?

5.24 Wie kann der Querschnitt des Schutzleiters ausgewählt werden?

5.25 Welche Arten von Schutzleitern gibt es?

5.26 Was bedeuten PEN-, PEL- oder PEM-Leiter?

5.27 Wie groß dürfen die Ströme in Schutzleitern sein?

5.28 Welchen Mindestquerschnitt müssen Schutzpotentialausgleichsleiter haben?

5.29 Welchen Querschnitt muss ein Schutzpotentialausgleichsleiter für den zusätzlichen Schutzpotentialausgleich haben?

5.30 Wie groß darf die Maschenweite des Fundamenterders sein?

5.31 Welchen Durchmesser muss ein Fundamenterder haben?

5.32 Welchen Widerstand haben Fundamenterder in der Praxis?

5.33 Die Durchgängigkeit der Verbindungen müssen gemessen werden. Wie hoch darf dieser Wert sein?

5.34 Was muss nach Errichtung der Erdungsanlage getan werden?

5.35 Der Fundamenterder ist in VDE 0100-540 zwingend vorgeschrieben. Wozu dient er?

5.36 Beschreiben Sie die Verlegung des Fundamenterders!

5.37 Aus welchem Werkstoff besteht ein Fundamenterder?

5.38 Wer ist für die Verlegung des Fundamenterders verantwortlich?

5.39 Was muss vor Beginn der Baumaßnahme mit dem Architekten/Bauträger hinsichtlich Ausführung der Erdungsanlage zwingend abgestimmt werden?

5.40 Woraus besteht eine Erdungsanlage?

5.41 Erklären Sie die Schutzziele und Funktionen von Erdungsanlagen!

5.42 Was versteht man unter Erdfühligkeit?

5.43 Wie müssen die Verbindungen der Erdungsanlage durchgeführt werden?

5.44 Wegen der Korrosion und für eine dauerhafte Funktion der Erdungsanlage müssen Werkstoffe und Bauteile richtig ausgewählt werden. Erklären Sie kurz, welche Werkstoffe dafür geeignet sind!

5.45 Wer ist für die Planung und Prüfung der Erdungsanlage verantwortlich?

6 Prüfen elektrischer Anlagen

VDE 0100-600

6.1 Welche Arten von Prüfungen werden bei elektrischen Anlagen unterschieden?

6.2 Wie lauten die drei Arbeitsabschnitte, die zusammen erst eine Prüfung der Starkstromanlage ergeben?

6.3 Gibt es für die einzelnen Schutzmaßnahmen spezielle Prüfbestimmungen?

6.4 Was ist bei der Messung des Isolationswiderstands zu beachten?

6.5 Müssen für die Messung des Isolationswiderstands alle Verbrauchsmittel abgeklemmt werden?

6.6 Bei einer Isolationsmessung wird festgestellt, dass ein Rohrheizkörper einen Isolationswiderstand von nur 80 kΩ aufweist. Liegt hier ein Isolationsfehler vor?

6.7 Die Isolationsmessung eines Leitungszugs zeigt in allen Leitern im MΩ-Messbereich einen unmessbar großen Wert an. Kann das sein, oder wurde hier falsch gemessen?

6.8 Die Fliesenleger haben im Badezimmer ihre Arbeit abgeschlossen. Nun soll der zusätzliche Schutzpotentialausgleich geprüft werden. Wie kann hier vorgegangen werden?

6.9 Wie ist die Hauptschutzerdungsklemme zu prüfen?

6.10 Welche Messverfahren sind zulässig, um den Erdungswiderstand eines Erders zu bestimmen?

6.11 Auf welche Arten darf die Schleifenimpedanz (Schleifenwiderstand) gemessen werden?

6.12 In den TAB werden LS-Schalter in Stromkreisverteilern mit mindestens 6 kA Schaltvermögen verlangt. Reichen nicht auch die LS-Schalter mit nur 3 kA Schaltvermögen völlig aus?

6.13 Wo muss die Schleifenimpedanz (Schleifenwiderstand) eines Stromkreises gemessen werden, an der Einspeisestelle oder an der von der Einspeisestelle am weitestens entfernten Stelle des Stromkreises?

6.14 Können die gemessenen Werte der Schleifenimpedanz als richtig angesehen werden, wenn die Messung sorgfältig durchgeführt wurde, oder müssen Messungenauigkeiten und mögliche Beeinflussungen während der Messung zusätzlich beachtet werden?

6.15 Welcher Nachweis ist beim Prüfen einer Fehlerstromschutzeinrichtung (RCD) zu erbringen?

6.16 Was ist zu tun, wenn die RCD unterhalb der zulässigen Berührungsspannung nicht auslöst? Darf dann einfach der Bemessungsdifferenzstrom erhöht werden, selbst wenn die Berührungsspannung unzulässige Werte erreicht, denn es wird ja schließlich geprüft?

6.17 Welches Ziel wird mit den durch Verordnungen vorgeschriebenen wiederkehrenden Prüfungen verfolgt?

6.18 Ist bei einer wiederkehrenden Prüfung immer nach dem neuesten Stand der Errichtungsbestimmungen zu prüfen, oder gilt der Stand zum Zeitpunkt der Errichtung?

6.19 Worauf ist bei der Sichtprüfung von instand zu setzenden Geräten besonders zu achten?

6.20 Wie sind Anschlussleitungen und Schutzleiter bei Geräten zu prüfen?

6.21 Der Schutzleiteranschluss eines 80-Liter-Heißwasserspeichers soll nach Instandsetzungsarbeiten überprüft werden. Muss der Schutzleiteranschluss hierzu vom Speicher abgetrennt werden, da sonst die metallene Wasserleitung den Messwert verfälschen könnte?

6.22 Wie muss der Isolationswiderstand bei Geräten der Schutzklasse I (⏚) und bei Geräten der Schutzklasse II (⧈) gemessen werden?

6.23 Sind damit alle erforderlichen Prüfungen durchgeführt, so dass das Gerät wieder an den Besitzer ausgeliefert werden kann?

7 Bade- und Duschräume · Saunen · Schwimmbäder

VDE 0100-701, -702, -703

F 7

7.1 Zu welchen Raumarten zählen Bäder und Duschen?

7.2 In welche Bereiche wird ein Raum mit Bade- oder Duscheinrichtungen eingeteilt?

Welche Bereiche ergeben sich bei Duschecken mit gefliestem Fußboden ohne Duschwanne?

7.3 Was versteht man unter „Sprühbereich"?

7.4 Welche Leitungen sind in Baderäumen und Duschecken zur Verlegung freigegeben?

7.5 Wie sind die Leitungen in den Bereichen 1 und 2 zu verlegen?

7.6 Müssen in Baderäumen und Duschecken Metallmäntel elektrischer Leitungen in den vorgeschriebenen Potentialausgleich einbezogen werden?

7.7 Darf sich 2 m über dem Fußboden ein eingebauter Zugschalter des Badestrahlers befinden?

7.8 Darf ein tropfwassergeschützter Heißwasserspeicher im Bereich 1 über der Badewanne angebracht und mit Stegleitung von unten her versorgt werden?

7.9 Was gilt, wenn statt des elektrischen Heißwasserspeichers (s. Frage 7.8) ein Gasdurchlauferhitzer mit elektrischer Zündeinrichtung installiert wird?

7.10 Darf eine Durchgangsleitung, z. B. für Steckdosen im Nachbarzimmer, durch die Bereiche 1 und 2 der Badewanne gelegt werden?

7.11 Wie dick muss die Wand innerhalb der Bereiche 1 und 2 sein, damit man auf der vom Bade- oder Duschraum abgekehrten Seite – also im Nachbarraum – Leitungen verlegen darf?

7.12 Dürfen Steckdosen, die über Trenntransformatoren gespeist werden, im Bereich 1 der Badewanne installiert werden?

7.13 Sind Ruf- und Signalanlagen in den Bereichen 1 und 2 erlaubt?

7.14 In einem neu installierten Badebereich wurde eine Fehlerstromschutzeinrichtung (RCD) eingesetzt. Sind damit die Schutzvorschriften erfüllt?

7.15 Welche Teile verbindet der zusätzliche örtliche Schutzpotentialausgleich?

7.16 Welchen Querschnitt muss der Leiter des zusätzlichen Schutzpotentialausgleichs haben?

7.17 Ist der Schutzpotentialausgleich gefährdet, wenn Teile der bisher metallenen Frischwasserrohre gegen solche aus nichtleitenden Werkstoffen ausgewechselt werden?

7.18 Was muss beim Aufstellen von beweglichen Bade- und Duscheinrichtungen beachtet werden?

7.19 Gelten die besprochenen Bestimmungen auch für Bade- oder Duschräume, die sich nicht in Wohnungen oder Hotels befinden?

7.20 Welche IP-Schutzarten sind in öffentlichen Bädern und in Bädern von Sportanlagen vorgeschrieben?

7.21 Welche Festlegungen zur Bereichseinteilung gibt es für Schwimmbäder und Schwimmhallen?

7.22 Welche Schutzmaßnahmen sind für Schwimmbäder und Schwimmhallen vorgeschrieben?

7.23 Sind weitere Maßnahmen gefordert, oder genügt die Erfüllung der vorstehenden Anforderungen bereits?

7.24 Gibt es in Schwimmbädern, und Schwimmhallen verbotene Schutzmaßnahmen?

7.25 Welchen Schutz gegen Wasser müssen die im Bereich von Schwimmbädern und Schwimmhallen verwendeten Betriebsmittel haben?

7.26 Gibt es Vorschriften darüber, wo und wie Kabel und Leitungen im Bereich von Schwimmbecken verlegt werden dürfen? Wenn ja, was besagen diese?

7.27 Der Bademeister eines Freibades wünscht am oberen Rand des Schwimmbeckens (Bereich 0) einen Schalter für die Inbetriebsetzung der Reinigungsmaschine zur Absaugung von Schmutzablagerungen im 5 m tiefen Becken der Sprunganlage. Welche Anordnung empfehlen Sie dem Kunden?

7.28 Welche Betriebsmittel dürfen überhaupt in den Bereichen 0 und 1 angebracht werden?

7.29 Welche Vorschriften gelten für die Installation von elektrischen Betriebsmitteln im Bereich 2?

7.30 In der Schwimmhalle eines Anwesens soll eine elektrische Fußbodenheizung eingebaut werden. Was muss in den Bereichen 0, 1 und 2 beachtet werden?

7.31 Welche Besonderheiten sind bei Heißluft-Saunaräumen zu beachten?

8 Trockene, feuchte, nasse, heiße Räume · Isolationsmessung

F 8

8.1 Welche Installationsrohre dürfen auf, im und unter Putz verlegt werden?

8.2 Welche Bedingungen gelten für das Verlegen von Stegleitungen?

8.3 Darf Stegleitung verlegt werden:

- im Außenputz,
- in der Küche eines Holzhauses,
- in der verputzten Stein-Garage eines Mähdreschers,
- in einer verputzten Weinkellerei?

8.4 Ist es erlaubt, Leitungen in Decken und Wänden auch schräg zu führen?

8.5 Wo sind Schlitze und nachträglich gefräste Aussparungen im Mauerwerk zulässig?

8.6 Gibt es unbewehrte Leitungen, die sich auch zur ungeschützten Verlegung in Wänden, Decken oder Fußböden aus Schütt- oder Stampfbeton eignen?

8.7 Wie müssen offen verlegte Leitungen im Freien angeordnet sein?

8.8 Dürfen wetterfeste Kunststoffleitungen im Handbereich von Fenstern, Balkonen usw. vorbeiführen?

8.9 Wie stellt man fest, ob ein Raum, z. B. ein Hotelzimmer mit Waschbecken und Duschecke, als trocken oder als feucht einzustufen ist?

8.10 Welche Leitungsarten dürfen nur in trockenen Räumen fest installiert werden?

8.11 Sind Küchen, Keller, Treppenhäuser, Dachböden, Verkaufsräume und Toiletten eigentlich als trockene oder als feuchte Räume einzustufen?

8.12 Welches sind die bekanntesten Beispiele für feuchte und nasse Räume?

8.13 In welchen Räumen ist damit zu rechnen, dass zu Reinigungszwecken Spritz- und Strahlwasser verwendet wird?

8.14 Welche Leitungen, Installationsmaterialien, Leuchten und sonstigen Betriebsmittel dürfen in feuchten und nassen Räumen eingesetzt werden?

8.15 Genügen regengeschützte Leuchten und Betriebsmittel bei Anlagen im Freien?

8.16 Gibt es Fälle, in denen Feuchtraumleitungen nicht verlegt werden dürfen?

8.17 Worin liegt eigentlich der Unterschied zwischen Kabeln und Leitungen?

8.18 Gibt es Leitungsarten, die in feuchten und nassen Räumen zum Anschluss ortsveränderlicher Stromverbraucher verboten sind?

8.19 Was ist bei der Installation in Kesselhäusern, Ofenanlagen, Heizungsräumen u. dgl., also in heißen Räumen, zu beachten?

8.20 An einem Trockenofen soll installiert werden. In seiner Nähe können betriebsmäßig Temperaturen bis zu 50 °C auftreten. Welche Leitungen dürfen verlegt werden?

8.21 Was ist zu beachten, wenn an bestimmten Orten betriebsmäßig mit Temperaturen von mehr als 65 °C zu rechnen ist?

8.22 Welchen Isolationswiderstand müssen Verbraucheranlagen (ohne angeschlossene Geräte) in trockenen, feuchten oder nassen Räumen und im Freien mindestens haben?

8.23 Gelten die Forderungen an den Isolationswiderstand auch für sehr große Anlagen?

8.24 Wie wird der Isolationszustand von Installationen in Verbraucheranlagen geprüft?

8.25 Mit welchem Messgerät muss eine Isolationsprüfung durchgeführt werden?

8.26 Wann ist der Isolationszustand eines Fußbodens zu prüfen?

8.27 Wie wird die Prüfung des Isolationswiderstands von Fußböden vorgenommen?

9 Baustellen

VDE 0100-704

9.1 Ein Schlosser schweißt an einem Tor. Gilt dieser Arbeitsplatz im Sinne der VDE 0100 als Baustelle?

9.2 Gelten auf Baustellen bestimmte Vorschriften für den Elektroenergieanschluss und den Fehlerschutz (Schutz bei indirektem Berühren)?

9.3 Ist die Fehlerstromschutzeinrichtung (RCD) auf Baustellen als Schutzmaßnahme ausreichend?

9.4 Kann das Gehäuse eines Baustromverteilers als Teil des Schutzleiterstromkreises verwendet werden?

9.5 Welche Schrankarten zur Versorgung vorübergehend betriebener Anlagen auf Baustellen werden hinsichtlich ihrer Funktion unterschieden?

9.6 In welche Schutzmaßnahme ist das Gehäuse des Baustromverteilers einzubeziehen?

9.7 Welche Schutzart gegen das Eindringen von Staub und Wasser ist vorgeschrieben für:

1. Gehäuse von Baustromverteilern,
2. Gehäuse von Baumaschinen und -geräten,
3. Baustellen-Installationsmaterial?

9.8 Welche Schutzart gilt speziell für Leuchten auf Baustellen?

9.9 Welche Leitungsarten sind für bewegliche Leitungen auf Baustellen vorgeschrieben?

9.10 Welchen Mindestquerschnitt müssen Anschluss- und Erdungsleitungen auf Baustellen haben?

9.11 Auf einer Baustelle soll der Anschlussschrank mit den Verteilerschränken durch vieradrige Gummischlauchleitungen verbunden werden. Ist das zulässig?

9.12 Gelten für die einzusetzenden Fehlerstromschutzeinrichtungen (RCDs) besondere Bestimmungen?

9.13 Welche Prüfintervalle sind bei der Prüfung von Baustromverteilern einzuhalten?

9.14 Wie oft muss eine RCD auf Baustellen

a) mechanisch,
b) elektrisch

geprüft werden?

F 9

10 Landwirtschaftliche und gartenbauliche Betriebsstätten

VDE 0100-705

10.1 Warum gelten für elektrische Anlagen in landwirtschaftlichen Betriebsstätten besondere Vorschriften?

10.2 Fallen unter diese besonderen Vorschriften auch die Hausinstallationen in ländlichen Anwesen?

10.3 Zählen Ställe zu den feuchten oder zu den feuergefährdeten Räumen?

10.4 Ist in landwirtschaftlichen Betriebsstätten Stegleitung im oder unter Putz zulässig?

10.5 Durch welche Merkmale unterscheidet sich eine Verteilung für eine landwirtschaftliche Betriebsstätte von einer Verteilung für normale Hausinstallation?[1]

10.6 Ist jeder Stromkreis zu kennzeichnen?

10.7 Wie kann die Forderung nach automatischer Abschaltung erreicht werden?

10.8 Wie schützt man Nutztiere, die ja bekanntlich empfindlich gegen den elektrischen Strom sind?

10.9 Sollte man nicht trotzdem alle metallenen Leitungen (Wasserleitungen und Rohrleitungen von Melkeinrichtungen usw.), die in den Stall führen, durch Isoliermuffen gegen außen abtrennen?

10.10 Ist es zulässig, den Hof eines landwirtschaftlichen Anwesens mit einer Freileitung aus blanken Aluminiumseilen von 25 mm^2 in 4,5 m Höhe zu überspannen?

10.11 Welche beweglichen Leitungen dürfen als Freileitungen verwendet werden?

10.12 Sollte man nicht für einen bestimmten Bauernhof nur eine einzige Art von Steckvorrichtungen verwenden?

F 10

1 s. auch Frage und Antwort 15.8 bis 15.10

10.13 Ist ein besonderer Berührungsschutz für Leuchten vorgeschrieben?

10.14 In welcher Schutzart gegen das Eindringen von Staub und Wasser sollen die Geräte in landwirtschaftlichen Betriebsstätten ausgeführt sein?

10.15 Ist ein Motorschutzschalter für Motoren vorgeschrieben?

10.16 Wie werden Wärmestrahler zur Tieraufzucht oder Tierhaltung fachgerecht montiert?

10.17 Ist bei Dunkelstrahlern etwas Besonderes zu beachten?

10.18 Gibt es für Kükenaufzuchtbatterien besondere Vorschriften?

10.19 Ist es besser, metallene Zäune (z. B. Drahteinfriedungen von Weideflächen) mit in der Nähe stehenden Leitungsmasten (z. B. geerdeten Stahlgittermasten) zu verbinden oder sie von diesen fernzuhalten?

10.20 Welche Abstände von Wegen müssen Elektro-Weidezäune und Elektro-Wildsperrzäune haben, und welche Hinweisschilder sind erforderlich?

10.21 Sind Abstände der Weidezaundrähte von Freileitungen vorgeschrieben?

10.22 Darf für die Zuleitung des Elektrozauns das Gestänge einer vorhandenen Freileitung mitverwendet werden?

10.23 Welche Anforderungen werden an die Betriebserdung und an den Isolationswiderstand des Zauns gestellt?

10.24 Was ist bei der Unterbringung des Elektrozaungeräts in Gebäuden zu beachten?

10.25 Ist es zweckmäßig, für die Speisung eines weitläufigen Elektrozauns ein zweites Elektrozaungerät parallel zu schalten?

10.26 Der Elektroinstallateur hat in einem landwirtschaftlichen Betrieb ein elektrisches Gerät installiert, das er nun dem Eigentümer des Anwesens zur Benutzung übergibt. Worauf sollte er als Fachmann den Landwirt besonders hinweisen?

11 Medizinisch genutzte Räume

VDE 0100-710

11.1 In welche drei Hauptgruppen werden medizinisch genutzte Räume gegliedert?

11.2 Wie unterscheidet der Elektroinstallateur Intensivuntersuchungsräume von Intensivüberwachungsräumen?

11.3 Gibt es Bereiche in Krankenhäusern, in denen besonders hohe Anforderungen an die Energieversorgung gestellt werden müssen?

11.4 Aus Kostengründen soll für mehrere OP-Räume der Gruppe 2 nur ein IT-System installiert werden. Eine geschickt ausgeklügelte Schaltung soll für weitgehende Sicherheit sorgen. Ist das statthaft?

11.5 Wie muss die Verbraucheranlage in Räumen der Gruppe 2 ausgeführt sein?

11.6 Sind Maßnahmen zum Fehlerschutz (Schutz bei indirektem Berühren) in Räumen der Gruppe 0 (Bettenräume, Sprech- und Untersuchungszimmer) überhaupt erforderlich?

11.7 Welche Schutzmaßnahmen zum Fehlerschutz (Schutz bei indirektem Berühren) sind in den Räumen der Gruppen 1 und 2 gefordert?

11.8 Welche Anforderungen werden an den zusätzlichen Schutzpotentialausgleich gestellt, und wie muss er aufgebaut sein?

11.9 Welche Folgen hat in einem Krankenhaus oder in einer Poliklinik der Ausfall der allgemeinen Stromversorgung für die Patienten? Müssen in diesem Fall die gerade laufenden Operationen rasch abgebrochen werden, bis der Hauselektriker den Fehler in der Stromversorgung behoben hat?

11.10 Müssen bei einem Ausfall der Stromversorgung wirklich alle elektrischen Einrichtungen und Verbrauchsgeräte in weniger als 15 s wieder versorgt werden?

11.11 Welche Stromquellen sind für die Sicherheitsstromversorgung von Krankenhäusern und Polikliniken zugelassen?

11.12 Wie sehen die Anforderungen an das Leitungsnetz der Sicherheitsstromversorgung aus?

11.13 Muss bei der Anordnung von Starkstromkabeln auf empfindliche medizinische Einrichtungen geachtet werden?

11.14 In welchen Räumen muss man besonders auf störende Auswirkungen elektrischer oder magnetischer Felder achten?

11.15 Welche Maßnahmen können gegen elektrische Felder angewendet werden?

11.16 Wie wird gegen magnetische Felder abgeschirmt?

11.17 Welche Maßnahmen sehen die Bestimmungen für medizinische Einrichtungen außerhalb von Krankenhäusern und Polikliniken vor?

11.18 Ist in Human- und Dentalpraxisräumen ein zusätzlicher Schutzpotentialausgleich erforderlich?

11.19 Wie sieht es in den Praxisräumen mit der Sicherheitsstromversorgung aus? Sind hier einfachere Stromversorgungsanlagen erlaubt?

11.20 Wie können Heimdialysegeräte elektrisch versorgt werden?

11.21 Welche Unterlagen, Pläne usw. sind für den sicheren Betrieb der elektrischen Anlagen in Krankenhäusern bereitzuhalten?

11.22 Welche Pläne müssen in den Verteilern greifbar sein?

11.23 Welche Prüfungen sind für Starkstromanlagen in Krankenhäusern vor der Inbetriebnahme und während des Betriebs vorgeschrieben?

11.24 Was muss bei wiederkehrenden Prüfungen geprüft werden?

11.25 Enthalten Anästhesieräume besonders gefährdete Bereiche?

11.26 Wie werden die explosionsgefährdeten Zonen in medizinisch genutzten Räumen bezeichnet?

11.27 In einer chirurgischen Ambulanz soll ein Gerät mit einem Elektromotor fest installiert werden. Was muss der Elektroinstallateur hinsichtlich des Explosionsschutzes bei der Geräteauswahl beachten?

11.28 Wie begegnet man den in Anästhesieräumen möglichen gefährlichen elektrostatischen Aufladungen?

11.29 Darf der Elektroinstallateur eine defekte Netzanschlussleitung eines medizinischen elektrischen Geräts gegen eine entsprechende neue Anschlussleitung auswechseln?

11.30 Wie groß darf der Widerstand des Schutzleiters sein?

11.31 Wie müssen die Transformatoren geschützt werden?

11.32 Wie erfolgt die Auswahl der Transformatoren?

11.33 Wie sind die Steckdosen-Stromkreise in der Gruppe 2 abzusichern?

11.34 Darf die Stromversorgung in der Gruppe 2 ausfallen?

11.35 Welche Pläne müssen nach dem Prüfvorgang erstellt werden?

11.36 Was ist bei der Aufstellung der Gebäudehauptverteilung AV und SV zu beachten?

11.37 Was ist bei der Versorgung der Beleuchtungskreise in Räumen der AWG2-Gruppe zu beachten?

12 Versammlungsstätten · Großbauten · Sicherheitsbeleuchtung

VDE 0100-718

12.1 Für Versammlungsstätten, Hochhäuser, Sportstätten und sonstige Großbauten wurde eine besondere VDE-Bestimmung geschaffen. Welche ist das und was fällt unter diesen Begriff?

12.2 In VDE 0100-718 erscheint bisweilen ein senkrechter schwarzer Randstrich. Was bedeutet er?

12.3 Wie findet sich der Elektroinstallateur in den meist sehr umfangreichen Anlagen in Großbauten am besten zurecht?

12.4 In welchen Räumen dürfen die Hauptverteiler untergebracht sein?

12.5 Gelten diese strengen Anforderungen auch für die Verteiler (früher Unterverteilungen genannt)?

12.6 In Versammlungsstätten und sonstigen Großbauten sind Aufzüge, Löschwasserpumpen u. dgl. besonders wichtig. Bestehen für deren Schaltanlagen besonders strenge Bestimmungen?

12.7 Ist in Versammlungsstätten und Warenhäusern der Schutz durch Überstromschutzeinrichtungen im TN-System als alleinige Schutzmaßnahme gegen elektrischen Schlag zulässig?

12.8 Wird bei jedem Stromkreis die Möglichkeit einer Isolationsprüfung ohne Abklemmen des Neutralleiters gefordert?

12.9 Wird grundsätzlich flammwidriges Installationsmaterial verlangt?

12.10 Welchen Einschränkungen unterliegen die beweglichen Leitungen?

12.11 Werden an die Verbraucheranlagen besondere Anforderungen gestellt?

12.12 In welchen Räumen müssen Schalter und Überstromschutzeinrichtungen gruppenweise zusammengefasst und dem Zugriff Unbefugter entzogen werden?

12.13 Was versteht man unter Bereichsschaltern?

12.14 Sind die Bereichsschalter in den Hauptverteilern zu finden?

12.15 Was versteht man unter Sicherheitsbeleuchtung?

12.16 Weshalb ist eine Sicherheitsbeleuchtung so wichtig?

12.17 Erfordern alle Großbauten Sicherheitsbeleuchtungen?

12.18 Was ist Sicherheitsbeleuchtung in Dauerschaltung?

12.19 Was ist Sicherheitsbeleuchtung in Bereitschaftsschaltung?

12.20 Welche Stromquellen kommen für eine Sicherheitsstromversorgungsanlage in Frage?

12.21 Was versteht man unter Sonderbeleuchtung?

12.22 Welche Schutzmaßnahmen sind für eine Sicherheitsbeleuchtung zulässig?

12.23 Gibt es für den Betrieb der elektrischen Einrichtungen in Versammlungsstätten, Waren- und Geschäftshäusern, Hochhäusern, Beherbergungsstätten und Krankenhäusern besondere Bestimmungen, wonach in gewissen zeitlichen Abständen bestimmte Tätigkeiten vorgeschrieben werden?

12.24 Zählen Akkumulatorenräume zu den explosionsgefährdeten Betriebsstätten?

12.25 Wie geht man am zweckmäßigsten vor, wenn man vor der Aufgabe steht, eine Starkstromanlage in einer Versammlungsstätte zu errichten?

12.26 Wie müssen Stromkreise abgesichert werden?

12.27 Welche Vorrichtung muss für die Leuchten vorgesehen werden?

13 Bauordnungen · DGUV-Vorschriften · Brandschutz

13.1 Welche wichtigen Bestimmungen sind neben den DIN- und VDE-Vorschriften bei der Planung und Errichtung elektrischer Anlagen zu beachten?

13.2 Warum gibt es Abweichungen in den Landesbauordnungen der einzelnen Bundesländer?

13.3 Nennen Sie für den Bereich Elektrotechnik wichtige Bauvorschriften!

13.4 Wer verfasst die MLAR (Muster-Leitungsanlagen-Richtlinie)? Welche wesentliche Vorgaben sind in der MLAR enthalten?

F 13

13.5 Beschreiben Sie den Unterschied zwischen MLAR und LAR (Leitungsanlagen-Richtlinie)!

13.6 Für welche Anlagen müssen jeweils eigene elektrische Betriebsräume vorgesehen werden? In welcher Verordnung ist das festgelegt?

13.7 Dürfen fremde Versorgungssysteme, etwa Wasserleitungen, durch elektrische Betriebsräume verlegt werden?

13.8 In welcher Verordnung wird eine Rauchmelderpflicht in Wohngebäuden vorgeschrieben?

13.9 In welchen Bundesländern sind Rauchmelder vorgeschrieben?

13.10 In welchen Räumen müssen Rauchmelder vorgesehen werden? Gibt es innerhalb der Landesbauordnungen Abweichungen?

13.11 Welche Vorschrift ist bei der Planung und Montage von Heimrauchmeldern zu beachten?

13.12 Was bedeutet die Abkürzung BGV?

13.13 Nennen Sie die beiden wichtigsten DGUV-Vorschriften für den Bereich Elektrotechnik!

13.14 Welche Prüffristen werden grundsätzlich in der gesetzlichen Unfallverhütungsvorschrift für ortsfeste elektrische Anlagen und Betriebsmittel unterschieden?

13.15 Welche Prüffristen werden grundsätzlich in der gesetzlichen Unfallverhütungsvorschrift für ortsveränderliche Betriebsmittel vorgegeben?

13.16 Gibt es in den Unfallverhütungsvorschriften besondere Vorgaben für die Elektroinstallation in Arbeitsstätten?

13.17 Was versteht man unter einem Brandabschnitt?

13.18 In welcher Norm werden Feuerwiderstandsklassen beschrieben? Erklären Sie den Begriff Feuerwiderstandsklasse!

13.19 Nennen Sie die verschiedenen Feuerwiderstandsklassen!

13.20 Gibt es bei der Definition der Feuerwiderstandsklassen für verschiedene Bauteile unterschiedliche Bezeichnungen?

13.21 Was ist bei der Leitungsführung durch Brandwände bzw. Brandabschnitte zu beachten?

13.22 Nennen Sie Beispiele für Kabelabschottungssysteme!

13.23 Müssen Kanalabschottungen gekennzeichnet sein?

13.24 Erklären Sie den Begriff Funktionserhalt!

13.25 Für welche Anlagen ist die Funktionserhaltdauer 30 min bzw. 90 min erforderlich?

13.26 Was versteht man unter einer Kabelanlage mit integriertem Funktionserhalt?

13.27 Welche Alternativen zu Kabelanlagen mit integriertem Funktionserhalt gibt es noch?

13.28 Müssen Kabelanlagen mit integriertem Funktionserhalt besonders gekennzeichnet werden?

13.29 Nennen Sie die gängigen Kabeltypenbezeichnungen von Funktionserhaltkabeln!

Was ist bei der Planung besonders zu beachten?

14 Explosionsgefährdete Bereiche

VDE 0165-1

14.1 Wer darf Ex-Schutzanlagen projektieren, auswählen und errichten?

14.2 Welche Informationen sind erforderlich, um elektrische Geräte für explosionsgefährdete Bereiche auswählen zu können?

14.3 Was bedeutet EPL?

14.4 Geben Sie ein Beispiel für EPLs und Zündschutzarten!

14.5 Ein elektrisches Gerät muss so ausgewählt werden, dass die Oberflächentemperatur die Zündtemperatur nicht erreicht. Geben Sie dafür ein Beispiel!

14.6 Geben Sie ein Beispiel für die Kennzeichnung explosionsgeschützter elektrischer Betriebsmittel!

14.7 Wie müssen in explosionsgeschützten Bereichen die Arten der Erdungssysteme ausgeführt werden?

14.8 Unter welchen Umständen kann eine Explosion entstehen?

15 Feuergefährdete Betriebsstätten

15.1 Wer gibt die Einstufung von Betriebsstätten zu feuergefährdeten Betriebsstätten vor, ist diese Festlegung dem jeweiligen Betreiber oder Auftraggeber überlassen?

15.2 Sind Papierfabriken feuergefährdete Betriebsstätten im Sinne der VDE-Bestimmungen?

15.3 Was ist bei Installationen in feuergefährdeten Betriebsstätten besonders zu beachten?

15.4 Wie müssen Leuchten für feuergefährdete Betriebsstätten beschaffen sein?

15.5 Ist die Schutzmaßnahme Überstromschutz im TN-System auch in feuergefährdeten Betriebsstätten zulässig?

15.6 Wie muss in feuergefährdeten Betriebsstätten ein IT-System aufgebaut sein, damit mögliche Fehler sicher erkannt und angezeigt werden?

15.7 Schienenverteiler sind für größere Stromstärken geeignet und haben meistens ein Metallgehäuse. Ist deshalb (Metallumhüllung!) in Anlagen mit Überstromschutzeinrichtungen auch eine 0,5-A-RCD erforderlich?

15.8 Dürfen Kabel und Leitungen, die zur Versorgung anderer Betriebsteile und Arbeitsbereiche dienen, feuergefährdete Betriebsstätten durchqueren?

15.9 In welchen Fällen sind für Verteilungen an den Neutralleiterschienen Trennklemmen (oder ähnliches) vorgeschrieben, um den Isolationswiderstand auch des Neutralleiters ohne Abklemmung messen zu können?

15.10 Wird der ankommende PEN-Leiter an die in feuergefährdeten Räumen vorgeschriebene Trennklemmenreihe angeschlossen?

15.11 Welche beweglichen Leitungen sind in feuergefährdeten Betriebsstätten zu verwenden?

15.12 Was muss bei senkrechten Kabel- und Leitungsanlagen im Bereich feuergefährdeter Betriebsstätten beachtet werden?

15.13 Was ist bei der Dimensionierung eines PEN-Leiters in feuergefährdeten Betriebsstätten zu beachten?

15.14 In feuergefährdeten Betriebsstätten sind zur Prüfung der Isolationswiderstände Trennvorrichtungen im Neutralleiter vorgeschrieben. Welche Arten von Trennvorrichtungen sind hier möglich?

15.15 Wie müssen Motoren in feuergefährdeten Betriebsstätten gegen Überlastung geschützt werden?

15.16 Welche Wärmegeräte dürfen in feuergefährdeten Betriebsstätten eingesetzt werden?

15.17 Wie muss bei Trocknungsanlagen das Auftreten unzulässiger Betriebstemperaturen verhindert werden?

15.18 Zu welcher Raumart zählen Räume mit Ölfeuerungsanlagen? Was ist bei der Installation besonders zu beachten?

16 Betrieb von Starkstromanlagen · Bekämpfung von Bränden

16.1 Welche Starkstromanlagen müssen durch Fachleute immer wieder geprüft werden?

16.2 Ein Schalttafel-Umbau wird von drei Monteuren in Angriff genommen. Dazu muss der spannungsfreie Zustand hergestellt und sichergestellt werden. Wie geschieht das?

16.3 Der Arbeitsverantwortliche (Aufsichtführende) einer Arbeitskolonne veranlasst *fernmündlich*, dass freigeschaltet wird. Ist das zulässig?

16.4 In einem gewerblichen Betrieb wurde die Anlage freigeschaltet, wie auch der Augenschein lehrt. Trotzdem ergibt die Spannungsprüfung an der Arbeitsstelle, dass noch Spannung da ist. Was kann vergessen worden sein?

16.5 In einem halbfertigen Geschäftshaus-Neubau schickt der Meister einen Gesellen an die Verteilertafel, die sich in einem anderen Raum befindet, um freizuschalten. Dieser löst weisungsgemäß die Leitungsschutzsicherung und steckt sie ein. Er unterrichtet seinen Meister. Ist der Meister zufrieden?

16.6 In einer gekapselten Verteilungsanlage ist ein Schalter defekt. Bis zum Einbau eines Ersatzes wird der Bedienungshebel mit Kette und Schloss in der Ausschaltstellung gehalten. Genügt das als Sicherungsmaßnahme?

16.7 Der Reflektor einer mit beweglicher Leitung angeschlossenen Arbeitsplatzleuchte soll gereinigt werden. Durch Betätigung des Schalters wird die Leuchte abgeschaltet. Genügt das?

16.8 In welchen Zeitabständen sind Spannungsprüfer auf ihre einwandfreie Funktion zu überprüfen?

16.9 An einer isolierten Leitung oder an einem Kabel soll gearbeitet werden. Weder durch Lageplan noch durch Suchgerät kann die fragliche Leitung – unter anderen gleichartigen – einwandfrei ermittelt werden. Was kann man tun?

16.10 Wann darf der Elektroinstallateur vom Erden und Kurzschließen an der Arbeitsstelle absehen?

16.11 An einer Freileitung unter 1000 V Bemessungsspannung soll gearbeitet werden. Dazu wird in der Transformatorenstation freigeschaltet, gegen Wiedereinschaltung gesichert, die Spannungsfreiheit festgestellt, geerdet und kurzgeschlossen. Kann nun mit der Arbeit begonnen werden?

16.12 Nach Beendigung der Arbeiten soll eine Anlage wieder unter Spannung gesetzt werden. Was muss man als Wichtigstes beachten?

16.13 Was ist – kurz gesagt – bei Arbeiten in der Nähe von unter Spannung stehenden Teilen zu beachten?

16.14 Sind Arbeiten direkt an unter Spannung stehenden Teilen erlaubt?

16.15 Welche Bestimmungen sind bei Arbeiten unter Spannung zu beachten?

16.16 Welche Vorschriften gelten für Arbeiten unter Spannung bei Bemessungsspannungen über 1000 V?

16.17 Warum wird man bei einem Brand in Stromversorgungs- oder Verteilungsanlagen so wenig wie möglich abschalten und auch bei Tag die Beleuchtung einschalten?

16.18 In einer Lackfabrik ist eine Verteilertafel in Brand geraten. Ein beherzter Betriebselektriker springt hinzu, bereit, die Anlage auszuschalten. Warum zögert er plötzlich?

16.19 Ein Elektriker wird zu einem Brand gerufen. Er stellt fest, dass inzwischen umfangreiche Zerstörungen, auch der elektrischen Anlage, eingetreten sind. Wird er nun alles abschalten und spannungslos machen?

16.20 Was muss bei Bränden in Anlagen beachtet werden, wenn polychlorierte Biphenyle (PCB) in Isolierflüssigkeiten vorhanden sind?

16.21 Mit welchen Löschmitteln können elektrische Brände gelöscht werden, und welche Abstände zu den elektrischen Anlagen müssen mindestens eingehalten werden?

16.22 Kann man einen Verunglückten dadurch aus seiner lebensbedrohenden Lage befreien, dass man die spannungsführenden Leitungsdrähte erdet und kurzschließt?

16.23 Ein Monteur ist soeben an Spannung geraten und liegt nun bewusstlos da. Sein Helfer ist die einzige noch anwesende Person. Soll er nach einem Arzt laufen?

17 Allgemeine Versorgungsbedingungen · Technische Anschlussbedingungen

TAB 2012

17.1 Wo findet man zusammengefasst die gesetzlichen Grundlagen für das Vertragsverhältnis zwischen Netzbetreiber und Kunde?

17.2 Wozu dienen – im Gegensatz zu den VDE-Bestimmungen – die Technischen Anschlussbedingungen (TAB) des BDEW? Sind sie für den Elektroinstallateur verbindlich?

17.3 Darf der einzelne Netzbetreiber (NB) die TAB ändern oder ergänzen?

17.4 Muss ein NB in seinem Versorgungsgebiet jedermann an das Verteilungsnetz anschließen und mit elektrischem Strom versorgen?

17.5 Wo findet man übersichtlich dargestellte Empfehlungen über zweckmäßige Planung und Ausführung von elektrischen Anlagen im Wohnungsbau?

17.6 In einem gerichteten Neubau sind Maurer dabei, unter der Anleitung des Elektrikers mit Drucklufthämmern und -bohrern zahlreiche Schlitze, Durchführungsöffnungen und Aussparungen für das Verlegen elektrischer Leitungen im Beton und im Mauerwerk herzustellen. Ist das erlaubt?

17.7 Wer darf die Anlage des Kunden errichten und instandhalten?

17.8 Welche Anlagen und Verbrauchsgeräte unterliegen grundsätzlich der Anmeldepflicht beim NB?

17.9 Gehören die Hausanschlusssicherungen zur Verbraucheranlage des Kunden, und kann er deshalb hier ein Eigentumsrecht geltend machen?

17.10 Welcher Spannungsfall darf in den Leitungen der Verbraucheranlagen höchstens auftreten?

17.11 Was ist in Neubauten vorsorglich mit zu verlegen, wenn diese über Freileitungen (Dachständer- oder Wandanschlüsse) versorgt werden?

17.12 Wodurch wird die Hauptschutzerdungsschiene wirksamer?

17.13 Wie ist nach DIN 18015-1 die Absicherung einer Wohneinheit, zweier Wohneinheiten und dreier Wohneinheiten mit Warmwasserbereitung festgelegt?

17.14 Was ist zu beachten, wenn Mehrtarifzähler und Verbrauchsgeräte zentral gesteuert werden sollen?

17.15 Für den Neubau eines größeren Wohnhauses werden 160-A-Hausanschlusssicherungen gewählt. Wird man auch sog. Zähler-Vorsicherungen vorsehen?

17.16 Eine Aufzugsanlage ist im Bau fast fertiggestellt. Ein 12-kW-Drehstrom-Asynchronmotor soll demnächst installiert werden; der Installateur meldet deshalb die Anlage beim NB an.

Darf dieser Motor unmittelbar an das Ortsnetz angeschlossen werden, wenn er eine Anlassvorrichtung hat, die den Anzugsstrom auf das zweifache des Motornennstroms begrenzt?

17.17 Was ist beim Anschluss von Lichtbogenschweißgeräten wegen der durch sie verursachten Spannungsschwankungen zu beachten?

17.18 Sind Kondensatoren zur Deckung des Blindleistungsbedarfs zwangsläufig mit den kompensierten Geräten zu- und abzuschalten?

17.19 Durch wen wird die Kundenanlage an das Ortsnetz angeschlossen und in Betrieb gesetzt?

17.20 Durch wen wird die Kundenanlage verbraucherseitig unter Spannung genommen?

17.21 Welche Anlagenteile müssen plombiert sein? In welchen besonderen Fällen dürfen solche Plombenverschlüsse von anderen Personen als den NB-Beauftragten geöffnet werden?

17.22 Übernimmt der NB eine Haftung, wenn es eine vom Elektroinstallateur errichtete Anlage überprüft?

17.23 Welche drei grundsätzlichen Arten von Vorschriften muss der Elektroinstallateur beim Errichten einer Kundenanlage beachten, und welche elektrotechnischen Fertigerzeugnisse sind zu verwenden?

17.24 Was sind die wichtigsten Grenzwerte für den Anschluss an das Niederspannungsnetz?

17.25 Elektrische Anlagen müssen symmetrisch aufgebaut werden. Welche Regeln sind dabei zu beachten?

17.26 Planung, Errichtung, Betrieb und Änderung von Bezugs- und Erzeugungsanlagen, Speichern, Mischanlagen sowie Ladeeinrichtungen müssen den gesetzlichen und behördlichen Bestimmungen sowie den anerkannten Regeln der Technik entsprechend durchgeführt werden.

Mit dem Inkrafttreten der bestimmten Richtlinien werden Richtlinien und Regelwerke außer Kraft gesetzt. Welche sind das?

18 Blitzschutz

VDE 0185-305

18.1 Welche Blitzschutzklassen werden normativ definiert?

18.2 Wann muss eine Blitzschutzanlage errichtet werden? In welchen Vorschriften wird die Installation gefordert?

18.3 Aus welchen grundsätzlichen Elementen besteht der Blitzschutz baulicher Anlagen?

18.4 Dürfen Bestandteile des äußeren Blitzschutzes direkt an der Mauer eines Gebäudes befestigt werden?

18.5 Wie werden die Fangeinrichtungen des Blitzschutzes ausgebildet?

18.6 Wie müssen die Fangeinrichtungen beschaffen sein, damit sie den enormen Beanspruchungen, die bei einem Blitzeinschlag auftreten können, standhalten?

18.7 Zur Ableitung der Energie des Blitzes in das Erdreich sind Ableiteinrichtungen erforderlich. Welche Anforderungen müssen diese erfüllen?

18.8 Was ist bei den Ableitungen zu beachten?

18.9 Die Blitzschutzsysteme können getrennt oder nicht getrennt von der baulichen Anlage ausgeführt werden. Dies hat auch Auswirkungen auf die Ableitungen. Welche sind das jeweils?

18.10 Wie ist es mit der mechanischen Festigkeit und der Befestigung der oberirdischen Bauteile bestellt?

18.11 Wie kann bei Strömen über 100 000 A ein so geringer Querschnitt den Beanspruchungen in der Regel standhalten, ohne dabei beschädigt zu werden?

18.12 Was bedeuten diese ungeheuren Stromstärken für die Leiterverbindung?

18.13 Dürfen vorhandene Metallkonstruktionen des Gebäudes als Ableiter verwendet werden?

18.14 Wie wird die Ableitung geerdet?

18.15 Am Übergang der Ableitungen zur Erdungsanlage müssen Messstellen eingebaut werden. Ist das auch für die natürlichen Ableitungen gefordert?

18.16 Welchen Erdungswiderstand muss eine Erdungsanlage einhalten, damit sie als Blitzschutzerdung verwendet werden kann?

18.17 Ist für jede Blitzschutzanlage ein eigener Erder erforderlich, oder können andere Erder mitverwendet werden?

18.18 Es gibt zwei grundsätzliche Anordnungen von Erdern. Wie sind diese jeweils auszuführen?

18.19 Was muss bei der Installation von Erdern beachtet werden?

18.20 Ist die Blitzschutzanlage mit dem Anschluss der Ableitungen an eine Erdungsanlage fertiggestellt?

18.21 Was muss getan werden, wenn sich Bauteile der Blitzschutzanlage in der Nähe von metallenen Installationen befinden?

18.22 Sind 2 m Abstand zwischen einer Rohrleitung und der Blitzschutzanlage bereits eine Näherung?

18.23 Gelten die Mindestabstände nach Frage 18.22 auch für Annäherungen zwischen der Blitzschutzanlage und der elektrischen Installation?

18.24 Gibt es Ausnahmen, bei denen Näherungen nicht beachtet werden müssen?

18.25 Was ist bei der Annäherung an Freileitungsdachständer zu beachten?

18.26 Die Räume einer neu zu errichtenden Datenverarbeitungsanlage sollen gegen Blitzeinwirkungen geschützt werden. Welche zusätzlichen Blitzschutzmaßnahmen sind hier erforderlich?

18.27 Eine Kamera für die Sicherheitsüberwachung eines Industriebetriebs soll auf dem Dach eines Gebäudes angebracht werden. Wie ist diese Kamera gegen Blitzeinwirkungen sicher zu schützen?

18.28 Neben den allgemeinen Bestimmungen für Blitzschutzanlagen gibt es weitere Bestimmungen für besonders gefährdete Bereiche. Für welche Anlagen gelten diese besonderen Blitzschutzbestimmungen?

18.29 Schreibt die Blitzschutznorm vor, dass die in Frage 18.28 genannten Anlagen unbedingt einen Blitzschutz erhalten müssen?

18.30 Was ist bezüglich des Blitzschutzes bei Turmdrehkranen auf Baustellen zu beachten?

18.31 Müssen die umfangreichen Maßnahmen zum Schutz von Turmdrehkranen auch bei Automobilkranen durchgeführt werden?

18.32 Was ist bei Kirchtürmen und Kirchen zu beachten?

18.33 Welche Blitzschutzmaßnahmen sind in Sportanlagen zu treffen?

18.34 Eine Scheune (feuergefährdeter Bereich) soll eine Blitzschutzanlage erhalten. Was muss hier besonders beachtet werden?

18.35 Welche Bestimmungen gelten für Dächer mit weicher Bedachung, also für Dächer aus Stroh oder Schilf?

18.36 Welche Blitzschutzmaßnahmen sind bei explosionsgefährdeten Bereichen erforderlich?

18.37 Wie ist eine Antennenanlage gegen Blitzeinwirkungen zu schützen?

18.38 Was bewirkt der innere Blitzschutz?

18.39 Wie und wo muss ein Blitzschutz-Potentialausgleich durchgeführt werden?

18.40 Wie sind von außen ankommende Leitungen der Energieversorgung und Telekommunikation in den Blitzschutz-Potentialausgleich einzubeziehen?

18.41 Welche Prüfungen sind an Blitzschutzsystemen durchzuführen?

18.42 In welchem Turnus müssen die Prüfungen des Blitzschutzsystems wiederholt werden?

18.43 Was besagt der Begriff „elektromagnetischer Impuls des Blitzes“, und wie lautet seine Abkürzung?

18.44 Was versteht man unter dem Blitzstrom als Störquelle?

18.45 Wie sind die Blitzschutzzonen definiert?

18.46 Wo müssen geschirmte Kabel in den Potentialausgleich einbezogen werden?

18.47 Wie wird der Potentialausgleich an den Grenzen der Blitzschutzzonen ausgeführt?

18.48 An der Grenze zwischen den Blitzschutzzonen LPZ 0_A, LPZ 0_B und LPZ 1 soll ein Potentialausgleich durchgeführt werden. Was ist zu beachten?

18.49 Was ist bei äußeren Leitungen zu beachten, die in Höhe des Erdbodens in das Gebäude eintreten?

18.50 Die anteiligen Blitzströme gelten auch für die Bemessung der Störschutzgeräte (z. B. Überspannungsableiter). Was ist bei der Installation dieser Bauteile noch zu beachten?

18.51 Wie wird an den Zonengrenzen zu den höheren Blitzschutzzonen vorgegangen?

18.52 Innerhalb des zu schützenden Volumens befinden sich oft auch metallene Konstruktionsteile und Hilfseinrichtungen, z. B. Kräne, Leitern, Treppen, Aufzugsschienen, Türrahmen. Müssen diese Teile beim Potentialausgleich mit berücksichtigt werden, oder genügt der äußere Blitzschutz hier völlig?

18.53 Wie muss man informationstechnische Einrichtungen in den Potentialausgleich richtig einbinden?

18.54 Dürfen beide Typen – die sternförmige und die maschenförmige Konfiguration – in einer Anlage gemeinsam verwendet werden?

18.55 Was bedeutet „Schutzklasse“ eines Blitzschutzsystems?

18.56 Wie wird die Anordnung der Fangeinrichtungen bestimmt?

18.57 Welcher Wert ist für die Durchgängigkeit der Verbindungen vorgeschrieben?

18.58 Welche Typen von Überspannungs-Schutzgeräten werden unterschieden?

19 Elektrische Betriebsstätten

19.1 Was versteht man unter elektrischen Betriebsstätten?

19.2 Müssen elektrische Betriebsstätten gegen andere Bereiche besonders abgegrenzt sein?

19.3 Sind elektrische Betriebsstätten als solche besonders zu kennzeichnen?

19.4 Gibt es für elektrische Betriebsstätten erleichternde Bestimmungen?

19.5 Gibt es eine besondere Kennzeichnungspflicht für die Zuordnung von Anlagenteilen einer elektrischen Betriebsstätte?

19.6 Was muss bei der Anordnung von Betätigungselementen, z. B. Schalthebeln, Tastern, Reglern, beachtet werden?

19.7 Wie sind Fingersicherheit und Handrückensicherheit definiert?

19.8 Dürfen in elektrischen Betriebsräumen Wasserleitungen verlegt werden?

20 Kleinkraftwerke · Eigenerzeugungsanlagen

20.1 Was ist unter Kleinkraftwerk zu verstehen?

20.2 Ein Mühlenbesitzer möchte seine Wasserkraftanlage ertüchtigen und mit der verbesserten Wasserkraftausnutzung eine elektrische Leistung von ca. 80 kW in das öffentliche Netz einspeisen. Muss der NB dem Vorhaben zustimmen?

20.3 Darf die Eigenerzeugungsanlage einfach hinter dem Hausanschluss, also auf der Kundenseite, angeschlossen werden?

20.4 Welche Generatorarten sind zulässig?

20.5 Sind Schmelzsicherungen als Schutzeinrichtungen für den Parallelbetrieb mit dem öffentlichen Netz ausreichend?

20.6 Müssen Eigenerzeugungsanlagen wie andere Starkstromanlagen auch regelmäßig geprüft werden?

20.7 Es gibt verschiedene Niederspannungs-Stromerzeugungsanlagen (auch Eigenerzeugungsanlagen genannt), die sich in der Art des Anschlusses an das öffentliche Netz stark unterscheiden. Welches sind die gebräuchlichen Anschlussarten von Niederspannungs-Stromerzeugungsanlagen?

20.8 Welche Arten von Generatoren sind für Stromerzeugungsanlagen gebräuchlich?

20.9 Müssen beim Betrieb von Niederspannungs-Stromerzeugungsanlagen parallel zum öffentlichen Niederspannungsnetz besondere Regelungen beachtet werden?

20.10 Wie wird der Fehlerschutz (Schutz bei indirektem Berühren) bei Niederspannungs-Stromerzeugungsanlagen sichergestellt?

20.11 Müssen bei Stromerzeugungsanlagen Überstromschutzeinrichtungen vorhanden sein?

20.12 Können bei Stromerzeugungsanlagen Oberschwingungsströme auftreten?

20.13 Gibt es für Ersatzstromanlagen Zusatzanforderungen für den Betrieb?

20.14 Wie schon in Frage und Antwort 20.9 erwähnt wurde, stellen Stromerzeugungsanlagen, die parallel mit den öffentlichen Niederspannungsnetz arbeiten, höhere Anforderungen. Worauf ist noch zu achten?

21 Netzrückwirkungen

21.1 Welche Arten von Netzrückwirkungen von Verbraucheranlagen auf das öffentliche Stromversorgungsnetz gibt es?

21.2 Wie entstehen Spannungsschwankungen?

21.3 Besteht die Möglichkeit, die Spannungsschwankungen im Netz zu verhindern, mindestens aber zu begrenzen?

21.4 Wenn sich Beeinflussungen des ungestörten Betriebs nicht vermeiden lassen, müssen Ersatzmaßnahmen getroffen werden. Wie sehen diese Maßnahmen aus?

21.5 Gibt es Grenzwerte, bei deren Einhaltung keine weiteren Überprüfungen der Netzverhältnisse erforderlich sind?

21.6 Sind bestimmte Geräte als wesentliche Verursacher von Spannungsschwankungen bekannt?

21.7 Spielt bei den Spannungsschwankungen auch die Häufigkeit der Störungen eine Rolle, oder sind alle Störungen gleich in der Auswirkung?

21.8 Welche Möglichkeiten der Abhilfe gibt es, wenn sich bei der Berechnung herausstellt, dass die zulässigen Grenzwerte für Spannungsschwankungen überschritten werden?

21.9 Wo treten Spannungsunsymmetrien am häufigsten auf?

21.10 Welche Maßnahmen können bei unsymmetrischen Lasten für Abhilfe sorgen?

21.11 Wie entstehen in einem Netz Oberschwingungen?

21.12 Welche Möglichkeiten bestehen, um unzulässig hohe Oberschwingungsspannungen zu vermeiden?

21.13 Was ist zu erwarten, wenn die Oberschwingungsspannungen die zulässigen Grenzwerte überschreiten?

21.14 Wie kann man erkennen, ob ein elektrisches Gerät, das Oberschwingungen aussendet, angeschlossen und betrieben werden darf?

21.15 Ein Kunde beanstandet ständige Helligkeitsschwankungen der Bürobeleuchtung. Wie eine Messung der Spannung ergibt, treten Spannungsschwankungen von ca. 5 % in ziemlich regelmäßigen Abständen von etwa 2 min in der Zuleitung zur Beleuchtungsanlage auf. Ist das ein noch vertretbarer Wert?

21.16 Was bedeutet die 3. Oberschwingung?

21.17 Welches Beiblatt informiert über die 3. Oberschwingung?

21.18 Welche Maßnahmen sind zu treffen?

22 Lichttechnik · Sicherheitsbeleuchtung

22.1 Welche Vorschriften sind bei der Planung und Errichtung von Beleuchtungsanlagen zu beachten?

22.2 Welche Angaben sind zur Planung von Beleuchtungsanlagen grundsätzlich erforderlich?

22.3 Zählen Sie die wichtigsten Gütemerkmale einer Beleuchtungsanlage auf!

22.4 Welche Vorgaben zur Beleuchtungsstärke sind für

a) Flurzonen,

b) Büroräume

in der Norm vorgegeben?

22.5 Was versteht man unter einer DALI-Lichtsteuerung?

22.6 Welche elektrotechnischen Vorschriften sind bei der Planung und Errichtung von Sicherheitsbeleuchtung zu beachten?

22.7 Welche lichttechnischen Vorschriften sind bei der Planung und Errichtung von Sicherheitsbeleuchtung zu beachten?

22.8 Zwischen welchen beiden Sicherheitsbeleuchtungssystemen wird unterschieden?

22.9 Zählen Sie die diversen zentralen Stromversorgungssysteme, die zur Versorgung von Sicherheitsbeleuchtungsanlagen relevant sind, auf!

22.10 Welche Anzeigen/Meldungen einer zentralen Sicherheitsbeleuchtungsanlage müssen an einer gut einsehbaren Stelle gemeldet werden?

22.11 Welche Prüfungen muss man bei batteriegestützten Sicherheitsbeleuchtungsanlagen durchführen?

22.12 Müssen Zentralbatterieanlagensysteme in eigenen separaten Betriebsräumen untergebracht werden?

22.13 Nennen Sie die Mindestbeleuchtungsstärken für die Sicherheitsbeleuchtung für

a) Fluchtwege/Flurzonen,
b) Arbeitsstätten mit besonderer Gefährdung!

22.14 In welcher Höhe muss eine Rettungszeichenleuchte mindestens montiert werden?

22.15 Welche Farbe muss zur Kennzeichnung von SL/RZ-Leuchten verwendet werden?

23 Kommunikations-einrichtungen

23.1 Erklären Sie folgende Begriffe: APL, IuK, TAE, RuK, BK und WÜP!

23.2 Wo dürfen APL, Rohre und Kanäle installiert werden?

23.3 Was muss man bei der Einrichtung der Rohrnetze beachten?

23.4 Wie viele TAE sind für Wohnungen verschiedener Größe und Ausstattungswerte nach HEA und RAL-RG 678 einzuplanen?

23.5 Wie sind die Stromversorgung und die Komponenten der Übertragungseinrichtungen zu installieren?

23.6 Wie erfolgt bei einer Installation im Allgemeinen die Anordnung der Kommunikationstechnik?

23.7 Welche Arten von Anschlussdosen gibt es?

23.8 Woraus besteht eine Hauskommunikation?

23.9 Wie kann eine moderne Hauskommunikation installiert werden?

24 Elektrische Anlagen in Wohngebäuden – Teil 1: Planungsgrundlagen

DIN 18015-1

24.1 Welche Anlagen können in einem Gebäude installiert werden?

24.2 Welche allgemeinen Planungshinweise müssen für Schlitze, Aussparungen bzw. Öffnungen beachtet werden?

24.3 Welche Maßnahmen sind zur Steigerung der Energieeffizienz bzw. zum Energiemanagement in Gebäuden zu berücksichtigen?

24.4 Welche Norm beschreibt die Lademöglichkeit für Elektrofahrzeuge?

24.5 Welche Norm beschreibt die Erzeugungsanlagen parallel zum öffentlichen Netz?

24.6 Welche Voraussetzungen sind für die Hausinstallationen zu berücksichtigen?

24.7 Welche Normen sollten noch für die Elektroinstallation in einem Gebäude berücksichtigt werden?

24.8 Wie muss man die Stromkreise in Wohnungsanlagen absichern?

24.9 Endstromkreise müssen mit mind. 30 mA RCD installiert werden. Wie sind sie in diesem Fall auf die Stromkreise einzuteilen und welche Anzahl an RCD ist ausreichend?

24.10 Wie muss man Durchlauferhitzer planen?

24.11 Wie muss man Elektroherde oder Kochmulden planen?

24.12 Für den Anschluss von Ladevorrichtungen an das Niederspannungsnetz ist DIN VDE 0100-722

(VDE 0100-722) zu berücksichtigen. Wie ist die Lademöglichkeit für Elektrostraßenfahrzeuge zu planen?

24.13 Wie ist der Spannungsfall nach DIN 18015-1 definiert?

24.14 Welche Anlagen gehören zur Hauskommunikation?

24.15 Den Abschluss einer normgerechten Installation in Wohngebäuden nach DIN 18015-1:2020-05 bildet eine umfassende Dokumentation der Anlage. Welche Informationen sind dabei notwendig?

25 VDE 0100-420

DIN VDE 0100-420 (VDE 0100-420):2016-02 „Errichten von Niederspannungsanlagen – Teil 4-42: Schutzmaßnahmen – Schutz gegen thermische Auswirkungen

25.1 Welche Arten von Fehlerlichtbogen-Schutzeinrichtungen können in elektrischen Anlagen verwendet werden?

25.2 Wer führt die Risikoanalyse durch und wo sind neue Anwendungsbereiche für AFDDs?

25.3 Bis wie viel Ampere werden Fehlerlichtbogen-Schutzeinrichtungen (AFDD) eingesetzt?

25.4 In welchen baulichen Bereichen werden Fehlerlichtbogen-Schutzeinrichtungen (AFDD) eingesetzt?

25.5 Wie werden Fehlerlichtbogen-Schutzeinrichtungen (AFDD) geprüft?

25.6 In welchen Anlagen kann auf AFDD verzichtet werden?

26 VDE 0100-520 Beiblatt 2

26.1 Welche Bedingungen sind für die zulässige Strombelastbarkeit I_Z von Kabeln und Leitungen einzuhalten?

26.2 Wie kann man die Überlastregel erfüllen?

26.3 Geben Sie den Spannungsfall hinter der Zählereinrichtung an!

26.4 Welcher Strom ist für die Berechnung des Spannungsfalls einzusetzen?

26.5 Was muss bei der Festlegung von maximal zulässigen Leitungslängen beachtet werden?

26.6 Ein Steckdosenstromkreis sei gegeben. Der Betriebsstrom beträgt 10 A. Dimensionieren Sie den Stromkreis unter Beachtung der Schutzmaßnahmen Schutz bei Überlast und Spannungsfall!

27 VDE 0100-520 Beiblatt 3

27.1 Was versteht man unter Oberschwingungen?

27.2 Wie entstehen Oberschwingungen?

27.3 Welche Auswirkungen haben Oberschwingungen in elektrischen Installationen?

27.4 Welche Korrekturfaktoren sind für Oberschwingungen im Beiblatt 3 zu VDE 0100-520 vorgesehen?

27.5 Nennen Sie typische Verbraucher mit Verzerrungsströmen!

28 VDE 0100 Beiblatt 5

28.1 Welche Anforderungen sind für Planung und Projektierung in elektrischen Anlagen einzuhalten?

28.2 Welche Ströme sind unbedingt zu rechnen?

28.3 Welche wichtige Größe geht in die Formel ein?

28.4 Welcher Wert ist für die maximal zulässige Länge zuerst zu bestimmen?

28.5 Welche zwei Werte sind für die Ermittlung des kleinsten Kurzschlussstroms wichtig?

28.6 Kann eine 63-A-Schmelzsicherung einen Kabelquerschnitt von 1,5 mm^2 schützen?

28.7 Von welchen Größen ist der minimal erforderliche Fehlerstrom $I_{k\,erf}$ abhängig?

28.8 Für die Berechnung des kleinsten Kurzschlussstroms werden ohmsche und induktive Widerstände benötigt. Wie werden diese Größen ermittelt?

28.9 Gegeben ist ein Mehrleiterkabel mit Kupferleiter 2,5 mm^2, Leitungsschutzschalter 10 A, Charakteristik B, $t_a \leq 0{,}1$ s. Ermitteln Sie die zulässige Grenzlänge im TN-System!

28.10 An einem Unterverteiler wurde eine Schleifenimpedanz von 150 mΩ gemessen. Der Stromkreis hat einen Querschnitt von NYM-J 3x2,5 mm^2 und ist gegen Überstrom mit B 16 A abgesichert. Berechnen Sie die zulässige Stromkreislänge!

29 Ladesäulen

DIN VDE 0100-722 (VDE 0100-722):2016-10 Errichten von Niederspannungsanlagen - Teil 7-722: Anforderungen für Betriebsstätten, Räume und Anlagen besonderer Art - Stromversorgung von Elektrofahrzeugen

29.1 Wie muss die Energieversorgung von Elektrofahrzeugen erfolgen?

29.2 Kann das Diagramm für den maximalen Leistungsbedarf und den Gleichzeitigkeitsfaktor von Wohnungen nach DIN 18015-1 für Elektroautos benutzt werden?

29.3 Kann ein Elektrofahrzeug über eine Steckdose geladen werden?

29.4 Welche Arten von Wallboxen können eingesetzt werden?

29.5 Wie ist die Absicherung der Ladestationen nach der Norm definiert?

29.6 Erklären Sie das Laden von Elektroautos!

29.7 In der Norm ist noch „Normalladen" und „Schnellladen" definiert. Erklären Sie den Unterschied!

29.8 Ladebetriebsarten sind ein wichtiger Bestandteil der Stromversorgung von Elektroautos. Beschreiben Sie die handelsüblichen Betriebsarten!

29.9 Wie ist die Kommunikation zwischen Fahrzeug und Ladestation definiert?

29.10 Worauf muss man bei der Dimensionierung der Anschlussleistung achten?

29.11 Wird in Ladeeinrichtungen ein Überspannungsschutz gefordert?

1 Allgemeine Schutzbestimmungen

1.1 Die Bezeichnung lautet DIN-VDE-Normen (VDE-Bestimmungen). Nach neuesten Unterscheidungen werden sie auch nach ihrem Ursprung, also dem Original aus der internationalen Normung, bezeichnet. Beispiele hierfür sind:

- Schriftstücke der Internationalen Elektrotechnischen Kommission (IEC). So wird IEC 60076-7 nach Übersetzung und Beratung in der Deutschen Elektrotechnischen Kommission (DKE) mit dem vorangestellten Zeichen des Deutschen Instituts für Normung DIN bezeichnet. Die Bezeichnung lautet dann DIN IEC 60076-7 (VDE 0532-76-7).
- Normen aus der europäischen Normung. So wird der europäischen Norm EN 60836 nach der Übernahme in das Deutsche Normenwerk ebenfalls ein DIN-Zeichen vorangestellt. Die Normenbezeichnung lautet dann DIN EN 60836 (VDE 0374-10).

VDE-Schriftenreihe 2, VDE-Vorschriftenwerk, Abschn. Benutzerhinweise

1.2 Nein, so einfach ist das natürlich nicht. Für das Erarbeiten einer Übersetzung sind zunächst Fachübersetzer tätig. Nach deren Arbeit erfolgt eine Vorlage beim zuständigen Komitee der Deutschen Kommission Elektrotechnik Elektronik Informationstechnik im DIN und VDE (DKE). Dort wird dann in mühevoller Detailarbeit die genaue Formulierung für einen Normentwurf erarbeitet. Dieser Normentwurf wird der Fachöffentlichkeit vorgelegt, die dann aufgerufen wird, bis zu einem Stichtag – der Einspruchsfrist – dazu Stellung zu nehmen.

Hat der Entwurf der Fachöffentlichkeit vorgelegen und ist die Einspruchsfrist verstrichen, dann treffen sich die Fachkräfte der Kommission zur Einspruchsberatung. Auch Einsprechende können zu einer solchen Sitzung eingeladen werden, um ihren Einspruch näher zu begründen. Sind nur wenige Einsprüche vorhanden und können sie bei einfachem Sachverhalt rasch geklärt werden, so ist der Weg geebnet, diese

A 1

Normenvorlage – nach Formalprüfungen durch die Normenprüfungsstelle – für den Druck freizugeben.
DIN 820 und VDE 0022

DEUTSCHE NORM *Entwurf* August 2021

DIN VDE 0100-560
(VDE 0100-560)

DIN

Diese Norm ist zugleich eine VDE-Bestimmung im Sinne von VDE 0022. Sie ist nach Durchführung des vom VDE-Präsidium beschlossenen Genehmigungsverfahrens unter der oben angeführten Nummer in das VDE-Vorschriftenwerk aufgenommen und in der „etz Elektrotechnik + Automation" bekannt gegeben worden.

VDE

ICS 91.140.50

Einsprüche bis 2021-09-16

Entwurf

Vorgesehen als Ersatz für
DIN VDE 0100-560
(VDE 0100-560):2013-10;
Ersatz für
E DIN IEC 60364-5-56
(VDE 0100-560):2017-08

Errichten von Niederspannungsanlagen –
Teil 5-56: Auswahl und Errichtung elektrischer Betriebsmittel –
Einrichtungen für Sicherheitszwecke
(IEC 60364-5-56:2018);
Deutsche Übernahme HD 60364-5-56:2018 + HD 60364-5-56:2018/prAA:202X

Low-voltage electrical installations –
Part 5-56: Selection and erection of electrical equipment –
Safety services
(IEC 60364-5-56:2018);
German implementation HD 60364-5-56:2018 + HD 60364-5-56:2018/prAA:202X

Installations électriques à basse tension –
Partie 5-56: Choix et mise en oeuvre des matériels –
Installations de sécurité
(IEC 60364-5-56:2018);
Mise en application allemande HD 60364-5-56:2018 + HD 60364-5-56:2018/prAA:202X

Anwendungswarnvermerk

Dieser Norm-Entwurf mit Erscheinungsdatum 2021-07-16 wird der Öffentlichkeit zur Prüfung und Stellungnahme vorgelegt.

Weil die beabsichtigte Norm von der vorliegenden Fassung abweichen kann, ist die Anwendung dieses Entwurfs besonders zu vereinbaren.

Stellungnahmen werden erbeten

- vorzugsweise online im Norm-Entwurfs-Portal von DIN unter www.din.de/go/entwuerfe bzw. für Norm-Entwürfe der DKE auch im Norm-Entwurfs-Portal der DKE unter www.entwuerfe.normenbibliothek.de, sofern dort wiedergegeben;
- oder als Datei per E-Mail an dke@vde.com möglichst in Form einer Tabelle. Die Vorlage dieser Tabelle kann im Internet unter www.din.de/go/stellungnahmen-norm-entwuerfe oder für Stellungnahmen zu Norm-Entwürfen der DKE unter www.dke.de/stellungnahme abgerufen werden;
- oder in Papierform an die DKE Deutsche Kommission Elektrotechnik Elektronik Informationstechnik in DIN und VDE, Stresemannallee 15, 60596 Frankfurt am Main.

Die Empfänger dieses Norm-Entwurfs werden gebeten, mit ihren Kommentaren jegliche relevanten Patentrechte, die sie kennen, mitzuteilen und unterstützende Dokumentationen zur Verfügung zu stellen.

Gesamtumfang 35 Seiten

DKE Deutsche Kommission Elektrotechnik Elektronik Informationstechnik in DIN und VDE

Einzelverkauf und Abonnements durch VDE VERLAG GMBH, 10625 Berlin
Einzelverkauf auch durch Beuth Verlag GmbH, 10772 Berlin

1.3 Die vom VDE getragene Deutsche Kommission Elektrotechnik Elektronik Informationstechnik im DIN und VDE (DKE) erarbeitet Normen und Sicherheitsbestimmungen für die Elektrotechnik, Elektronik und Informationstechnik. Rund 3.500 Personen aus Wirtschaft, Wissenschaft und Verwaltung erarbeiten ehrenamtlich das VDE-Vorschriftenwerk in der DKE.

DIN-VDE-Normen werden sowohl in Papierform als auch auf DVD mit integriertem Anwendungsprogramm für Recherche und Verwaltung als auch als sog. NormenBibliothek, einem Webportal, das direkten Zugriff auf die gewünschten Auswahlen und Gruppen der DIN-VDE-Normen sowie Fachbücher der VDE-Schriftenreihe ermöglicht, veröffentlicht. Das Kopieren von VDE-Bestimmungen ist auch für innerbetriebliche Zwecke verboten. Jeder Teil wird mit den dazugehörigen DIN-VDE- oder DIN-EN-Nummern auf der ersten Seite in Deutsch, Englisch und Französisch veröffentlicht. Oben rechts auf der Seite steht das Erscheinungsdatum mit dem Monat und dem Jahr.

VDE 0022

1.4 Nun ja, das ist so eigentlich nicht vorgeschrieben, denn die DIN-VDE-Normen sind jedermann zur Anwendung freigestellt. Eine Anwendungspflicht kann sich aber aus anderen Rechts- und Verwaltungsvorschriften ergeben. Ebenso ist möglicherweise durch eine vertragliche Vereinbarung oder andere Rechtsgrundlagen eine Anwendungspflicht gegeben. DIN-VDE-Normen bilden für den Fachmann einen Maßstab für einwandfreies technisches Verhalten. Bei gerichtlichen Auseinandersetzungen werden sie als anerkannte Regeln der Technik im Zweifelsfall herangezogen.

VDE 0022.9, Anhänge

1.5 Nein, so einfach ist das nicht. Auch durch das Anwenden der Normen ist man nicht von der Verantwortung für eigenes Handeln freigestellt. Sollten beim Anwenden von DIN-VDE-Normen Mängel, Missdeutungsmöglichkeiten und Fehler in den Normen entdeckt werden, so ist jeder aufgerufen, diese der Deutschen Kommission Elektrotechnik Elektronik Informationstechnik im DIN und VDE (DKE) unverzüglich mitzuteilen. Mängel und Unklarheiten in den DIN-VDE-Normen werden dann umgehend beseitigt.

VDE-Schriftenreihe 2, VDE-Vorschriftenwerk, Abschn. Benutzerhinweise
VDE 0022.2.3

1.6 Hier sind die eigene berufliche Erfahrung und das Können gefordert, denn in den DIN-VDE-Normen können nicht alle Sonderfälle enthalten sein. In Anlehnung an bestehende Festlegungen können weitergehende oder auch einschränkende Maßnahmen erforderlich sein.

VDE-Schriftenreihe 2, VDE-Vorschriftenwerk, Abschn. Benutzerhinweise

1.7 Das wäre sicherlich zu viel verlangt, denn dann könnte kaum noch ein größeres Projekt fertiggestellt werden. Aus diesem Grund sind die meisten DIN-VDE-Normen mit einer angemessenen Übergangsfrist für den Beginn der Gültigkeit versehen. Die Angaben zur Übergangsfrist, eventuelle Anpassungspflichten und weiterhin geltende Abschnitte einer Vorgängernorm sind in der Regel am Beginn der Norm zu finden.

VDE 0022

1.8 Das kann man aus der Feststellung, dass eine Spannungsverschleppung stattgefunden hat, nicht schließen. Hat die Anlage zum Zeitpunkt der Errichtung den damals geltenden Normen entsprochen, so darf sie, wenn in späteren Normen nicht ausdrücklich eine Anpassung gefordert wird, weiter betrieben werden. Eine Änderung oder Anpassung wird sicherlich dann erforderlich, wenn Bauteile nicht mehr im Original vorrätig oder zu beschaffen sind. Hier muss dann in geeignetem Maße eine Anpassung z. B. einzelner Räume oder sogar der kompletten Anlage durchgeführt werden.

Der Nachweis, dass die Anlage zum Zeitpunkt der Errichtung den Normen entsprochen hat, kann schwierig sein. Ein besonderes Gewicht erhalten daher ältere Normen, selbst wenn sie schon längere Zeit als ungültig erklärt und durch neue ersetzt wurden. Denn nach diesen wurde ja seinerzeit die Anlage errichtet. Ja, selbst die alten Schaltungsunterlagen und Prüfprotokolle sind als Dokumente in solchen Fällen besonders wichtig.

VDE 0022

1.9 Das gesamte Normenwerk der DIN-VDE-Normen ist in 9 Gruppen unterteilt.

Gruppe 0 enthält: Allgemeine Grundsätze
Gruppe 1 enthält: Energieanlagen
Gruppe 2 enthält: Energieleiter
Gruppe 3 enthält: Isolierstoffe
Gruppe 4 enthält: Messen, Steuern, Prüfen
Gruppe 5 enthält: Maschinen, Umformer
Gruppe 6 enthält: Installationsmaterial
Gruppe 7 enthält: Gebrauchsgeräte, Arbeitsgeräte
Gruppe 8 enthält: Informationstechnik

VDE-Schriftenreihe 2, VDE-Vorschriftenwerk, Abschn. Benutzerhinweise

1.10 Mit der Überarbeitung der ursprünglichen VDE 0100 von 1973, damals noch als einbändiges Werk im Blattformat A5, wurde eine völlig neue Gliederung eingeführt. Dem Normenwerk vorangestellt, geben Beiblätter einen Überblick und wichtige Erläuterungen zu den Errichtungsbestimmungen der DIN VDE 0100. Die Unterteilung erfolgt dabei in 100er-Gruppen von 100 bis 700. Die Gruppen enthalten im Einzelnen folgende Themen:

Gruppe	Thema
100	Anwendungsbereich – Allgemeine Anforderungen
200	Begriffe
400	Schutzmaßnahmen
500	Auswahl und Errichtung elektrischer Betriebsmittel
600	Prüfungen
700	Anforderungen an Betriebsstätten, Räume und Anlagen besonderer Art
800	Energieeffizienz, intelligente Niederspannungsanlagen

VDE-Schriftenreihe 2, VDE-Vorschriftenwerk, Gruppe 1

Bitte beachten Sie, dass im Folgenden die VDE-Klassifikation als Ordnungskriterium verwendet wird.

1.11 Nicht allgemein. Eine nachträgliche Anpassung ist aber erforderlich, wenn neue VDE-Bestimmungen dies ausdrücklich fordern. Sollten Zweifel bestehen, kann eine sachverständige Aussage des zuständigen Komitees angefordert werden.

Anpassungen ergeben sich selbstverständlich stets dann, wenn geänderte Nutzungs- oder Betriebsbedingungen vorliegen, z. B. der Raumcharakter nachträglich geändert, also etwa ein trockener in einen nassen Raum umgewandelt wurde.

VDE 0100, VDE 0105-100, DGUV A3 Anhang 1

1.12 Ja, solche Erzeugnisse werden laufend vom VDE überprüft.

VDE 0024.1 u. 2

1.13 Ja, sie dürfen sogar nicht zusammenpassen, wenn dadurch die Sicherheit beeinträchtigt wird, z. B. bei verschiedenen Netzspannungen oder verschiedenen Schutzmaßnahmen.

VDE 0100-410.3.3, sowie VDE 0100-710

1.14 Nein, dazu müsste sie entweder den schwarz-roten Verbands-Kennfaden oder das VDE-Kennzeichen führen, und zwar zusätzlich zum Firmen-Kennfaden oder -Kennzeichen. Harmonisierte Kabel und Leitungen werden durch einen schwarz-rot-gelben Kennfaden gekennzeichnet. Die Länge der Einfärbungen kennzeichnet die jeweilige Prüfstelle. Von der VDE-Prüfstelle wird folgende Einfärbung verwendet: 3 cm schwarz – 1 cm rot – 1 cm gelb. Andere Farbenlängen sind ausländischen Prüfstellen zugeteilt.

VDE 0024.4, PM 045, VDE 0281 u. VDE 0282

1.15 Nein, die Handkreissäge ist nicht besonders gegen Überlastung geschützt. Technische Arbeitsmittel, die dieses Prüfzeichen tragen, sind außer der elektrischen Sicherheitsprüfung nach VDE zusätzlichen Sicherheitsprüfungen unterzogen worden. Sie müssen den allgemein anerkannten Regeln der Technik entsprechen. Hierzu zählen außer den VDE-Bestimmungen die DIN-Normen, berufsgenossenschaftliche Arbeitsschutz- und Unfallverhütungsvorschriften, Arbeitsblätter des Deutschen Vereins des Gas- und Wasserfaches (DVGW) und des Vereins Deutscher Ingenieure (VDI).

Falls erforderlich, müssen Gefahrenhinweise und Gebrauchsanweisungen in deutscher Sprache beigefügt werden. Nach bestandener Bauartprüfung durch eine Prüfstelle (VDE-/TÜV-Prüfstelle) darf das GS-Zeichen angebracht werden. Das Gewerbeaufsichtsamt überwacht die Einhaltung der Anforderungen bei Importeuren, im Groß- und Einzelhandel sowie in den Betrieben. Besondere Regelungen gelten für Exportgeräte, die z. B. auf Messen ausgestellt werden sollen.

Bei Nichteinhaltung des Produktsicherheitsgesetzes (ProdSG) kann die Behörde untersagen, dass das betreffende technische Arbeitsmittel ausgestellt oder auf dem deutschen Markt verkauft oder verpachtet wird. Verstöße gegen diese Verfügung können mit Geldbußen geahndet werden [6] [7]

VDE 0024.4, PM 045

1.16 Nein, das bedeutet nur, dass es den VDE-Bestimmungen für die Funkentstörung entspricht.

VDE 0024.3, PM 045

1.17 Man unterscheidet zwei Möglichkeiten der Berührung spannungsführender Teile. Eine Art ist das Berühren betriebsmäßig unter Spannung stehender aktiver Teile (direktes Berühren),

z. B. das Berühren der eigentlichen Leiter eines Betriebsmittels. Entsprechende Schutzmaßnahmen bezeichnet man als Basisschutz (Schutz gegen direktes Berühren).

Die andere Art ist das Berühren von leitfähigen Bauteilen oder Einrichtungen, welche durch einen Isolationsfehler eine gefährliche Spannung angenommen haben (indirektes Berühren). Im Normalfall führen diese Teile keine gefährliche Berührungsspannung.

Unter Fehlerschutz (Schutz bei indirektem Berühren) versteht man alle Maßnahmen zum Schutz von Personen und Nutztieren vor Gefahren, die sich im Fehlerfall aus einer Berührung von Körpern oder fremden leitfähigen Teilen ergeben können.

Der Oberbegriff für die Schutzmaßnahmen lautet „Schutz gegen elektrischen Schlag".

VDE 0100-410.411

1.18 Solche Spannungen können bei Anlagen und Geräten durch Isolationsfehler auftreten. Es entsteht eine leitende Verbindung („Körperschluss") zwischen unter Spannung stehenden Leitern („aktive Teile") und dem metallenen – normalerweise spannungslosen – berührbaren Gehäuse („Körper"). Der Teil der Fehlerspannung, der von Mensch oder Tier überbrückt werden kann, heißt Berührungsspannung; als zu hoch gilt alles über AC 50 V bzw. DC 120 V, in manchen Fällen über AC 25 V bzw. DC 60 V.

Die Schutzmaßnahmen gegen zu hohe Berührungsspannungen verhindern entweder das Auftreten oder das Bestehenbleiben von gefährlichen Spannungen.

VDE 0100-410.411.3.2 u. VDE 0100-200.826.11.05

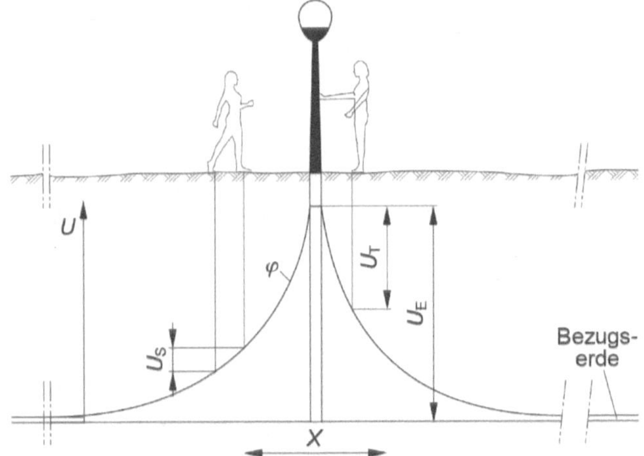

1.19 Das Konzept des Schutzes gegen elektrischen Schlag wird beschrieben durch (VDE 0100-410.411.1):

Basisschutz: Schutz vor Gefahren des elektrischen Stroms die sich durch direktes Berühren von aktiven Teilen elektrischer Betriebsmittel ergeben (VDE 0100-410.411.1).

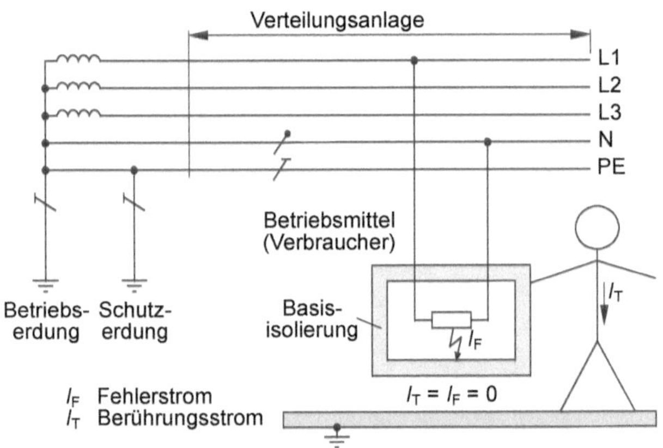

Fehlerschutz: Schutz vor Gefahren die sich im Fehlerfall, z. B. bei einer schadhaften Basisisolierung oder Versagen der Basisschutzeinrichtung, durch Berühren der leitfähigen Körper der Betriebsmittel oder fremder leitfähiger Teile, ergeben können (VDE 0100-410.411.3).

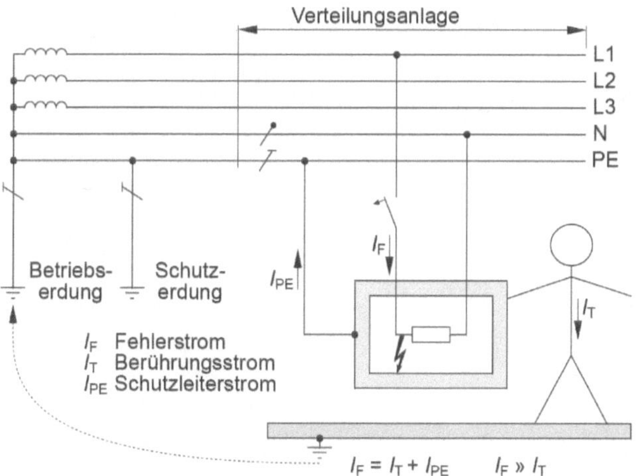

Zusatzschutz: Zusätzliche Schutzmaßnahme gegen gefährliche Berührungsspannungen und Körperströme, wenn der Basisschutz und/oder der Fehlerschutz versagen oder aufgrund der Fehler- und Umgebungssituation nicht ausreichend schützen können; z. B. schreiben wegen besonderer Umgebungsbedingungen mit erhöhter Gefährdung die VDE-Bestimmungen in einigen Bereichen die Anwendung bestimmter Schutzmaßnahmen vor, etwa VDE 0100-410 Abschn. 411.3.3 Endstromkreise im Außenbereich und Steckdosen oder VDE 0100 Gruppe 700 Anforderungen für Betriebsstätten, Räume und Anlagen besonderer Art, z. B. Teil 710 Medizinisch genutzte Räume; Teil 718 Bauliche Anlage für Menschenansammlungen; Teil 723 Unterrichtsräume mit Experimentiereinrichtungen (VDE 0100-410.411.3.3).

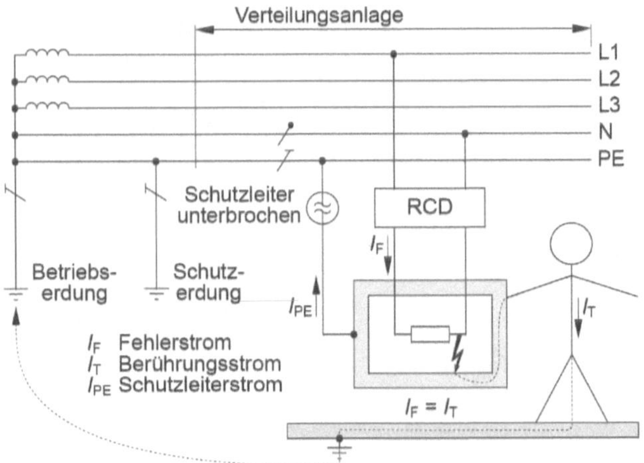

Weiterhin wird unterschieden nach der Art der Vorkehrungen für den Fehlerschutz (VDE 0100-410.411):

- Schutz durch doppelte oder verstärkte Isolierung (Schutzisolierung) (VDE 0100-410.412),
- Schutztrennung (VDE 0100-410.413),
- Schutz durch Schutzkleinspannung mittels SELV oder PELV (VDE 0100-410.414),
- zusätzlicher Schutz (VDE 0100-410.415) und
- Schutz durch automatische Abschaltung der Stromversorgung (VDE 0100-410.411.3.2):
  - Netzsysteme,
  - Schutzerdung, Schutzleiter, Schutzpotentialausgleich,
  - Abschaltzeiten,
  - Schutz durch automatische Abschaltung im TN-System,
  - Schutz durch automatische Abschaltung im TT-System,
  - Schutz durch automatische Abschaltung im IT-System,
  - FELV.

1.20 Für Zähler, deren Schaltuhren u. dgl. ist Schutz durch Verwendung von Betriebsmitteln der Schutzklasse II oder durch gleichwertige Isolierung (früher: Schutzisolierung) lediglich empfohlen.

Zählertafeln, -plätze, Installationskleinverteiler und Hauptleitungsabzweige müssen schutzisoliert (Schutzklasse II) sein.

VDE 0100-410.412, sowie VDE 0603.2 u. 4.1.1

1.21 Für Dachständer ist Schutz durch Verwendung von Betriebsmitteln der Schutzklasse II oder durch gleichwertige Isolierung (früher: Schutzisolierung) oder Standortisolierung empfohlen.

Dachständer dürfen keinesfalls geerdet werden, auch nicht indirekt, z. B. über deren Hausanschlusskästen, metallene Leitungsmäntel oder metallene Dampfsperren der wärmeisolierten Dachhaut. Das Dachständerrohr und etwaige Abspannungen des Dachständers, wie Anker oder Streben, müssen gegen die metallenen Bauteile der Dachhaut isoliert werden.

VDE 0211.12.4

1.22 In der Regel wird bei Hausanschlusskästen der Schutz durch Verwendung von Betriebsmitteln der Schutzklasse II oder durch gleichwertige Isolierung (früher: Schutzisolierung) angewendet, da Gusskästen nicht mehr genormt sind (sie wurden in der Praxis von Kunststoffkästen verdrängt).

VDE 0100-732.5, VDE 0660-505.7.4.1, u. DIN 43 627

1.23 Für alle diese „aktiven Teile" ist ein Basisschutz im Handbereich erforderlich. Der Handbereich ist der Bereich, in den ein Mensch ohne besondere Hilfsmittel hineinreichen kann, nämlich mindestens ab Standfläche 2,50 m nach oben und je 1,25 m nach allen Seiten und nach unten.

VDE 0100-200.826-12-19, [8], [9]

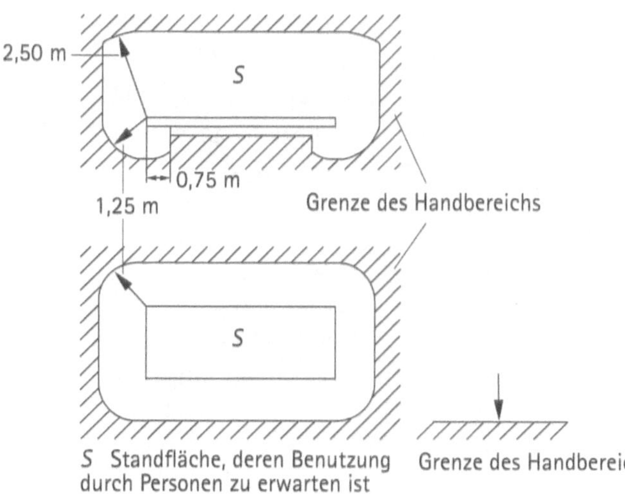

Handbereich nach VDE 0100-410

1.24 Ja, wo üblicherweise mit sperrigen nichtisolierenden Gegenständen hantiert wird, ist das Mindestmaß für den Handbereich entsprechend zu vergrößern.

Bei Arbeiten in der Nähe von unter Spannung stehenden Teilen müssen besondere Sicherheitsmaßnahmen getroffen werden.

VDE 0105-100.6.4.3.101

1.25 Nein, diese gelten als außerhalb des Handbereichs angeordnet und mechanisch geschützt.

Bei allen anderen Leitungen muss beachtet werden, dass an besonders gefährdeten Stellen (z. B. Fußbodendurchführungen) für einen zusätzlichen Schutz zu sorgen ist, etwa durch übergeschobene Kunststoff- oder Stahlrohre.

VDE 0100-520.522.6 u. 522.8

1.26 Nein, er macht gleich zwei Fehler:

1. Schutzkontaktsteckdosen ohne angeschlossenen Schutzleiter dürfen nicht angebracht werden.
2. In einem Raum, in dem sich wenigstens eine Steckdose mit Schutzkontakt befindet, dürfen Steckdosen ohne Schutzkontakt nicht vorhanden sein.

Man darf keine Schutzmaßnahmen vortäuschen! Ist aber das Erdpotential (durch eine Schutzkontaksteckdose) im Raum, muss auch alles andere in die Schutzmaßnahme einbezogen werden.

VDE 0100-410.413.3

1.27 Adern, die als Schutzleiter (PE) verwendet werden, müssen in ihrem ganzen Verlauf grün-gelb gekennzeichnet sein. Diese Kennzeichnung darf nicht für andere Zwecke verwendet werden, etwa für Schalt- oder Außenleiter.

VDE 0100-510.514.3.1 Z2

1.28 Die Isolierung des PEN-Leiters muss im ganzen Verlauf grüngelb[1] gekennzeichnet sein. An den Leiterenden ist zusätzlich eine hellblaue Markierung anzubringen.

Die zusätzliche hellblaue Kennzeichnung darf in öffentlichen Netzen und ähnlichen Verteilungsnetzen der Industrie entfallen.

---

1 s. auch Frage und Antwort 5.16

International ist auch eine durchgehende hellblaue Kennzeichnung des PEN-Leiters mit einer zusätzlichen grün-gelben Markierung an den Leiterenden zulässig. Dies ist aber in Deutschland auf Beschluss des zuständigen Komitees 221 der Deutschen Kommission Elektrotechnik Elektronik Informationstechnik im DIN und VDE (DKE) verboten.

VDE 0100-510.514.3.2

1.29 In bestehenden alten Anlagen wird eine Anpassung nicht gefordert.

In allen neuen Anlagen müssen die Adern, die als Schutzleiter verwendet werden, grün-gelb gekennzeichnet sein; PEN-Leiter müssen grün-gelb mit zusätzlicher hellblauer Markierung an den Leiterenden gekennzeichnet sein. Leitungen und Kabel mit solchem Schutzleiter führen in der Leitungsbezeichnung zusätzlich den Buchstaben „J" (z. B. NYM-J 5 × 4 mm^2).

Nicht besonders gekennzeichnet bleiben selbstverständlich die als Schutzleiter dienenden Metallmäntel oder konzentrischen Leiter in Kabeln. Sie sollen lediglich an den Enden grün-gelb gekennzeichnet werden.

Ist aber, z. B. bei Schalterzuleitungen, kein Schutzleiter mitzuführen, so kann zweckmäßig eine Mehraderleitung ohne grün-gelbe Ader verwendet werden. Sie führt zusätzlich den Buchstaben „O".

In „harmonisierten"[1] Leitungen erscheint anstelle des „J" ein „G" und anstelle des „O" ein „X".

VDE 0100-510, Anm. zu Abschn. 514.3.1, Z2, sowie VDE 0250, VDE 0281/2

1.30 Für reine (Neutral-)leiter ist eine hellblaue Ader zu verwenden. Diese darf auch Außenleiter sein, wenn kein Neutralleiter benötigt wird, z. B. bei Motoranschluss.

VDE 0100-510, Anm. zu Abschn. 514.3.1. Z1

1.31 Bei Spannseilen u. dgl. ist das nicht zulässig. Wohl aber darf man Metallgehäuse elektrischer Betriebsmittel, Stahlgerüste elektrischer Anlagen (z. B. Schalttafeln, Kabelroste, Krangerüste) u. dgl. verwenden, sofern sie eine Einheit von ausreichender elektrischer Leitfähigkeit bilden. Die Verbindungsstellen müssen verschweißt, vernietet oder so verschraubt sein, dass sie gegen Selbstlockern gesichert sind. Der Ausbau

---

1 harmonisierte Starkstromleitungen für Europa, Kennzeichen HAR

einzelner Konstruktionsteile darf keine Unterbrechung des Schutzleiters zur Folge haben. Niemals darf man Schutzleiter an Befestigungsschrauben anschließen.

Bei Wasserleitungen unterscheidet man zwischen Wasserrohrnetzen (öffentliches Wasserrohrnetz einschl. Wasserzähler) und Wasserverbrauchsleitungen (alle Leitungen in Strömungsrichtung hinter dem Wasserzähler). Wasserverbrauchsleitungen dürfen nicht als Erder, Erdungsleiter oder Schutzleiter verwendet werden. Metallene Rohrleitungen sind in den Hauptschutzpotentialausgleich einzubeziehen.

VDE 0100-540.543.2.1

1.32 Das wird nicht gefordert. Die Kennzeichnung entfällt auch bei Adernabschirmungen (von Leitungen), konzentrischen Leitern (von Leitungen und Kabeln) und Metallmänteln (von Kabeln), wenn diese als Schutzleiter verwendet werden. Blanke Schutzleiter sind jedoch bei der Installation an zugänglichen Stellen und an den Enden dauerhaft grün-gelb zu kennzeichnen (DIN 40705).

Gekennzeichnet sein muss ferner die Anschlussstelle des Schutzleiters (⏚ Schutzleiterzeichen nach DIN 40011).

VDE 0100-540.514.3.Z2

1.33 Ja, diese Leitung darf verwendet werden. Die Farbverteilung der Adern ist dem Installateur überlassen bis auf die grün-gelbe, die unbedingt als Schutzleiter (PE), und die hellblaue, die als Neutralleiter (N) anzuschließen ist.

VDE 0100-510.514.3

1.34 Es muss weiter abgemantelt werden. Dann wird sich das gelbe Stückchen als grün-gelbe Ader erweisen, die unbedingt als Schutzleiter (PE) zu verwenden ist. Es muss aber darauf geachtet werden, dass dieser Schutzleiter bei Versagen der Zugentlastung erst nach den stromführenden Adern auf Zug beansprucht wird. Außerdem müssen Schutzleiteranschlüsse und -verbindungen sorgfältig gegen Selbstlockern gesichert werden.

VDE 0100-510.514.3, VDE 0293

1.35 Nein, die genannten Leiter sind nur zum Teil betroffen. Freischalten ist das allseitige Abschalten aller nicht geerdeten Leiter (Außen- und Neutralleiter), so dass an aktiven Teilen keine gefährlichen Spannungen bestehen bleiben können.

PEN-Leiter und Schutzleiter (PE) dürfen für sich allein niemals, sondern nur zusammen mit den Außenleitern schaltbar sein; Überstromschutzeinrichtungen sind hier unzulässig.

VDE 0100-461.2

1.36 Bei der Fehlerstromschutzeinrichtung (RCD) ist das der Fall.

VDE 0100-410

1.37 Nein, alle Schutzmaßnahmen mit Schutzleiter müssen nach einem vorgeschriebenen Verfahren geprüft werden. Eine Messung mit Spannungsmessern genügt deshalb nicht, weil sich (wegen des hohen Innenwiderstands des Messgeräts) ein gefährlicher Widerstand im Schutzleiter kaum durch eine niedrigere Anzeige bemerkbar machen würde. Nur die Messung der Schleifenimpedanz ergibt hier ein brauchbares Messergebnis.

VDE 0100-600.61.3.2, 61.3.6.1, DIN VDE 0701/0702.5.3

1.38 Ja, bei Dachständern (s. Frage und Antwort 1.21) und leitfähigen Teilen von Geräten der Schutzklasse II (früher: Schutzisolierung) ist kein Schutzleiteranschluss erlaubt (s. Frage und Antwort 2.2).

VDE 0100-410 VDE 0211

2 Schutzmaßnahmen im TN-, TT- und IT-System

VDE 0100-410

2.1 Alle Körper müssen über Schutz- oder PEN-Leiter mit dem geerdeten Punkt des Netzes verbunden sein. Die Querschnitte dieser Leiter und der Außenleiter müssen so bemessen sein, dass bei einem vollkommenen Kurzschluss (ein Fehler mit vernachlässigbarer Impedanz) eine automatische Abschaltung (z. B. durch Sicherungen) innerhalb der festgelegten Zeiten erfolgt.

VDE 0100-410.411.3

2.2 Eine automatische Abschaltung der Stromversorgung ist im Fehlerfall dann gefordert, wenn infolge zu hoher Berührungsspannung das Risiko einer Schädigung von Personen eintreten könnte. Als Grenze der Berührungsspannung U_T gelten AC 50 V (Effektivwert) und DC 120 V oberschwingungsfreie Gleichspannung.

In Abhängigkeit von der Nennspannung sind im TN-System gestaffelte Abschaltzeiten zulässig.

Nennspannung	**maximale Abschaltzeit in s**		
U_0 V	für Endstromkreise mit Geräten der Schutzklasse I	für reine Verteilungsstromkreise	DC
230	0,4	5	1
400	0,2	5	0,4
> 400	0,1	5	0,1

U_0 ist die Nennwechselspannung gegen Erde. Für Spannungen zwischen diesen Normspannungen muss die zugeordnete Abschaltzeit für die nächsthöhere Nennspannung verwendet werden.

Werden von einem Endstromkreis nur ortsfeste Betriebsmittel versorgt, so ist auch hier unter bestimmten Randbedingungen eine Abschaltzeit bis 5 s möglich. Der Schutzleiter darf dann eine maximale Impedanz von

$$\frac{50\ \text{V}}{U_0} Z_\text{S}$$

nicht überschreiten, oder es ist an der Verteilung ein Schutzpotentialausgleich durchzuführen, in den fremde leitfähige Teile wie beim Hauptschutzpotentialausgleich örtlich einbezogen sind. Die Anforderungen des Hauptschutzpotentialausgleichs sind auch hier zu erfüllen.

VDE 0100-410.411.4

2.3 An der Schmelzsicherung, wie auch am Leitungsschutzschalter, ist diese Einstellung nicht direkt möglich. Ein Blick auf die Kennlinie einer Schmelzsicherung zeigt, dass mit größeren Kurzschlussströmen die Abschaltzeiten immer kürzer werden.

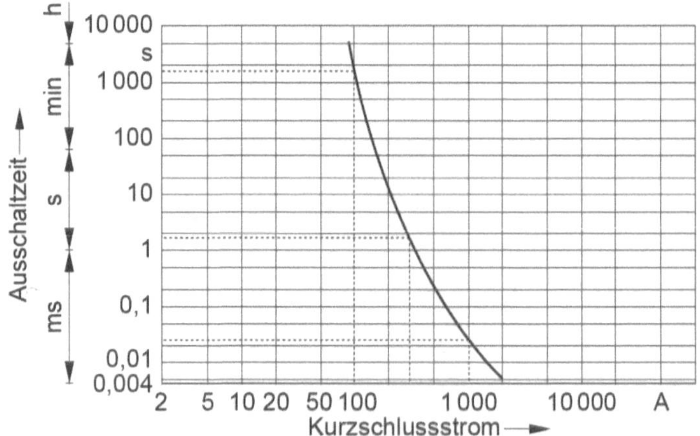

Wenn feste Abschaltzeiten vorgegeben sind, muss eben ein entsprechend hoher Kurzschlussstrom fließen.

s. dazu Beispiel im Anhang A 1.3
VDE 0100-410.411.4

2.4 Hierzu ist in der VDE-Bestimmung folgende Bedingung angegeben:

$$Z_\text{S} I_\text{a} < U_0$$

Z_S Impedanz der Fehlerschleife (Schleifenimpedanz),
I_a erforderlicher Strom zur automatischen Abschaltung,
U_0 Nennspannung gegen geerdete Leiter.

Wird diese Bedingung erfüllt, so ist auch eine automatische Abschaltung gewährleistet.

s. dazu Beispiel im Anhang A 1.4
VDE 0100-410.411.4.4

2.5 Zunächst ist zu prüfen, ob bei der Installation keine grundsätzlichen Fehler unterlaufen sind. Ist dies nicht der Fall, so besteht in Sonderfällen die Möglichkeit des „zusätzlichen Schutzpotentialausgleichs". In diesen zusätzlichen Potentialausgleich müssen alle gleichzeitig berührbaren Körper und alle fremden leitfähigen Teile über Schutzleiter einbezogen werden. Eine andere Möglichkeit besteht im Einsatz von Fehlerstromschutzeinrichtungen (RCDs).

VDE 0100-410.415.1.1

2.6 Außer Überstromschutzeinrichtungen (Schmelzsicherungen, LS-Schalter und Leistungsschalter) ist auch eine Fehlerstromschutzeinrichtung (RCD) im TN-C-S-System zulässig. An die Stelle des relativ hohen Stroms, der bei Schmelzsicherungen zur automatischen Abschaltung führt, tritt bei der Fehlerstromschutzeinrichtung der Bemessungsdifferenzstrom $I_{\Delta n}$.

VDE 0100-410.415.1

2.7 Die Fehlerstromschutzeinrichtung (RCD) ist nur als zusätzliche Schutzmaßnahme für den Fehlerschutz (Schutz bei indirektem Berühren) vorgesehen. Spezielle Schutzmaßnahmen für den Basisschutz (Schutz gegen direktes Berühren) sind daher unerlässlich, z. B. Isolierung aktiver Teile, Abdeckungen, Umhüllungen u. ä. Maßnahmen.

VDE 0100-410.415.1.1

2.8 In bestimmten Fällen, z. B. in landwirtschaftlichen Betriebsstätten, ist ein getrennter Erder erforderlich. Wird ein besonderer Erder im Gegensatz zu dem genannten Fall nicht gefordert, so darf der PEN-Leiter des vorgeschalteten Netzes zum Anschluss der Körper verwendet werden. Die Aufteilung in Schutz- und Neutralleiter muss allerdings vor der Fehlerstromschutzeinrichtung (RCD) erfolgen.

VDE 0100-410.415.1

2.9 Das wird erreicht durch einen entsprechend geringen Erdungswiderstand R_A. Er darf bei einem Bemessungsdifferenzstrom (Auslösestrom) $I_{\Delta n}$ von 30 mA höchstens sein:

$$R_A \leq \frac{U_T}{I_{\Delta n}}, \text{ also z. B. } \frac{50\ \text{V}}{30\ \text{mA}} = 1{,}67\ \text{k}\Omega$$

Dieser berechnete Erdungswiderstand ist ein theoretischer Wert. Die Erdfühligkeit sollte man immer prüfen.

VDE 0100-410.411.5

2.10 Die Anschlussleitungen zu beweglichen Geräten müssen stets einen grün-gelben Schutzleiter haben. Auf eine zufällige Erdverbindung durch einen „erdfühligen" Standort darf man sich nicht verlassen.

VDE 0100-410.411.4, DIN 18014.3.3

2.11 So ist es. Das kann geschehen, indem man die Schutzleiter entweder gemeinsam mit den fest verlegten Leitungen oder einzeln als Einader-Erdungsleitungen führt.

Natürlich dürfen dann diese Steckdosen-Schutzkontakte keine Verbindung mit dem Neutralleiter des Netzes haben! Der gesamte Neutralleiter ist hinter der Fehlerstromschutzeinrichtung (RCD) also ebenso sorgfältig gegen den Schutzleiter und gegen Erde isoliert zu führen wie gegen die Außenleiter (Isolationsmessung). Als Erder dürfen z. B. auch der PEN-Leiter des vorgeschalteten Netzes oder geeignete natürliche Erder (u. a. Bewehrungen von Beton, metallene Kabelmäntel) dienen. Wasserrohrnetze dürfen seit 1.10.1990 nicht mehr als Erder verwendet werden.

VDE 0100-410

2.12 Es wird hinter der Fehlerstromschutzeinrichtung ein Differenzstrom (Fehlerstrom) simuliert, der allmählich erhöht und gemessen wird; gleichzeitig wird aber auch die Fehlerspannung gegen Erde gemessen. Beim vorgesehenen Bemessungsdifferenzstrom (Nennfehlerstrom) muss dann die Fehlerstromschutzeinrichtung angesprochen haben, wobei gleichzeitig die Fehlerspannung den vorgeschriebenen Wert nicht übersteigen darf. (Außerdem wird selbstverständlich der Prüfknopf betätigt.)

s. dazu Rechenbeispiel im Anhang A 1.5
VDE 0100-600

2.13 Dann ist wahrscheinlich der Erdungswiderstand zu hoch. Er darf höchstens sein:

$$R_A \leq \frac{U_T}{I_{\Delta n}}$$

bei einem 0,5-A-Schalter und einer maximalen Fehlerspannung von AC 24 V also z. B.

$$R_A \leq \frac{24\ \text{V}}{0{,}5\ \text{A}} = 48\ \Omega$$

VDE 0100-410.411.5.3

2.14 Im TT-System muss, wie im TN-System, der Sternpunkt des Netzes geerdet werden. Die Körper werden im TT-System ebenfalls durch einen Schutzleiter an einen gemeinsamen Erder angeschlossen. Im Gegensatz zum TN-System besteht aber beim TT-System eine Verbindung zum geerdeten Sternpunkt nicht über Leiter, sondern nur über das Erdreich.

VDE 0100-410.411.5

2.15 Die Antwort gibt eine einfache Rechnung. Da die Überstromschutzeinrichtung bereits vor dem Erreichen einer gefährlichen Berührungsspannung U_T ansprechen und das defekte Gerät innerhalb 0,2 s abschalten muss, darf der Erdungswiderstand R_A der Körper bei vorgeschalteten Schmelzsicherungen von $I_n = 16$ A höchstens

$$R_A \leq \frac{U_0}{I_a},\ \text{also z. B.}\ \frac{230\ \text{V}}{70\ \text{A}} \approx 3{,}29\ \Omega$$

sein. Ein so niedriger Erdungswiderstand ist aber nur selten ohne größeren Aufwand zu erreichen.

Den Abschaltstrom der Schmelzsicherungen entnimmt man den Zeit-Strom-Diagrammen in VDE 0636.

VDE 0100-410.411.5

2.16 Erlaubt sind außerdem Fehlerstromschutzeinrichtungen (RCD), wobei der Bemessungsdifferenzstrom $I_{\Delta n}$ dem Abschaltstrom I_a, der das automatische Abschalten bewirkt, gleichgesetzt wird.

VDE 0100-410.411.5

2.17 Im IT-System werden alle aktiven Leiter einschließlich des Sternpunkts gut von Erde isoliert. Die Körper müssen geerdet werden. Alle gleichzeitig berührbaren Körper und fremden leitfähigen Teile werden in einen zusätzlichen Schutzpotentialausgleich einbezogen.

Im ersten Fehlerfall, z. B. infolge eines Körper- oder Erdschlusses, ist der fließende Fehlerstrom so gering, dass in der Regel keine Abschaltung erfolgen muss. Dies ist ein wesentlicher

Vorteil beim Betrieb elektrischer Anlagen, die gegen Störungen besonders empfindlich sind, z. B. Anlagen in der chemischen Industrie oder in OP-Räumen.

VDE 0100-410.411.6

2.18 Der Erdungswiderstand R_A wird aus folgender Bedingung ermittelt:

$$R_A I_d \leq U_T,$$

wobei R_A der Erdungswiderstand aller mit einem Erder verbundenen Körper ist.

Der Fehlerstrom I_d ist der während des ersten Fehlers auftretende Strom. Dieser Strom setzt sich im Wesentlichen aus dem Ableitstrom von Kabeln und Leitungen des angeschlossenen Netzes zusammen.

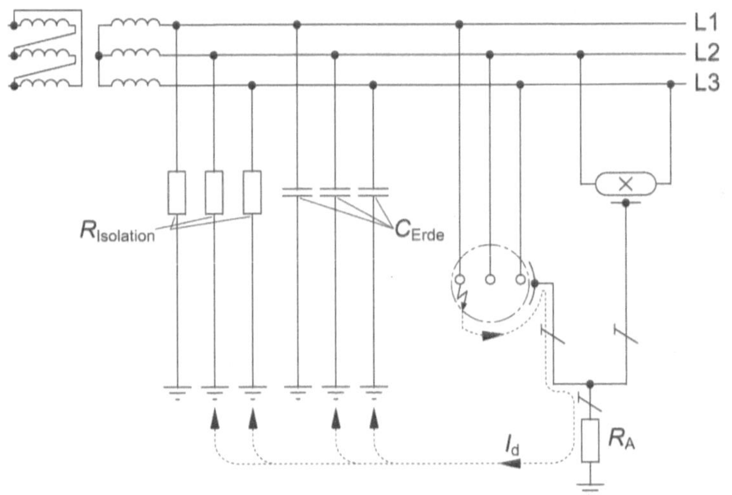

U_T ist der Grenzwert der dauernd zulässigen Berührungsspannung (AC 50 V Effektivwert). Der Sternpunkt des IT-Systems muss isoliert oder über eine ausreichend hohe Impedanz geerdet sein.

VDE 0100-410.411.6

2.19 Ein Körper- oder Erdschluss bedeutet zunächst noch keine Betriebsunterbrechung für die Anlage. Daher wird diese Netzform für Operationsräume sogar vorgeschrieben.

VDE 0100-410.411.6, u. VDE 0100-710

2.20 Nicht nur das. Eine besondere Überwachungseinrichtung muss optisch oder akustisch das Absinken des Isolationszustands der Außenleiter und des Neutralleiters anzeigen und bei Vorhandensein einer Überspannungsschutzeinrichtung (offene Erdung) auch deren Ansprechen erkennen lassen.

Es wird empfohlen, den ersten Fehler so schnell wie möglich zu suchen und zu beseitigen, um die Gefahr eines zweiten Fehlers zeitlich möglichst kurz zu halten. Denn ein zweiter Fehler im selben Netz führt zwangsläufig zur Abschaltung. Hierfür sind in VDE folgende Bedingungen in Abhängigkeit von der Ausführung der Erdung der einzelnen Körper genannt:

Bedingungen Fall A: Sind die Körper einzeln oder in Gruppen geerdet, so gelten im Wesentlichen die Schutzbedingungen für das TT-System, d. h.:

- Die Grenze der Berührungsspannung (AC 50 V) muss eingehalten werden.
- Überstromschutzeinrichtungen müssen unverzögert abschalten; für Schmelzsicherungen ist festgelegt, dass sie innerhalb 5 s automatisch abschalten müssen.
- Bei Fehlerstromschutzeinrichtungen (RCDs) ist in Verteilerstromkreisen zum Erreichen einer Selektivität eine Verzögerung bis zu 1 s gestattet.

Bedingungen Fall B: Sind die Körper über einen Schutzleiter gemeinsam geerdet, so gelten die Bedingungen für das TN-System mit erweiterten Anforderungen für die Fehlerschleife und die Abschaltzeiten:

- Wird kein Neutralleiter verwendet, dann berechnet sich die maximale Impedanz Z_S der Fehlerschleife aus der Nennwechselspannung U zwischen den Außenleitern, dividiert durch den zweifachen Abschaltstrom I_a:

$$Z_S \leq \frac{U}{2I_a}$$

- Wird ein Neutralleiter verwendet, so tritt an die Stelle der Nennwechselspannung U zwischen den Außenleitern die Spannung U_0 zwischen dem Neutralleiter und dem Außenleiter:

$$Z_S' \leq \frac{U}{2I_a}$$

Der Abschaltstrom muss aus den zulässigen Abschaltzeiten für IT-Systeme nach untenstehender Tabelle und der verwendeten Überstromschutzeinrichtung ermittelt werden.

Es sind folgende Abschaltzeiten einzuhalten:

Nennspannung der elektrischen Anlage	**Abschaltzeit in s**	
U_0/U V	mit Neutralleiter	ohne Neutralleiter
230/400	0,8	0,4
400/690	0,4	0,2

Hierbei gelten bei Abweichungen der Spannung innerhalb des Toleranzbandes die jeweiligen Werte der Nennspannung. Liegt die Nennspannung zwischen den aufgeführten Werten, so muss die Abschaltzeit der nächsthöheren Nennspannung verwendet werden.

VDE 0100-410.411.6.4

2.21 Er ist grün-gelb, wie alle Schutz- und Potentialausgleichsleiter, falls er nicht als blanker Leiter gesondert geführt und gekennzeichnet ist (z. B. nach DIN 40705).

VDE 0100-410.411.6.4

2.22 Ja, das IT-System darf zusammen mit einer RCD (Fehlerstromschutzeinrichtung, $I_{\Delta n} \leq 30$ mA) angewendet werden. Alle Körper sind über einen Schutzleiter miteinander zu verbinden. Der Erdungswiderstand darf höchstens 100 Ω betragen. Wenn die Ausgangsspannung des Generators an den Klemmen im Doppelfehlerfall auf unter AC 50 V absinkt, darf auf die Isolationsüberwachung und auf die Abschaltung verzichtet werden.

VDE 0100-410.411.6, VDE0100-551.551.4.4 u. Erläut.

2.23 Bei Ersatzstromanlagen, die eine Versorgungsalternative zum öffentlichen Netz darstellen, muss durch geeignete Maßnahmen sichergestellt werden, dass ein Parallelbetrieb nicht möglich ist. Solche Maßnahmen können z. B. elektrische Verriegelungen, Verriegelungen mit nur einem Schlüssel, automatische Umschalter mit Verriegelung o. ä. sein. Es muss für den Ersatzstrombetrieb unabhängig vom öffentlichen Netz ein geeigneter Erder vorhanden sein. Als Schutzmaßnahme gegen zu hohe Berührungsspannungen stehen dann folgende Maßnahmen zur Auswahl:

- Schutz durch Kleinspannungssysteme (SELV, PELV);
- Schutz durch automatische Abschaltung
- TN-, TT- und IT-Systeme nur in Verbindung mit Fehlerstrom- oder Differenzstromschutzeinrichtungen;
- Schutz durch Schutztrennung
  Bei Anschluss mehrerer Verbrauchsmittel muss beim Sinken des Isolationswiderstands unter 100 Ω/V innerhalb 1 s eine Abschaltung erfolgen.
  Alternativ dazu kann auch die angeschlossene Leitungslänge begrenzt werden. Dabei muss im zweiten Fehlerfall, wie sonst auch bei TN-Systemen üblich, innerhalb festgelegter Zeit abgeschaltet werden (z. B. U_0 = 230 V innerhalb 0,4 s), oder die Klemmenspannung der aktiven Leiter sinkt auf Werte ≤ 50 V.

VDE 0100-551551.3 u. 551.4.5 sowie Anhang ZB

2.24 Die Schutzmaßnahme Schutz durch Abschaltung kann durch Fehlerschutz, durch Isolierung aktiver Teile und durch die Anwendung der Kleinspannung realisiert werden.

VDE 0100-410.410.3.3

2.25 Die Anforderungen sind:

a) Schutzerdung: Körper müssen mit einem Schutzleiter verbunden werden.
b) Schutzpotentialausgleich über die Haupterdungsschiene: In einem Gebäude müssen alle leitfähigen Teile über die Haupterdungsschiene verbunden werden.
c) Fehler müssen automatisch abgeschaltet werden.
d) In Endstromkreisen muss ein zusätzlicher Schutz durch RCDs vorgesehen werden.

VDE 0100-410.411.3

2.26 Im TN-System muss der PEN-Leiter wirksam geerdet werden. Der Netzbetreiber muss die sogenannte Spannungswaage einhalten.

VDE 0100-410.411.4.1

2.27 In Abhängigkeit von der Nennspannung sind im TT-System folgende Abschaltzeiten zulässig:

Nennspannung U_0 V	**maximale Abschaltzeit in s**		
	für Endstromkreise mit Geräten der Schutzklasse I	für reine Verteilungsstromkreise	DC
230	0,2	1	0,4
400	0,07	1	0,2
> 400	0,04	1	0,1

VDE 0100-410.411.3.2.2 Tabelle 41.1.411.3.2.4, [10]

3 Schutz durch Verwendung von Betriebsmitteln der Schutzklasse II oder durch gleichwertige Isolierung · Schutz durch Schutztrennung · Schutz durch Schutzkleinspannung

3.1 Der Schutz besteht darin, dass alle leitfähigen Teile, die im Fehlerfall Gefahr bedeuten können, fest und dauerhaft mit Isolierstoff bedeckt sind, z. B. durch ein Kunststoffgehäuse.

Lack- und Emailleüberzüge, Gewebebänder, Umspinnungen u. dgl. gelten nicht als doppelte oder verstärkte Isolierung. Dagegen gelten die äußeren Umhüllungen (Mäntel) der isolierten Starkstromleitungen als solche.

Statt Isoliergehäusen (zusätzlich zur Basisisolierung!) können Isolier-Zwischenteile den inneren elektrischen vom äußeren metallenen Teil isolieren. Beispiel: Der metallene Scherkopf eines elektrischen Rasierapparats ist nur über ein Isolierstück mit dem Motor verbunden.

VDE 0100-410.412.2.1.1 u. VDE 0106-1.4.3

3.2 Nicht nur das; er darf, sollte etwa bei einer Reparatur eine Anschlussleitung mit Schutzleiter verwendet werden, gar nicht angeschlossen werden! Andererseits: Bewegliche Anschlussleitungen ohne Schutzleiter, die mit dem Stecker ein unteilbares Ganzes bilden, dürfen nur für Geräte der Schutzklasse II oder gleichwertiger Isolierung verwendet und nur an diese angeschlossen in Verkehr gebracht werden.

VDE 0100-410.412.2.3.2 u. VDE 0106-1.4.3

3.3 Ja, sie müssen dieses Zeichen tragen: ⧈

VDE 0100-410, Anm. zu Abschn. 412.2.1.1, u. DIN 30 600

3.4 Bei der Reparatur von Geräten der Schutzklasse II oder gleichwertiger Isolierung muss, wie bei anderen Geräten auch, besonders darauf geachtet werden, dass durch den Einbau von Original-Ersatzteilen oder durch den Einbau gleichwertiger Teile die Schutzmaßnahme erhalten bleibt.

VDE 0701.3

3.5 Ja, das ist möglich, wenn die Bemessungsspannung den Spannungsbereich I nicht überschreitet. Die Bemessungsspannung darf höchstens AC 50 V oder DC 120 V betragen. Sie muss entweder eine eigene Stromquelle (Akkumulator, galvanische Elemente) mit höchstens dieser Spannung haben oder über Umformer oder Transformatoren mit elektrisch voneinander getrennten Wicklungen erzeugt werden. Klingeltransformatoren sind solche Transformatoren. Derartige Stromkreise werden je nach sekundären Erdungsmaßnahmen als SELV- und PELV-Stromkreise bezeichnet.

VDE 0100-410.414.3

3.6 Bei der PELV (Funktionskleinspannung) handelt es sich, von der Höhe der Bemessungsspannung (AC 50 V oder DC 120 V) ausgehend, ebenfalls um den Spannungsbereich I. Im Gegensatz zu der SELV darf bei der PELV auf der Kleinspannungsseite aus Gründen der Funktion der Einrichtungen geerdet werden. Bezüglich der Trennung zu anderen Stromkreisen unterscheidet man „mit" und „ohne" sichere Trennung.

Die Isolierung der aktiven Teile ist bei SELV- und PELV-Stromkreisen mit sicherer Trennung für eine Prüfwechselspannung von 500 V und 1 min Prüfdauer auszulegen. Ohne sichere Trennung muss so isoliert werden, wie dies in den Stromkreisen der Fall ist, von denen nicht sicher getrennt werden kann.

VDE 0100-410.414.4, u. VDE 0551.17.2

3.7 Spielzeuge und Fernmeldegeräte brauchen auf der Sicherheitskleinspannungsseite (bei Spielzeug max. 24 V) nicht mit Leitungen, Schaltern usw. entsprechend der Bemessungsspannung 250 V installiert zu sein.

VDE 0100-410.414.4, sowie VDE 0700-1 u. -210

3.8 Dafür gibt es zwei Beispiele:

- Elektromotorisch angetriebenes Spielzeug. Hierfür sind nur 24 V als Bemessungs-Ausgangsspannung erlaubt, erzeugt von speziellen Sicherheits- oder Spielzeugtransformatoren,

Umformern mit getrennten Wicklungen oder Akkumulatoren bzw. galvanischen Elementen. Sonstige leitende Verbindungen vom Spielzeug zum Netz, auch zu dessen Schutzleiter, sind verboten.

- In bestimmten Bereichen von Bade- und Duschräumen sowie in Schwimmbädern sind sogar nur 12 V Schutzkleinspannung zulässig.

VDE 0100-701.701.55, u. -702.4.1 u. 4.2, sowie VDE 0700-1 u. -210

s. auch VDE 0551-3, Hauptabschn. 2

3.9 Man trennt das Gerät vom speisenden, geerdeten Netz vollständig ab, und zwar durch einen Trenntransformator oder durch einen Motorgenerator, der zwei elektrisch voneinander getrennte Wicklungen haben muss. (Dadurch bewirkt ein Körperschluss im Gerät zunächst nur eine einpolige Erdverbindung, bedeutet also noch keine unmittelbare Gefahr.)

VDE 0100-410.413

3.10 Für die Schutzmaßnahme Schutz durch Schutztrennung gelten mehrere Einschränkungen. So sind auf der Schutztrennungsseite nur noch Spannungen bis AC 500 V erlaubt. Außerdem ist einschränkend festgelegt, dass

- die Leitungslänge 500 m nicht überschreiten soll sowie
- das Produkt aus der Spannung in Volt und der Leitungslänge in Metern 100 000 nicht übersteigen soll.

VDE 0100-410.413.3.2, C.3.8

3.11 Ja, an einen Trenntransformator darf nur ein Gerät angeschlossen werden, wenn dies im Fall einer besonderen Gefährdung ausdrücklich vorgeschrieben ist; sein Bemessungsstrom darf höchstens 16 A betragen. Unter bestimmten Voraussetzungen dürfen aber auch mehrere Geräte an einen Trenntransformator angeschlossen werden.

VDE 0100-410.413 u. VDE 0550

3.12 Ja, doch darf der Trenntransformator selbst nur eine fest eingebaute Steckdose ohne Schutzkontakt haben. Ausnahme: mobile Ersatzstromerzeuger (s. Frage und Antwort 3.23). Die bewegliche Anschlussleitung des Geräts muss mindestens der Ausführung H07RN-F entsprechen.

VDE 0100-410.413.1.3 u. VDE 0550

3.13 Ja, es symbolisiert die Trennung der beiden Wicklungen: ⦵

VDE 0550-1

3.14 Ortsveränderliche Trenntransformatoren müssen in die Schutzmaßnahme Schutz durch Verwendung von Betriebsmitteln der Schutzklasse II oder durch gleichwertige Isolierung einbezogen werden. Ortsfeste Trenntransformatoren müssen entweder ebenfalls in die Schutzmaßnahme Schutz durch Verwendung von Betriebsmitteln der Schutzklasse II oder durch gleichwertige Isolierung einbezogen werden oder so gebaut sein, dass ein evtl. leitfähiges Gehäuse und die Ein- und Ausgänge gegeneinander durch Isolierung getrennt sind. Diese Isolierung muss dem Schutz durch Verwendung von Betriebsmitteln der Schutzklasse II oder durch gleichwertige Isolierung entsprechen.

VDE 0100-410.413

3.15 Ja, Kupplungssteckvorrichtungen müssen ein Isolierstoffgehäuse haben. In die Verlängerungsleitungen dürfen keine Schalter eingebaut sein.

VDE 0100-704

3.16 Zur Stromversorgung handgeführter Elektrowerkzeuge dürfen nur Schutz durch Schutzkleinspannung (SELV) oder Schutz durch Schutztrennung mit nur einem angeschlossenen Gerät verwendet werden. Der Trenntransformator darf allerdings mehrere Sekundärwicklungen haben, an die dann jeweils nur ein Gerät angeschlossen werden darf.

VDE 0100-706

3.17 Handleuchten müssen mit Schutz durch Schutzkleinspannung (SELV) versorgt werden. Die leuchteninterne Betriebsspannung darf dabei allerdings höher sein, z. B. bei Leuchtstofflampen.

Für fest installierte Leuchten und Betriebsmittel gelten folgende Schutzmaßnahmen:

- Schutz durch Schutzkleinspannung (SELV) oder
- Schutz durch automatische Abschaltung und Verbindung des Körpers des Betriebsmittels mit leitfähigen Teilen des Raums (zusätzlicher Potentialausgleich) oder
- Schutz durch Verwendung von Betriebsmitteln der Schutzklasse II oder durch gleichwertige Isolierung mit geeigneter Schutzart und Schutz durch Fehlerstromschutzeinrichtung (RCD) mit einem maximalen Bemessungsdifferenzstrom $I_{\Delta n}$ = 30 mA oder

- Schutz durch Schutztrennung mit nur einem Verbrauchsgerät je Sekundärwicklung des Trenntransformators.

Die Stromquelle muss dabei außerhalb des leitfähigen Raums oder Bereichs angeordnet werden.

VDE 0100-706.413

3.18 Es sind die gleichen Schutzmaßnahmen wie unter Antwort 3.17 erlaubt. Bei Mess- und Steuergeräten kann eine Betriebserde erforderlich sein. In diesem Fall müssen alle Körper und alle fremden leitfähigen Teile der Anlage im Bereich mit begrenzter Bewegungsfreiheit und die Betriebserde in den Potentialausgleich einbezogen werden.

VDE 0100-706

3.19 Hier ist Schutz durch Schutzkleinspannung oder Schutz durch Verwendung von Betriebsmitteln der Schutzklasse II oder durch gleichwertige Isolierung vorgeschrieben.

Ortsveränderliche Haartrockner müssen die Aufschrift tragen: Achtung – Dieses Gerät nicht in der Nähe von Wasser benutzen, das in Badewanne, Waschbecken oder anderen Gefäßen vorhanden ist.

VDE 0700-23.6.1

3.20 Es ist hier nur festgelegt, dass die Betriebsspannung höchstens 250 V betragen darf. Die Bemessungsleistung ist festgelegt auf max. 1 200 W für Schmelzvorgänge, 300 W zum Bügeln und 500 W für sonstige Verwendung. Kennzeichnend sind ein umfassender Berührungsschutz sowie eine nichtabnehmbare Netzanschlussleitung mit fest angegossenem Stecker.

VDE 0700-209.5.1 u. 25.1

4 Verteilungen · Leitungsbemessung · Geräteanschluss

4.1 Verteiler wie auch Schaltanlagen müssen den jeweils geltenden Normen entsprechen. Unter anderem gibt es Normen für Niederspannungs-Schaltgerätekombinationen, fabrikfertige Installationsverteiler, Installationskleinverteiler und Zählerplätze sowie für Baustromverteiler. Als Schutzart ist i. Allg. mindestens IP2X gefordert, die bei fachgerechter Aufstellung und Montage in der Regel auch ohne Probleme erreicht wird. Lediglich in abgeschlossenen elektrischen Betriebsstätten sind geringere Schutzarten zulässig.

Verteiler und Schaltanlagen müssen so gebaut sein, dass Schutzeinrichtungen für den Basisschutz (Schutz gegen direktes Berühren) nur mit einem Werkzeug entfernt werden können.

Installationsverteiler sollen möglichst in einer Höhe angebracht sein, in der eine sichere Bedienung der einzelnen Elemente des Verteilers noch gut möglich ist. In TAB ist als Abstand vom Fußboden bis zur Mitte des Zählers mindestens 1,10 m und höchstens 1,85 m vorgeschrieben (Ausführung in Klasse 1 oder 2, je nach Anforderungen/Vorgaben).

VDE 0100-729, VDE 0603 u. TAB

4.2 Es müssen ganz bestimmte Abstände eingehalten werden, um im Gefahrenfall einen sicheren Fluchtweg zu haben. Die Abstände der Verteiler untereinander müssen 700 mm, zwischen hervorstehenden Betätigungselementen wie Schaltern u. dgl. wenigstens 600 mm betragen. Dies gilt auch für Gänge zwischen den Schaltanlagen bzw. Verteilern und einer Mauer. Abstände von 900 mm zwischen den Schaltanlagen sind erforderlich, wenn die Schutzart kleiner IP2X ist. Abhängig von der Art der Schaltanlage können für Montagearbeiten auch größere Abstände benötigt werden.

Bei geöffneten Türen der Schaltanlage muss eine Gangbreite von 500 mm verbleiben, oder die Türen müssen in Fluchtrichtung zuschlagen.

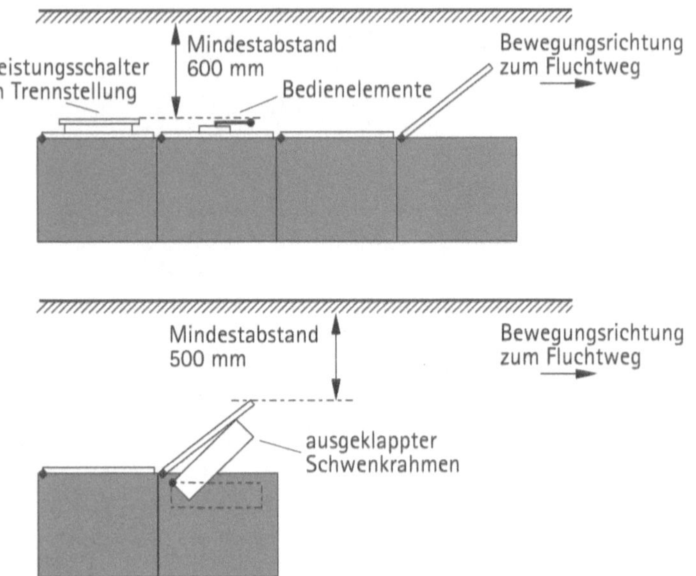

Mindestgangbreite und -abstand für Räumung in Bedienungs- und Wartungsgängen von Niederspannungs-Schaltgerätekombinationen (aus Hösl, A.; Ayx, R.; Busch, H.-W.: Die vorschriftsmäßige Elektroinstallation. 20. Aufl. Berlin · Offenbach: VDE VERLAG)

Die Durchgangshöhe unter Abdeckungen oder Umhüllungen muss mindestens 2 000 mm betragen, bei blanken aktiven Teilen sind 2 500 mm gefordert.

VDE 0100-729

4.3 Ab 6 m Ganglänge wird beidseitiger Zugang empfohlen; bei 10 m Ganglänge muss beidseitiger Zugang möglich sein. Die Ausgänge aus dem Raum sind dabei so anzuordnen, dass keine längeren Rettungswege als 40 m entstehen.

VDE 0100-729

4.4 Ja, sie sind (falls es sich nicht um Anlagen handelt, für die keine Schutzmaßnahme gefordert ist) in die Schutzmaßnahme einzubeziehen und haben deshalb eine für Schutzleiter bestimmte Anschlussstelle ⏚. Keinesfalls jedoch dürfen Metallteile von Geräten der Schutzklasse II oder gleichwertiger

Isolierung Verbindung mit dem durchgeschleiften Schutzleiter oder gar mit aktiven Teilen bekommen.

Zu Zählerschränken s. Frage u. Antwort 1.20.

VDE 0100-729

4.5 Ein Stromkreis ist die geschlossene Strombahn zwischen dem gemeinsamen Überstromschutz und den Verbrauchern. Im gefragten Beispiel handelt es sich um drei Wechselstromkreise.

Ein Drehstromkreis setzt voraus, dass der Schutz dreipolig ansprechen muss. Nur Drehstromkreise dürfen einen gemeinsamen Neutralleiter haben.

Es ist gestattet, aus einem Drehstromkreis drei Wechselstromkreise mit je einem Außenleiter und einem Neutralleiter zu bilden, wenn die Zugehörigkeit der Stromkreise durch ihre Anordnung erhalten bleibt. Dieser Drehstromkreis muss aber durch einen Schalter freigeschaltet werden können.

VDE 0100-200

4.6 In Elektroinstallationsrohren und -kanälen sind mehrere Stromkreise zulässig, wenn die Isolierung jeder Ader oder jedes Leiters für die höchste vorhandene Bemessungsspannung bemessen ist. Eine weitere Voraussetzung für die Zulässigkeit dieser Anordnung ist ein ausreichender Querschnitt der Kanäle. Ein Füllfaktor von maximal 60 % wird noch als vertretbar angesehen [11], [12].

In mehradrigen Leitungen (fest oder beweglich) oder Kabeln dürfen mehrere Hauptstromkreise vereinigt sein (einschl. der zugehörigen Hilfsstromkreise); Stromkreise mit Schutzkleinspannung sollen aber immer getrennt verlegt werden. Mehrere, von Hauptstromkreisen getrennt geführte Hilfsstromkreise dürfen in jedem Fall in einem Rohr, einer Leitung oder einem Kabel zusammengefasst werden.

VDE 0100-520

4.7 Eine getrennte Verlegung von Hauptstromkreisen ist aus mehreren Gründen nicht sinnvoll:

- Die Übersichtlichkeit der Anlage geht verloren, eine Zuordnung ist dann nur sehr schwer möglich.
- Bei ferromagnetischen Umhüllungen ist mit starker Erwärmung durch Induktionswirkung zu rechnen.

- Die elektromagnetische Beeinflussung, z. B. von PC-Bildschirmen, wird durch die vergrößerten Leiterabstände der einzelnen Phasen unnötig erhöht.

Werden die Leiter streng einadrig geführt, ist die getrennte Verlegung aber erlaubt, so etwa bei der kurzschluss- und erdschlusssicheren Verlegung im Schutzabstand, z. B. zum Anschluss von Überstromschutzeinrichtungen oder für Bremsstromkreise oder in feuergefährdeten Betriebsstätten.

VDE 0100-725, VDE 0100-520

4.8 Sie sollen möglichst getrennt verlegt werden. Bei Parallelführungen sind sie so weit voneinander entfernt zu verlegen, dass eine störende Beeinflussung vermieden wird. Bei Kreuzungen oder Näherungen ist ein Mindestabstand von 10 mm einzuhalten, oder es ist ein Trennsteg erforderlich. Für Installationen im Freien sind mindestens 20 mm Abstand gefordert.

VDE 0100-520.528, VDE 0800-1 u. VDE 0855-1

4.9 Nein, denn einpolige Schalter erfüllen in der Regel nicht die höheren Isolationsanforderungen, die an Trennstrecken gestellt werden. Außerdem ist die eindeutige Anzeige der Schaltstellung nur selten gegeben.

In Stromkreisen, in denen getrennt (früher: freigeschaltet) werden kann, brauchen die nachgeordneten Schalter nicht allpolig zu schalten; das Stillsetzen der Verbraucher genügt.

Für das betriebsmäßige Schalten dürfen Schalter, Halbleitergeräte, Leistungsschalter, Relais und Schütze verwendet werden. Steckvorrichtungen sind bis 16 A erlaubt, Trenner, Trennlaschen und Sicherungen dagegen nicht.

Das Trennen kann erfolgen mit

- mehrpoligen Schaltern,
- Trennern oder Lasttrennschaltern,
- Steckvorrichtungen,
- austauschbaren Sicherungen,
- Spezialklemmen (Trennklemmen).

Mehrpolige Schaltvorrichtungen sind bevorzugt zu verwenden. Der PEN-Leiter in TN-C-Systemen darf nicht geschaltet werden. Dieses Verbot gilt unabhängig vom jeweiligen System generell für den Schutzleiter (PE).

Eine eindeutige Schalterstellungsanzeige ist zwingend gefordert. AUS, OFFEN oder 0 für die Aus-Stellung des Schalters darf erst angezeigt werden, wenn alle Kontakte der Pole in Trennstellung sind.

Halbleiterschaltgeräte sind zum Trennen nicht zulässig.

VDE 0100-460.465

4.10 In Stromkreisen mit einem geerdeten Leiter ist unbedingt zu beachten: In festverlegten Leitungen müssen einpolige Schalter im nicht geerdeten Leiter angeordnet sein. Niemals darf bei festverlegten Leitungen der geerdete Neutralleiter oder gar der PEN-Leiter an einpolige Leiter geführt werden. Das gilt auch für Steuerschalter, Thermostaten u. dgl., ebenso für normale einpolige Wechselschalter.

Bei ortsveränderlichen Betriebsmitteln, die über zweipolige Stecker angeschlossen sind, ist das freilich nicht gewährleistet. Hier kann aber durch Gerätebestimmungen das einpolige Schalten verboten sein.

VDE 0100-460 u. -537

4.11 Ja, aber nur für Steckvorrichtungen bis 16 A. Andernfalls müssen die Verbrauchsmittel oder die (u. U. verriegelten) Steckvorrichtungen Schalter haben, bzw. es müssen in der ortsfesten Installation Schalter angeordnet werden. Für NOT-AUS-Funktionen sind Steckvorrichtungen nicht zulässig. Hierfür werden besonders gekennzeichnete Schaltgeräte gefordert, die vom Bedienenden der Maschine leicht erreichbar sein müssen.

VDE 0100-465

4.12 Es gilt Folgendes:

- Alle Drehstromsteckdosen sind mit „Rechtsdrehfeld" anzuschließen.
- Einheitliche fünfpolige Steckvorrichtungen sind erforderlich für solche Stromabnahmestellen und Verlängerungsleitungen, die zum Anschluss „nichtortsgebundener", also beliebiger Drehstromverbraucher bis 32 A/400 V dienen sollen.
- Alle unsymmetrischen Verbrauchsmittel mit Neutralleiterbelastung dürfen grundsätzlich nur über fünfpolige Stecker angeschlossen werden.

- Der Überstromschutz eines Stromkreises richtet sich auch nach dem Bemessungsstrom der Steckvorrichtung. Maßgebend für die Absicherung ist der niedrigere der beiden Werte (Leitungsbelastbarkeit oder Steckvorrichtungsnennstrom).
- Steckerstifte dürfen in nicht gestecktem Zustand nicht unter Spannung stehen.
- Je Stecker darf nur eine bewegliche Leitung angeschlossen werden (Ausnahme: Spezialstecker).
- Zur Neuerrichtung von Industrieanlagen dürfen nur noch die runden, fünfpoligen Kragensteckvorrichtungen (nach CEE-Norm) verwendet werden.
- In Hausinstallationen und Geschäftshäusern, Hotels u. ä, nicht „rauer Behandlung" ausgesetzten Betriebsstätten brauchen es keine Kragensteckvorrichtungen zu sein.
- Fehlerstrom-Schutzmaßnahmen (RCD) sind zu beachten.

VDE 0100-550

4.13 Nein, denn solche Schalter können beim Überschreiten des zulässigen Kurzschlussstroms, etwa bei Umschaltungen oder Verstärkungen im speisenden Netz, z. B. in der Nähe von Transformatoren, beschädigt werden. Es ist daher allen Leitungsschutzschaltern eine Schmelzsicherung von höchstens 100 A vorzuschalten, falls nicht vom Hersteller der Leitungsschutzschalter höhere Ströme zugelassen sind (Back-up-Schutz).

VDE 0641-11

4.14 Es gibt Leitungsschutzschalter für 3 kA, 6 kA und 10 kA Bemessungs-Ausschaltvermögen. Nach TAB müssen Leitungsschutzschalter in Stromkreisverteilern ein Schaltvermögen von mindestens 6 kA (und 10 kA für die Betriebsmittel zwischen der letzten Überstrom-Schutzeinrichtung bzw. Hauptleitungsklemme vor der Messeinrichtung und dem Stromkreisverteiler) haben.

VDE 0641-11, sowie TAB

4.15 Man unterscheidet 4 (5) Gruppen von Verlegungsarten für fest verlegte Leitungen:

- Verlegungsart Gruppe A – in wärmedämmenden Wände: Hierzu zählen Aderleitungen oder mehradrige Leitungen im Elektroinstallationsrohr und mehradrige Leitungen in der Wand;

- Verlegungsart Gruppe B1, B2 – in Elektrorohren oder -kanälen:
  Dazu zählen Aderleitungen oder einadrige Mantelleitungen im Rohr oder Kanal in oder auf der Wand (B1), mehradrige Leitungen im Elektroinstallationsrohr oder -kanal auf der Wand oder dem Fußboden (B2);
- Verlegungsart Gruppe C – direkte Verlegung:
  Hierzu gehören mehradrige Leitungen oder einadrige Mantelleitungen auf der Wand oder dem Fußboden, mehradrige Leitungen in der Wand oder unter Putz, Stegleitungen unter Putz;
- Verlegungsart Gruppe E – frei in der Luft:
  Neben- oder übereinanderliegende Leitungen müssen einen Abstand voneinander haben, der mindestens dem 2-fachen Leitungsdurchmesser entspricht.

s. dazu Rechenbeispiel im Anhang A 2.2 u. A 2.3

VDE 0298-4

4.16 Bei Verwendung vieladriger Leitungen, bei Häufung oder abweichenden Umgebungstemperaturen müssen Umrechnungsfaktoren für die Belastbarkeit berücksichtigt werden.

Diese Umrechnungsfaktoren können für viele Sonderfälle und Anwendungen direkt den einzelnen Tabellen der VDE 0298-4 entnommen werden. Die tatsächlich zulässige Belastbarkeit bei den verschiedenen Betriebsbedingungen wird durch Multiplikation der Belastbarkeit unter Bemessungsbedingungen mit den Umrechnungsfaktoren ermittelt.

s. dazu Beispiel im Anhang A 1.6

VDE 0298-4

4.17 Im Allgemeinen ist das bei jeder Querschnittsverminderung eines Leiters erforderlich, es sei denn,

- die Strombelastbarkeit des Kabels wird reduziert;
- die vorgeschaltete Schutzeinrichtung ist (und bleibt) ohnehin für diesen verjüngten Querschnitt bemessen;
- es handelt sich um eine über Stecker angeschlossene bewegliche Leitung unter 1 mm^2 Cu, die für den betreffenden Geräte-Nennstrom bemessen ist;
- es handelt sich um einige, in VDE 0100-430.5.4, genau definierte Ausnahmen (nicht für feuer- oder explosionsgefährdete Betriebsstätten).

VDE 0100-430.433.2

4.18 Ja, Überstromschutzeinrichtungen gegen Überlastung dürfen an beliebiger Stelle des Stromkreises angebracht werden, wenn zwischen Leitungsanfang und Schutzeinrichtung weder Abzweige noch Steckvorrichtungen vorhanden sind. Das gilt jedoch nicht für den Kurzschlussschutz; er darf nur am Anfang der Leitung eingebaut sein.

VDE 0100-430.433.2 u. 434.2

4.19 Nicht nur das, es wird sogar empfohlen, auf den Überlastschutz zu verzichten, wenn durch eine Unterbrechung des Stromkreises eine Gefahr entstehen könnte. Dazu zählen:

- Erregerstromkreise von elektrischen Maschinen,
- Stromkreise von Hubmagneten,
- Sekundärkreise von Stromwandlern,
- der Sicherheit dienende Stromkreise, wie Feuerlöscheinrichtungen.

Hier empfehlen sich Überlastmeldeeinrichtungen.

Selbst auf den Kurzschlussschutz darf in den genannten Fällen verzichtet werden, wenn die Unterbrechung den Betrieb gefährden könnte. Der Kurzschlussschutz kann außerdem entfallen bei Generator- und Transformatorverbindungsleitungen zur Schaltanlage, bei Messstromkreisen und in öffentlichen Netzen mit im Erdreich verlegten Kabeln oder Freileitungen. Dies gilt auch bei kurzschlussfest verlegten Kabeln oder Leitungen, wenn diese nicht in der Nähe brennbarer Bauteile angeordnet sind.

VDE 0100-430.433.3.3 u. 434.3

4.20 Steckdosenstromkreise dürfen abgesichert werden

- in Hausinstallationen für zweipolige Steckdosen bis 16 A;
- in allen anderen Fällen, auch bei Drehstrom, mit beliebigen Überstromschutzeinrichtungen, aber höchstens entsprechend der Steckdose mit dem kleinsten Bemessungsstrom.

VDE 0100-430.433 u. 434

4.21 Stegleitungen dürfen belastet werden wie Mehraderleitungen, die in der Wand oder im Putz verlegt sind. Bei einem Querschnitt von 1,5 mm² Cu und zwei belasteten Adern beträgt die Strombelastbarkeit I_Z = 21 A; sind drei Adern belastet, so reduziert sie sich auf 18,5 A.

Der Bemessungsstrom der Überstromschutzeinrichtung beträgt bei zwei belasteten Adern 20 A[1] (16 A) und bei drei belasteten Adern 16 A[1] (10 A).

Beiblatt zu VDE 0100-430

4.22 Ja, diese Erlaubnis gilt für Leuchten mit dem Zeichen ▽F. Es ist jedoch zu unterscheiden zwischen Gebäudeteilen und Einrichtungsgegenständen. Im ersten Fall (nicht leicht entflammbar) ist dies erlaubt.

Handelt es sich dagegen um besonders leicht brennbare Werkstoffe, aus denen Einrichtungsgegenstände (z. B. Schrankwände, Gardinenleisten) bestehen können, so muss die Leuchte mit ▽M▽M gekennzeichnet sein; das gilt auch für gesondert angebrachte Vorschaltgeräte.

Leuchten ohne das Zeichen ▽F sind in der Regel für Baustoffe bestimmt, die nicht brennbar sind; sie sind daher bei allen brennbaren Einrichtungsgegenständen verboten. Bei Gebäudeteilen aus brennbaren Baustoffen sind sie ausnahmsweise erlaubt, wenn ein Mindestabstand von 35 mm eingehalten wird und sie hinten ggf. mit einem mindestens 1 mm dicken Blech besonders verschlossen sind.

VDE 0100-559

4.23 Es ist zu beachten:

- Jeder Drehstromkreis muss durch einen allpoligen Schalter freigeschaltet werden können.
- Die zu einem Drehstromkreis gehörenden Leitungen müssen zusammengefasst sein; lose, berührbare Klemmen sind verboten.
- Für die Durchgangsverdrahtung sind wärmebeständige Leitungen (H05 SJ-K) erforderlich, es sei denn, der Leuchtenhersteller garantiert Temperaturen unter 55 °C.
- Zur Verminderung des stroboskopischen Effekts sind auch die Duoschaltungelektronische Hochfrequenz-Lampenbetriebsgeräte geeignet.

VDE 0100-559.9

---

1 Die Überstromschutzeinrichtungen wurden nach den neuen Auslösebedingungen mit $I = 1{,}45\ I_z$ und 25 °C Umgebungstemperatur ausgewählt. Die Klammerwerte gelten für die Überstromschutzeinrichtungen nach den früheren Festlegungen mit unterschiedlichen Auslösebedingungen (s. Anhang A2).
s. auch VDE 0641, 0660-101, 0636-21 A4, -31 A3 u. -41 A3

4.24 Einerlei welcher Bauart: Bei Unterputzinstallationen muss ihre Zuleitung in einer Wanddose enden. Nicht zu vergessen: Die Leuchtenaufhängung muss das fünffache Gewicht der Leuchte tragen können, mindestens aber 5 kg.

VDE 0100-559.5

4.25 Anschlussklemmen dürfen nur eine einzige Ader aufnehmen, Verbindungsklemmen sind zum Zusammenschluss mehrerer Adern bestimmt; für bewegliche Leiterenden werden Mantelklemmen mit Abquetschschutz empfohlen. Alle derartigen lösbaren Klemmstellen müssen zugänglich bleiben. Die maximal zulässige Leiteranzahl/maximalen Querschnitte laut Vorschriften/Herstellerangaben sind zu beachten.

VDE 0100-520, VDE 0609, VDE 0613

4.26 Ja, bei folgenden Ausnahmen müssen die Leiterverbindungen nicht zugänglich sein:

- Muffen in erdverlegten Kabeln,
- Muffen, die mit Isoliermasse verfüllt werden,
- Muffen in gekapselter Ausführung,
- Anschlussverbindungen von Heizleiterelementen in elektrischen Heizsystemen in Decken und Fußböden u. ä.

Alle anderen Verbindungen müssen zum Zwecke der Besichtigung, für Prüfungen und Wartungsarbeiten grundsätzlich zugänglich sein.

Werden Aderenden von beweglichen Leitungen gegen Abspleißen oder Abquetschen einzelner Drähtchen geschützt, dann ist zu beachten, dass Löten, Schweißen und das Verwenden von Lötkabelschuhen verboten sind, falls die Anschlussstellen „betrieblichen Erschütterungen" ausgesetzt sind, beispielsweise bei Bügeleisen. Hier ist also nur Verpressen in Ader-Endhülsen oder (schonendes) Verklemmen in Mantelklemmen (mit Abquetschschutz) erlaubt.

VDE 0100-520, s. auch VDE 0700-1

4.27 Das ist ausnahmsweise erlaubt. Neben Kunststoffschläuchen dürfen spezielle Metallschläuche zum Schutz feindrähtiger flexibler Leitungen verwendet werden. Sie müssen in eine Schutzmaßnahme einbezogen sein; das Benutzen als Schutzleiter ist aber verboten (Ausnahme: speziell geprüfte Metallschläuche).

Die Anschlussleitungen und die Anschlüsse selbst sind außerdem so zu wählen, dass sie insbesondere den Schwingungsbeanspruchungen gewachsen sind. Begrenzt bewegliche Betriebsmittel (z. B. Waschmaschinen, Elektroherde, Speicherheizgeräte, Motoren) sind über bewegliche Leitungen mit der festen Installation mittels Geräteanschlussdosen oder Steckvorrichtungen anzuschließen.

VDE 0113

4.28 Er muss darauf achten, dass

- die Maschine die dem Aufstellungsort entsprechende Schutzart hat (z. B. IP44 gegen das Eindringen von Sand und Wasserspritzern), wie etwa in landwirtschaftlichen Betrieben oder auf Baustellen;
- die Maschine genügend Kühlluft erhält;
- das Leistungsschild auch nach der Aufstellung gut sichtbar ist;
- die Maschine gefahrlos bedient und gewartet werden kann;
- alle Schalter und zum Schalten dienenden Steckvorrichtungen vom Standort des Bedienenden aus leicht erreichbar sind. Messungen sind für Maschinen nach VDE 0701 und für Installationen nach VDE 0100-600 auszuführen.

VDE 0100-510, -550, -704

4.29 Ja, als bewegliche Leitungen müssen mindestens mittlere Gummischlauchleitungen H07RN-F (früher: NMHöu), bei hohen Verdrehungs- und Knickbeanspruchungen aber z. B. die Sonder-Gummischlauchleitungen NMHVöu verwendet werden. Stecker und Kupplungsdosen müssen aus Isolierstoff bestehen.

VDE 0100-559, -706 sowie VDE 0282

s. auch VDE 0298-3

4.30 Zunächst fällt die unterschiedliche Schreibweise der Spannungen auf. Nach den geltenden VDE-Bestimmungen sind beide Spannungsangaben zulässig. Die höhere Spannung ist die verkettete Spannung, also die Spannung zwischen den Außenleitern (L1–L2, L2–L3 und L3–L1), die niedrigere ist die Spannung zwischen Außenleiter und Neutralleiter (L1–N, L2–N und L3–N).

Bei der Nennspannungsangabe 230/400 V handelt es sich um die neue, weltweit genormte Nennspannung.

A 4

Da das Toleranzband des Durchlauferhitzers von $^{+6\,\%}_{-10\,\%}$ einen Spannungsbereich von +6 % = 233/402 V und –10 % = 198/352 V zulässt, kann der Durchlauferhitzer ohne Bedenken angeschlossen werden.

4.31 Beides ist zulässig; bei festem Anschluss ist aber ein besonderer Schalter (oder eine Sicherung) erforderlich, damit die Primärwicklung leicht, d. h. ohne Werkzeug, abtrennbar ist, z. B. bei Isolationsmessungen der Anlage.

Dasselbe gilt auch für den Anschluss anderer Geräte, die ständig unter Spannung stehen, also Antennenverstärker, elektrische Uhren u. dgl.

VDE 0100-600

4.32 Durch die Erde ist nur die Fortleitung von – kurzzeitigen – Fehlerströmen (z. B. bei Körperschluss) erlaubt, und zwar über geeignete Erdungsanlagen. Die „Rückleitung" der Betriebsströme muss in allen Fällen durch einen besonderen, in der Regel wie die Außenleiter isolierten Neutralleiter (Seil, Schiene, Ader, konzentrischer Leiter) erfolgen.

Bei Kabeln sind dafür auch gut leitende Metallmäntel (Cu oder Al) zulässig; wenn sie als PEN-Leiter dienen, ist eine gute Erdung sogar vorgeschrieben.

Bei isolierten Leitungen dagegen dürfen Metallmäntel, -rohre und -schläuche, Schirmgeflechte, Beidrähte, Tragseile, Spannseile u. dgl. nicht einmal als alleinige Schutzleiter (geschweige denn als Rückleiter) dienen.

VDE 0100-410 u. -540

4.33 Die Betriebsmittel sind dazu in Schutzklassen eingeteilt:

1. Ein Gerät der Schutzklasse I ist zum Anschluss an einen Schutzleiter bestimmt. Gegen die Folgen eines Isolationsfehlers kann also eine der Schutzmaßnahmen, die mit Schutzleiter arbeiten, vorbeugen. Es trägt in der Nähe seiner Schutzleiteranschlussklemme deutlich das Erdungszeichen ⏚ nach DIN 40 011.
2. Ein Gerät der Schutzklasse II hat keinen Schutzleiteranschluss. Es ist statt dessen schutzisoliert und demnach unabhängig von jeder anderen Schutzmaßnahme geschützt. Es wird durch das Symbol ⧈ gekennzeichnet (s. Antwort 5.3).

3. Ein Gerät der Schutzklasse III ist für den ausschließlichen Betrieb mit Kleinspannung gebaut. Die Aufschrift der Nennspannung und der besondere Stecker weisen darauf hin, dass es nur an Schutzkleinspannung (SELV) angeschlossen werden darf (Kennzeichen ⟨III⟩).

VDE 0106-1 sowie VDE 0700-1

4.34 Der Kleinverteiler muss das Kennzeichen für Hohlwanddosen tragen, da er in die Hohlwand des Fertighauses eingebaut werden soll. Das gilt auch für Verbindungs- und Gerätedosen. Das Kennzeichen sagt aus, dass der Verteiler die Prüfanforderungen für Hohlwanddosen erfüllt und die Montage in Hohlwänden erlaubt ist.

VDE 0606-1

4.35 Ja, aber nur, wenn der Verteiler mit 12 mm dickem Silikatfasermaterial umhüllt wird. Die Einbettung des Verteilers in Glas- oder Steinwolle ist ebenfalls zulässig; es muss dann ein Abstand zu brennbaren Baustoffen von 100 mm eingehalten werden. Luftdichte und wärmebrückenfreie Elektroinstallationen sind auf jeden Fall zu berücksichtigen.

VdS 2023:2001-08, Elektroplus

4.36 Da die Leitungen in den Hohlwänden meist nicht befestigt werden können, müssen die Anschlussstellen von Schub- und Zugkräften entlastet werden. Die Installationszonen gemäß DIN 18015 müssen auch bei Installationen in Hohraumwänden beachtet werden.

VDE 0100-520-521.15.6

4.37 Nein, Stegleitungen sind für Hohlwände nicht erlaubt. Es dürfen nur Leitungen mit einem flammwidrigen Außenmantel aus PVC o. ä. Kunststoffen (z. B. NYM) verlegt werden.

VDE 0100-730.4.7

4.38 Nein, in diesem Fall ist das nicht zulässig. Für die genannte Verbindungsdose sind nur 5 Klemmen und maximal 15 Leiter (1,5 mm^2) erlaubt. Es muss also eine größere Verbindungsdose gewählt werden.

Der Leiterquerschnitt und die Anzahl der Klemmen sowie die Anzahl der Leiter müssen auf der Verbindungsdose angegeben sein.

VDE 0606

4.39 Man unterscheidet folgende Verlegearten:

- ohne Befestigungsmaterial,
- mit Schellen (befestigt) offen verlegt,
- im Elektroinstallationsrohr,
- im zu öffnenden Elektroinstallationskanal (Sockelleisten und Unterflur-Fußbodenkanäle zählen ebenfalls hierzu),
- im geschlossenen Elektroinstallationskanal,
- in Kabelpritschen, -wannen und Auslegern,
- auf Isolatoren,
- mit Tragseilen.

In wärmegedämmten Wänden siehe VDE 0298-3.

VDE 0100-520, Tabelle A.52.1

4.40 *Blanke Leiter*

dürfen nur auf Isolatoren verlegt werden. Diese Art der Verlegung wird in erster Linie für Sammelschienenleiter und Freileitungen verwendet.

Isolierte Leiter (Aderleitungen)

dürfen in Elektroinstallationsrohren und -kanälen sowie auf Isolatoren verlegt werden. Zu öffnende Kanäle dürfen sich nur mit Werkzeugen oder unter besonderer Anstrengung öffnen lassen.

Kabel und Mantelleitungen

- einadrig: Als Verlegearten sind zulässig: offen verlegt und mit Schellen befestigt, in Elektroinstallationsrohren und -kanälen, auf Kabelpritschen und -wannen verlegt sowie mit Tragseilen verbunden.
- mehradrig: Mit Ausnahme der Verlegung auf Isolatoren sind alle Verlegearten erlaubt, also: ohne Befestigungsmaterial, mit Schellen offen verlegt, in Elektroinstallationsrohren und -kanälen, auf Kabelpritschen, -wannen und Auslegern sowie mit Tragseilen.

Bei Kabeln und Mantelleitungen gibt es im Gegensatz zu den Aderleitungen keine besondere Anforderung an den Schutz bei zu öffnenden Kabelkanälen; Kabel und Mantelleitungen gelten in der Regel als schutzisoliert.

VDE 0100-520, Tabelle A.52.1

4.41 Zum Schutz bei Überlast und Kurzschluss können Sicherungen, Leitungsschutzschalter (MCB) und Leistungsschutzschalter (MCCB) verwendet werden.

VDE 0100-430-432.1

4.42 Schutz bei Überlastströmen muss durch folgende zwei Bedingungen erfüllt werden:

$$I_B \leq I_n \leq I_Z$$

$$I_2 \leq 1{,}45 \cdot I_Z$$

mit I_B: Betriebsstrom des Stromkreises
I_n: Bemessungsstrom der Schutzeinrichtung
I_Z: zul. Strombelastbarkeit der Leitung
I_2: Strom, der eine wirksame Abschaltung in der festgelegten Zeit sicherstellt.

VDE 0100-430-433.1, [10]

4.43 Kurzschlussströme bis 5 s können durch die folgende Gleichung berechnet werden:

$$t = \left(\frac{k \cdot S}{I} \right)^2$$

mit t: Kurzschlussdauer in s
S: Leiterquerschnitt in mm²
I: wirksamer Kurzschlussstrom (Fehlerstrom) in A
k: Materialbeiwert für PVC-Isolierung 115 $\frac{\mathrm{A}\sqrt{\mathrm{s}}}{\mathrm{mm}^2}$

VDE 0100-430-434.5.2, [10]

4.44 Der Kurzschlussstrom kann durch Berechnung nach DIN EN 60909-0 oder Messung ermittelt werden [13].

4.45 In Niederspannungsanlagen müssen der einpolige minimale und der dreipolige maximale Kurzschlussstrom berechnet werden. Der einpolige Kurzschlussstrom wird für die Schutzmaßnahme Schutz durch Abschaltung und der dreipolige Kurzschlussstrom für die Kurzschlussfestigkeit der Anlage und das Bemessungsausschaltvermögen der Überstromschutzeinrichtungen herangezogen.

VDE 0102.1.1

4.46 Bei Überlast kann die Schutzeinrichtung am Anfang oder am Ende und bei Kurzschluss muss am Anfang der Leitung eingebaut werden.

VDE 0100-430-433.2.1 und 433.2.2

4.47 Wenn eine Schutzeinrichtung parallelgeschaltete Leitungen gegen Überlast schützt, dürfen in den parallelgeschalteten Leitungen keine Abzweige und Einrichtungen zum Schalten und Trennen vorhanden sein.

VDE 0100-430-433.4

4.48 Wenn eine Schutzeinrichtung parallelgeschaltete Leitungen gegen Kurzschluss schützt, muss das Bemessungsausschaltvermögen dieser Schutzeinrichtung ein wirksames Ansprechen an jedem Ort der Leitung sicherstellen. Für mehr als zwei parallelgeschaltete Leitungen müssen am Anfang und Ende der Leitung Kurzschluss-Schutzeinrichtungen vorgesehen werden.

VDE 0100-430-434.4, -434.5

5 Erdungsanlagen · Schutzleiter · Schutzpotentialausgleich · Fundamenterder

VDE 0100-540, DIN 18014

A 5

5.1 Die Arten von Verteilungssystemen werden nach zwei Hauptmerkmalen eingeteilt:

- nach Art und Anzahl der aktiven Leiter, z. B. Einphasen-2-Leiter-Systeme, Drehstrom-4-Leiter-Systeme;
- nach Art der Erdverbindungen, z. B. IT-System, TN-System.

Zur einfachen Kennzeichnung der Erdverbindungen der unterschiedlichen Systeme werden als Kurzzeichen Buchstaben verwendet.

Der erste Buchstabe bezeichnet die Beziehung des Versorgungssystems zur Erde. Unter Versorgungssystem ist dabei die Stromquelle, z. B. der Generator, der angeschlossene Transformator oder die Batterie, zu verstehen. Es bedeuten:

T direkte Verbindung eines Punkts zur Erde (*frz.* Terré = Erde). In den meisten Fällen wird dies der Sternpunkt eines Generators oder Transformators sein;

I dass entweder alle Teile von Erde getrennt (*frz.* Isolé = isoliert) oder über eine Impedanz mit Erde verbunden sind. Die Impedanz kann z. B. die Messimpedanz eines Isolationsüberwachungssystems sein.

Mit dem zweiten Buchstaben wird die Beziehung der Körper der elektrischen Anlage zur Erde gekennzeichnet:

T direkte Erdung des Körpers unabhängig von evtl. bestehenden Verbindungen des Versorgungssystems zur Erde (*frz.* Terré = Erde);

N direkte Verbindung des Körpers mit dem geerdeten Punkt des Versorgungssystems (*frz.* Neutré). In den üblichen Wechselstrom- und Drehstromnetzen der NB ist dieser Punkt der Sternpunkt des Netzes.

VDE 0100-100.312.2

5.2 Die ersten beiden Buchstaben sagen aus, dass das Versorgungssystem (die Stromquelle) direkt geerdet ist und dass die Körper der Anlage mit dem geerdeten Punkt des Versorgungssystems verbunden sind. Die weiteren Buchstaben S und C geben an, wie diese Verbindung mit dem geerdeten Punkt des Versorgungssystems ausgeführt ist:

S (frz. Séparé = einzeln, gesondert),
C (*frz.* Combiné = kombiniert).

TN-C-System: Neutralleiter- und Schutzleiterfunktionen sind im gesamten System in einem einzigen Leiter, dem PEN-Leiter, zusammengefasst (früher: „klassische Nullung").

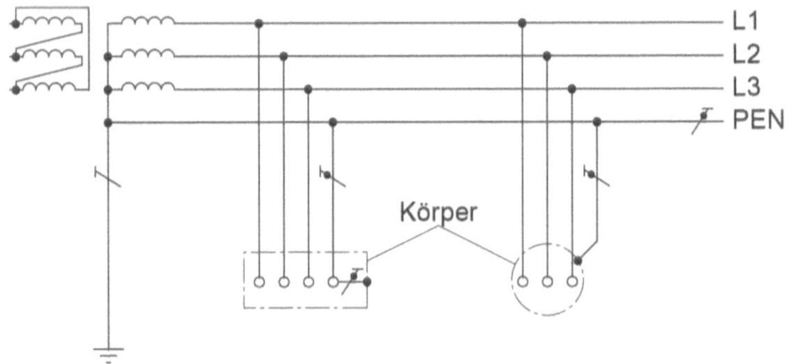

TN-S-System: Neutralleiter und Schutzleiter sind im gesamten System getrennt (früher: „moderne Nulllung").

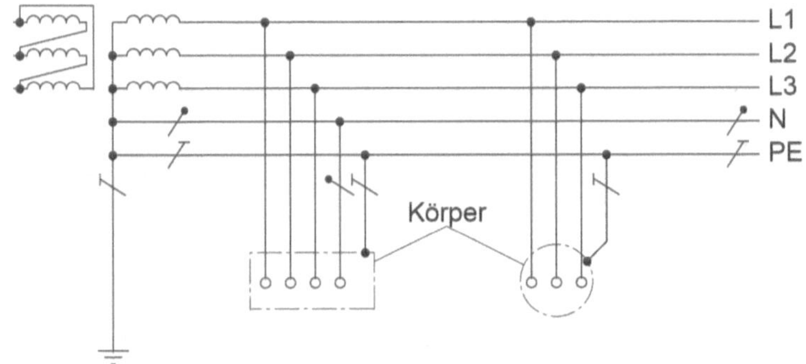

Eine Kombination von beiden Systemen ist in der Praxis wohl am häufigsten anzutreffen, nämlich:

TN-C-S-System: In einem Teil des Systems sind die Funktionen des Neutralleiters und des Schutzleiters in einem einzigen Leiter, dem PEN-Leiter, zusammengefasst, im anderen Teil getrennt (PE + N).

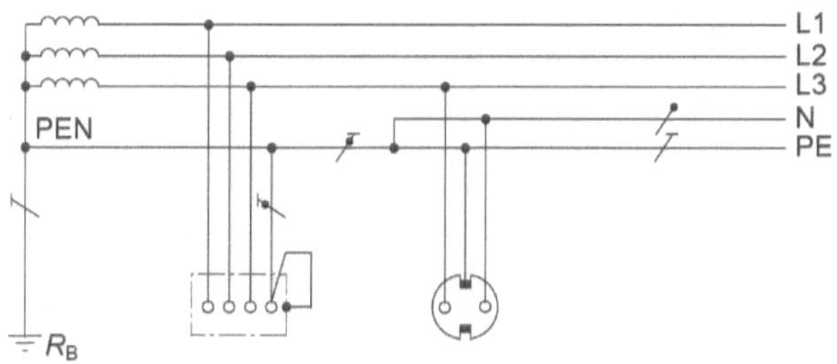

Das TN-C-S-System entspricht dem System der früheren Schutzmaßnahme „Nullung" mit gemeinsamem Mittelpunktleiter/Schutzleiter (Mp/SL), wobei – wie bisher – bei Querschnitten über 10 mm² Cu nicht aufgetrennt wird.

VDE 0100-100.312.2

5.3 Weitere Systemformen sind das

TT-System: Das Versorgungssystem (die Stromquelle) und die Körper der elektrischen Anlagen sind unabhängig voneinander direkt geerdet.

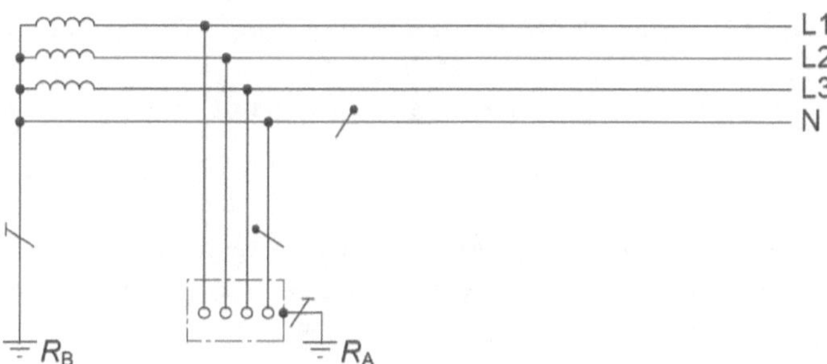

Diese Systemform entspricht etwa dem Netz der früheren Schutzmaßnahme „Schutzerdung" und dem Netz der reinen „Fehlerstromschutzschaltung".

VDE 0100-100-312.2.2, VDE 0100-200, 826.13.09

IT-System: Das Versorgungssystem (die Stromquelle) ist gegen Erde isoliert oder über eine Impedanz mit Erde verbunden. Die Körper sind direkt geerdet.

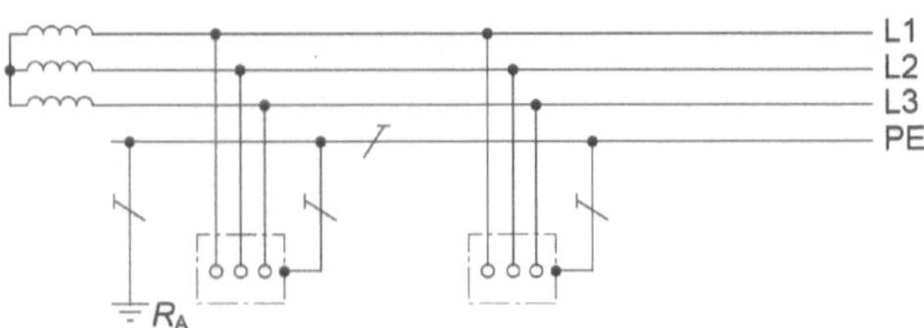

Diese Systemform entspricht etwa dem Netz der früheren Schutzmaßnahme „Schutzleitungssystem".

VDE 0100-100.312.2.3,[10]

5.4 Der Anschluss erfolgt in Strömungsrichtung hinter der Hauptabsperreinrichtung an eine zentrale Hauptschutzpotentialausgleichsschiene, mit der auch die Gas- und Heizungsrohrleitungen über Schutzpotentialausgleichsleitungen verbunden werden.

Hier wird die Erdungsanlage, z. B. der Fundamenterder, angeklemmt, um nicht von den Rohrnetzen abhängig zu sein[1].

VDE 0100-540

5.5 Ja, für den Hauptpotentialausgleich muss der Querschnitt des Potentialausgleichsleiters mindestens halb so groß sein wie der größte Schutzleiterquerschnitt der Anlage, mindestens jedoch 6 mm² Cu. Für Potentialausgleichsleiter sind als ausreichende Obergrenze 25 mm² Cu genannt. Auch der Wasserzähler muss ggf. dauernd gut leitend überbrückt werden.

VDE 0100-540.544.1

5.6 Wegen der mechanischen Festigkeit sind als Mindestquerschnitt 2,5 mm² Cu oder Al[2] bei mechanisch geschützter Verlegung, dagegen 4 mm² Cu oder Al[2] bei mechanisch ungeschützter Verlegung vorgeschrieben.

1 Anpassungspflicht seit 1.10.1990; s. Frage und Antwort 1.31.

2 Das ungeschützte Verlegen von Al-Leitern ist nicht zu empfehlen, weil Al sehr korrosionsgefährdet ist. Zusammen mit mangelnder mechanischer Festigkeit besteht die Gefahr einer Leiterunterbrechung.

Die elektrisch erforderlichen Mindestquerschnitte sind zwischen zwei Körpern gleich dem Querschnitt des kleineren Schutzleiters und zwischen einem Körper und fremden leitfähigen Teilen gleich dem halben Querschnitt des Schutzleiters.

VDE 0100-540.544.2

5.7 Ringerder/Banderder werden möglichst gestreckt verlegt, und zwar in 0,5 m bis 1 m Tiefe, wenn die Bodenverhältnisse dies erlauben. Bei ihrer Bemessung muss bedacht werden, dass sich ihr Erdausbreitungswiderstand mit wechselnder Feuchtigkeit und durch Frost ändert.

Staberder werden senkrecht eingetrieben, mehrere in mindestens doppeltem Abstand ihrer Länge.

VDE 0100-540.542.2

5.8 Es handelt sich um den Fundamenterder. Er ist für alle Neubauten vorgeschrieben, in einigen Bundesländern sogar per Erlass. Die wesentlichen Vorteile des Fundamenterders sind: keine zusätzlichen Erdarbeiten, dauerhafter mechanischer Schutz des Erders, i. Allg. ein günstiger Ausbreitungswiderstand des Erders, Verwendung als Blitzschutzerder möglich. Bei der Einbettung des Fundamenterders sind die Richtlinien des BDEW (Bundesverband der Energie- und Wasserwirtschaft e. V., früher Vereinigung Deutscher Elektrizitätswerke (VDEW)) [15] zu beachten. Wenn die Bodenplatte gegenüber dem Erdreich isoliert ist (weiße Wanne, schwarze Wanne), muss ein Ringerder vorgesehen werden. Der Fundamenterder hat hier keine Wirkung, wird dann als Potentialausgleichsleiter definiert und in Bodenplatte verlegt.

VDE 0100-540.542.2, DIN 18014

5.9 Als Erderwerkstoff dürfen

- Stahl mit einer 70 μm dicken Zinkauflage,
- Stahl mit Kupferauflage (z. B. als Rundstahl) oder
- Kupfer

verwendet werden.

VDE 0100-540, Tabelle 54.1

s. auch VDE 0151 Werkstoffe und Mindestmaße von Erdern bezüglich Korrosion

5.10 Der Anschluss der Erdungsleitung an den Erder muss zuverlässig und elektrisch gut leitend erfolgen. Als Anschluss-Verbindungsmittel dürfen Erdungsschellen, Schraubverbindungen (mindestens M 10), Hülsenverbinder (Kerb- oder Pressverbinder) oder ähnlich sichere Verbindungen angewendet werden. Die Verbindungen müssen gegen Korrosion geschützt sein.

VDE 0100-540.542.2.5

5.11 Nein, dies ist nicht erlaubt, da PEN-Leiter zu den aktiven Teilen eines Netzes zählen. Sie müssen isoliert sein, da sie bereits im normalen Betriebsfall Strom führen.

VDE 0100-540.543.4.4

5.12 Ja, die verschiedenen Erdungs- und Schutzleiter werden zusammen mit allen sonstigen Schutzpotentialausgleichsleitern[1] im Keller an die gemeinsame Potentialausgleichsschiene angeschlossen. Dazu gehören auch die Schutzpotentialausgleichsleiter für Fernmelde- und Antennenanlagen; es ist aber darauf zu achten, dass sie nur an dieser Schiene mit dem Schutz- oder PEN-Leiter der Starkstrominstallation verbunden werden dürfen. In manchen Fällen können zwischen unterschiedlichen Netzen hohe Ausgleichsströme fließen, so z. B. zwischen den Kabelnetzen der Nachrichtenübertragung und denen der Energieversorgung. Hier müssen in Abstimmung mit den Netzbetreibern spannungsabhängige Schutzelemente (Überspannungsableiter) eingebaut werden.

VDE 0800-2 u. VDE 0855-1.10.2 u. 10.3

s. auch VDE 0100-540.542.4

5.13 In der Regel darf man Blitzschutz-, Überspannungs- und Starkstromerdungen zusammenschließen bzw. an der Haupterdungsklemme verbinden. Es ist allerdings zu beachten, dass dadurch keine Spannungsverschleppungen, Berührungs- und Schrittspannungen zustande kommen.

5.14 Diese Gefahr besteht, wenn die elektrische Anlage nicht in ausreichender Entfernung von der Blitzschutzanlage verlegt ist. Gegebenenfalls sind Näherungsstellen durch Überspannungsschutzeinrichtungen zu verbinden. Näheres sagt VDE 0185-305 aus.

Danach brauchen bei Stahlbetonbauten, deren Bewehrungen als Ableitungen verwendet werden, Näherungen zwischen Starkstromanlage und Blitzschutzanlage nicht berücksichtigt zu werden, desgl. bei Stahlskelettbauten. Ausnahme: Anlagen in feuergefährdeten und explosionsgefährdeten Betriebs-

1 s. auch Frage und Antwort 17.11 und 17.12.

stätten. Grundsätzlich muss immer der innere Blitzschutz ausgeführt werden, d. h. es muss immer ein SPD Klasse 1 im Bereich der Gebäudeeinführung installiert werden (z. B. für Strom, Telefon, Kabel-TV/Sat etc.).

5.15 Sie beruht auf dem Ohm'schen Gesetz. Die Erdungsleitung bzw. der zu prüfende Erder werden mit einem Außenleiter über Schalter, einstellbaren Widerstand und Strommesser verbunden. (Es darf nur kurzzeitig, mit kleinem Strom beginnend, belastet werden!) Der gemessene Strom I verursacht am Ausbreitungswiderstand der Erders R_s einen Spannungsfall U. Dieser wird mit einem Spannungsmesser zwischen dem Erder und einer etwa 20 m entfernten Sonde oder dem geerdeten Mittelleiter gemessen:

$$R_S = \frac{U}{I}$$

s. Rechenbeispiele im Anhang A1.1

VDE 0100-600

5.16 Dieser besondere Schutzleiter ist bei der Schutzmaßnahme durch Überstromschutzeinrichtungen im TN-System bei allen Leiterquerschnitten unter 10 mm² Cu erforderlich; der ankommende PEN-Leiter (grün-gelb mit hellblauen Markierungen an den Leiterenden) wird also in Schutzleiter PE (grün-gelb) und Neutralleiter N (hellblau) aufgeteilt. Hinter dieser Aufteilung dürfen beide Leiter nicht mehr miteinander verbunden werden.

VDE 0100-540.543.4.3

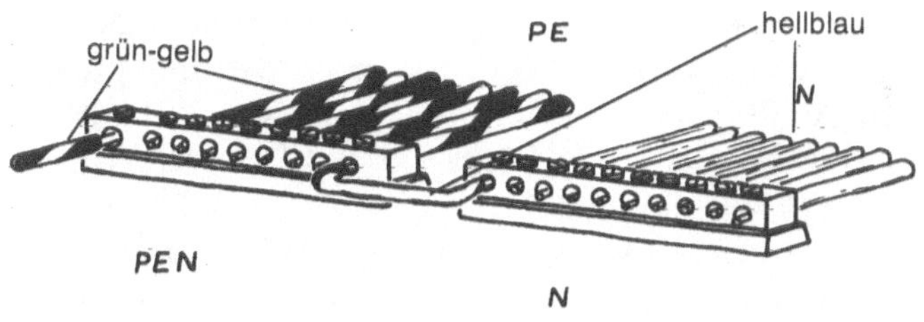

5.17 Ihre Querschnitte müssen bis 16 mm² den Außenleiterquerschnitten leitwertgleich sein. PEN-Leiter müssen in Verbraucheranlagen wie Außenleiter isoliert und mit diesen in gemeinsamer Umhüllung geführt werden. Für den Schutzleiter wird die Isolierung nicht verlangt, er darf getrennt verlegt werden; er ist auch für mehrere Stromkreise gleichzeitig zulässig. PEN-Leiter bzw. Schutzleiter sind am Anfang der Verbraucheranlage in den Potentialausgleich durch Anschluss an die Haupterdungsschiene einzubeziehen.

VDE 0100-540.543.4

5.18 Für bestehende Anlagen mit Querschnitten unter 10 mm² Cu wird eine Nachverlegung von Schutzleitern nicht ausdrücklich gefordert; es ist aber spätestens vom Erweiterungspunkt aus (z. B. von einer Abzweigdose) ein besonderer Schutzleiter mitzuführen. Werden in einer elektrischen Anlage verschiedene Schutzmaßnahmen angewendet, so ist eine gegenseitige Beeinflussung unbedingt zu verhindern.

Bei umfangreichen Erweiterungen sollte die gesamte Anlage der neuen Schutzmaßnahme angepasst werden. Bei Nutzungsänderung/Erweiterungen erlischt der Bestandsschutz, neue Normen sind dann zu beachten.

Hier gelten alle Schutzmaßnahmen in VDE 0100

5.19 Eigentlich nicht, sie enthalten entweder Schutz- und Neutralleiter gemeinsam oder jeweils nur einen von ihnen (Motorenanschluss bzw. Schutzklasse II, früher: Schutzisolierung).

Nur ausnahmsweise darf der Neutralleiter zugleich Schutzfunktion haben (also PEN-Leiter sein), und zwar bei Leiterquerschnitten von mindestens 16 mm² Cu in schweren Gummischlauchleitungen o. dgl., wenn sie fest verlegt sind. Da derartige Leitungen aufgrund ihres großen Querschnitts während des Betriebs nicht bewegt werden, ist die Zusammenfassung von Schutz- und Neutralleiter als PEN-Leiter in Ausnahmefällen zulässig. Zu diesen zählen beispielsweise der vorübergehende Anschluss von Notstromaggregaten, die kurzzeitige Überbrückung von defekten Leitungsteilstücken nach Störungen u. ä. Anwendungen. Voraussetzung ist allerdings, dass kein bewegliches Gerät angeschlossen ist.

Natürlich ist die Ausnahme nicht erlaubt, wenn der besondere Schutzleiter für die Schutzmaßnahme vorgeschrieben ist, z. B. in feuergefährdeten Betriebsstätten.

VDE 0100-540.543.4

5.20 Nein, er belässt den Maschinenanschluss, wie er ist. Hinter der Aufteilung des grün-gelben PEN-Leiters in einen besonderen, ebenfalls grün-gelben Schutzleiter (PE) und einen besonderen, hellblauen Neutralleiter sind Brücken zwischen diesen verboten; der Schutzleiter darf nur im Störungsfall Strom führen, nicht schon beim Betrieb des Gerätes!

VDE 0100-540

5.21 Ja, an ungünstigen Stellen wird der Schleifenwiderstand gemessen: Ein Netz-Prüfstrom bewirkt einen Spannungsfall, aus dem der Abschaltstrom der Sicherung errechnet wird. Moderne Messgeräte arbeiten bei der Schleifenwiderstandsmessung mit pulsartigen Strömen. Aus dem entstehenden Spannungsfall während des Pulses erhält man ein Abbild des Schleifenwiderstands. Eine einfache Umrechnung ergibt dann den Schleifenwiderstand in Ω:

$$R_{\text{Schleife}} = \frac{\text{Spannungsänderung während des Strompulses}}{\text{Stromhöhe des Strompulses}}$$

Wie aus der Gleichung zu erkennen ist, kann eine Spannungsänderung aus dem Netz, die sich zufällig während der Messung addiert oder subtrahiert, zu einer starken Verfälschung der Messergebnisse führen. In VDE 0100-600 wird daher in der Anmerkung zu dem Abschnitt empfohlen, mehrere Messungen durchzuführen und aus den Messergebnissen einen Mittelwert zu bilden.

Moderne Messgeräte bieten weitere hilfreiche Anzeigen, z. B. die Angabe des Abschaltstroms, des maximal zulässigen Bemessungsstroms der vorgeschalteten Überstromschutzeinrichtung. An anderen Stellen genügt es, die niederohmige Verbindung der Schutzleiter festzustellen.

s. dazu Rechenbeispiel im Anhang A1.2

VDE 0100-600.61.3.6

5.22 Der Querschnitt des Erdungsleiters darf nicht kleiner als 6 mm² Kupfer oder 50 mm² Stahl sein.

VDE 0100-540-542.3.1

5.23 In jeder elektrischen Anlage müssen mit der Haupterdungsschiene folgende Leiter verbunden werden:

- Schutzpotentialausgleichsleiter,
- Schutzleiter,
- Erdungsleiter,
- Funktionserdungsleiter.

VDE 0100-540-542.4.1

5.24 Der Querschnitt des Schutzleiters kann entweder nach Tabelle 54.2 ausgewählt oder nach 543.1.2 berechnet werden.

In TN-Systemen muss er die Bedingung für die automatische Abschaltung erfüllen.

In TT-Systemen darf der Querschnitt des Schutzleiters mit 25 mm² Kupfer oder 35 mm² Aluminium begrenzt werden.

VDE 0100-540-543.1.1

5.25 Schutzleiter dürfen sein:

- Leiter in mehradrigen Kabeln oder Leitungen,
- isolierte oder blanke Leiter in gemeinsamer Umhüllung mit aktiven Leitern,
- fest verlegte blanke oder isolierte Leiter, sowie
- metallene Kabelmäntel, Kabelschirme, Kabelbewehrungen, metallene Elektroinstallationsrohre.

VDE 0100-540-543.2.1

5.26 Diese Leiter übernehmen zwei Funktionen, und zwar als Schutzleiter (PE) und als Neutralleiter (N), Außenleiter (L) oder Mittelpunktleiter (M). Diese Leiter dürfen nur in fest installierten Anlagen verwendet werden.

VDE 0100-540-543.4. und 543.5

5.27 In Schutzleitern dürfen die Ströme aus EMV-Gründen 10 mA nicht überschreiten. Sonst muss ein größerer Querschnitt verlegt werden.

VDE 0100-540-543.6 und 7

5.28 Schutzpotentialausgleichsleiter müssen an der Haupterdungsschiene angeschlossen werden und müssen mindestens einen Querschnitt von 6 mm² Kupfer, 16 mm² Aluminium und 50 mm² Stahl haben.

VDE 0100-540-544.1

5.29 Schutzpotentialausgleichsleiter für den zusätzlichen Schutzpotentialausgleich müssen einen Querschnitt mindestens halb so groß wie der Querschnitt des Schutzleiters haben.

VDE 0100-540-544.2.2

5.30 Die Maschenweite des Fundamenterders darf 20 m × 20 m nicht überschreiten. Die Maschenweiten können bei Blitzschutzsystemen anders sein.

DIN 18014-5.1

5.31 Für Fundamenterder wird Rundstahl mit mindestens 10 mm Durchmesser oder ein Bandstahl mit den Maßen von mindestens 30 mm × 3,5 mm verwendet. Diese Maße gelten für Anschlussteile an Fundamenterder und Werkstoffe für Ringerder.

DIN 18014-6.3

5.32 Die Erdungswiderstände von Fundamenterdern liegen in der Praxis unter 1 Ω. Dafür ist aber kein Widerstandswert verlangt: er soll möglichst niederohmig sein und sein Wert stabil bleiben.

5.33 Die Anschlussteile aller Verbindungen untereinander und an Fundament- oder Ringerder müssen einen niederohmigen Durchgang von $< 0{,}2\ \Omega$ haben.

DIN 18014-5.8

5.34 Nach der Errichtung des Fundamenterders muss ein Protokoll über die Durchgangsmessung und Ausführung erstellt und Pläne und Fotografien gefertigt werden.

DIN 18014-7.1

5.35 Der Fundamenterder wird verlegt, um:

- den Schutz gegen elektrischen Schlag zu gewährleisten,
- die Wirkung des Schutzpotentialausgleichs zu verstärken,
- die Potentialsteuerung für das Anwesen herzustellen,
- das Blitzschutzsystem zu erden.

DIN 18014.1

5.36 Der Fundamenterder wird als geschlossener Ring ausgeführt. Er steht großflächig in Berührung mit der Erde. Die Maschenweite darf 20 m × 20 m nicht überschreiten; für Blitzschutzsysteme sind geringere Maschenweiten gefordert. Bei Bauwerksabdichtungen ist die Erdfühligkeit des Fundamenterders beeinträchtigt. In diesem Fall ist er als Ringerder zu installieren.

DIN 18014.5.2

5.37 Als Erderwerkstoff dürfen blanker oder verzinkter Stahl als nichtrostender Stahl oder Kupfer verwendet werden. Die Maße sind für das Rundmaterial mit mindestens 10 mm Durchmesser und für Bandmaterial mindestens 30 mm × 3,5 mm vorgegeben.

DIN 18014.6.1

5.38 Für die Verlegung des Fundamenterders ist die Elektrofachkraft oder Blitzschutzfachkraft verantwortlich. Sie muss die Dokumente erstellen und die Durchgangsmessungen zwischen allen Anschlussteilen und an Fundamenterdern/Ringerdern bzw. Potenzialausgleichsleitern durchführen. Der Widerstandswert muss $< 0{,}2\ \Omega$ betragen.

DIN 18014.5.8 und 7.3

5.39 Der Planung und der Ausführung des Fundamenterders ist besondere Aufmerksamkeit zu schenken, da dieses elektrotechnische Element nach Abbinden des Betons nicht nachrüstbar ist – Versäumnisse und Fehler können dann nicht mehr korrigiert werden. Deshalb ist schon in der Planungsphase des Objekts eine enge Absprache zwischen Architekten, Bauunternehmen, Elektroplanern und den Blitzschutz-/Elektro-Fachfirmen erforderlich.

5.40 Eine Erdungsanlage besteht aus dem Erder, dem Erdungsleiter, der Haupterdungsschiene, dem kombinierten Schutzpotentialausgleich- und Funktionspotentialausgleichssystem und den notwendigen Anschlusspunkten und Verbindungen.

5.41 Die Erdungsanlage muss dauerhaft einen ausreichenden elektrischen Kontakt (Erdfühligkeit) zur Erde herstellen. Erdfehlerströme und Schutzleiterströme müssen ohne Gefahr zur Erde geführt werden.

Außerdem dient die Erdungsanlage:

- den Zwecken und Funktionen einer Erdungsanlage nach VDE-AR-N 4100,
- als Anlagenerder zur Verbindung mit dem Schutzpotentialausgleich über die Haupterdungsschiene nach DIN VDE 0100-540 (VDE 0100-540),
- der Einhaltung der „Spannungswaage“ zur Sicherstellung der niederohmigen Erdung des Neutralleiters (oder des PEN) als Voraussetzung für den Verzicht des Schaltens eines Neutralleiters in Deutschland nach DIN VDE0100-410 (VDE 0100-410) und DIN VDE 0100-460 (VDE 0100-460),
- der Erhöhung der Wirksamkeit des Hauptpotentialausgleichs sowie der Schutzerdung nach DIN VDE 0100-410 (VDE 0100-410),
- der Schutz- und Funktionserdung von Erzeugungsanlagen (z. B. PV-Anlagen nach DIN VDE 0100-712 (VDE 0100-712)) und Speichern nach VDE-AR-N 4105,

- der Schutzerdung in TT-Systemen,
- der Potentialausgleichssteuerung,
- der elektromagnetischen Verträglichkeit (EMV).

5.42 Unter Erdfühligkeit wird der ausreichende elektrische Kontakt eines Erders mit dem Untergrund verstanden, dessen spezifischer Erdwiderstand einen Wert von 1000 Ωm nicht überschreitet.

Eine Erdfühligkeit wird durch die geforderten, heute üblichen Bauweisen von Gebäuden reduziert. Diese sind z. B. Abdichtung von Gebäuden gegen Wasser und Feuchtigkeit, Wärmedämmung des Fundaments, zusätzliche Maßnahmen gegen den Eintritt von Radon gemäß Strahlenschutzgesetz, und Sauberkeitsschicht – Einbringung von kapillarbrechenden Bodenschichten.

5.43 Alle Teile einer Erdungsanlage sind durch Schrauben, Klemmen oder Schweißen zuverlässig elektrisch leitend und mechanisch fest zu verbinden. Schweißverbindungen mit der Bewehrung sind nach DIN EN ISO 17660 in Verbindung mit DIN EN ISO 4063 herzustellen. Jede Schweißverbindung sollte über eine Länge von mindestens 50 mm zusammengeschweißt werden. Alle Klemm- und Schraubverbindungen im Erdreich sind mit einer Korrosionsschutzbinde zu schützen.

5.44 Bei der Werkstoff-Kombination von Erdern ist eine Korrosionsgefahr sehr groß. Bei Fundamenten mit Eisenarmierung ist ein verzinkter Erder im Erdreich nicht zulässig. Im Erdreich muss ein höherwertiger Erderwerkstoff, z. B. V4A Edelstahl zum Einsatz kommen.

Im Allgemeinen können folgende Werkstoffe verwendet werden:

- Rundmaterial mit mindestens 10 mm Durchmesser,
- Bandmaterial mit den Maßen von mindestens 30 mm × 3,5 mm.
- Als Erderwerkstoff dürfen blanker oder verzinkter Stahl verwendet werden.
- Es dürfen auch nichtrostender Stahl sowie Kupferwerkstoffe verwendet werden, sowie
- Kupferseile (blank oder verzinnt), mehrdrähtig, mit einem Mindestquerschnitt von 50 mm^2.

5.45 Die Planung und Prüfung der Erdungsanlage muss durch eine Elektro- oder Blitzschutzfachkraft oder einen Planer mit einer für die vorgesehene Erdungsanlage ausreichenden elektrotechnischen Qualifikation erfolgen.

6 Prüfen elektrischer Anlagen

VDE 0100-600

6.1 Bei der Prüfung elektrischer Anlagen unterscheidet man zwischen Erstprüfungen und Wiederholungsprüfungen, auch wiederkehrende Prüfungen genannt (s. Frage und Antwort 6.17 u. 6.18).

Erstprüfungen müssen vor der ersten Inbetriebnahme einer Starkstromanlage durchgeführt werden. Ziel dieser Erstprüfung ist es, eventuelle Mängel an der elektrischen Anlage festzustellen, bevor es zu einer Gefährdung von Menschen, Nutztieren oder Sachwerten kommen kann. Auch nach Änderung, Instandsetzung und Erweiterung einer elektrischen Anlage muss durch eine Erstprüfung festgestellt werden, ob in der elektrischen Anlage Mängel vorliegen.

Wiederholungsprüfungen werden – mit Ausnahme von Wohnungen – für alle Starkstromanlagen gefordert. Die Zeiträume (Prüffristen) für die Prüfung dieser Anlagen sind in den Bauordnungen der Länder, den Unfallverhütungsvorschriften und in sonstigen Zusatzbedingungen der Sachversicherer zu finden.

VDE 0100-600 Abschnitt 61, DGUV Vorschrift 3

6.2 Die Erstprüfung wie auch die Wiederholungsprüfung umfasst folgende Arbeitsabschnitte:

1. Besichtigen: Dazu zählen beispielsweise auch das Kontrollieren von Abständen und von Sicherheitsbereichen um Betätigungselemente, der richtigen Schottung von Kabeln und Leitungskanälen beim Durchgang durch Brandabschnitte, der richtigen Einstellung von Überstromschutzeinrichtungen sowie die Kontrolle, ob die Kurzschlussfestigkeit der elektrischen Anlage für den Einsatzort ausreichend ist. Außerdem ist festzustellen, ob alle erforderlichen Überwachungs- und Schutzeinrichtungen richtig ausgewählt wurden und richtig eingestellt sind. Durch Besichtigen muss festgestellt werden, ob die geforderte Kennzeichnung der Stromkreise und Betriebsmittel durchgeführt wurde und ob die elektrische Anlage ausreichend mit Schaltplänen dokumentiert wurde.

A 6

2. Erproben und Messen: Mit dem Erproben soll die einwandfreie Funktion der Sicherheitseinrichtungen einer Anlage getestet werden. Das gilt ganz besonders für feuer- und explosionsgefährdete Bereiche, hier muss eine erfahrene, fachkundige Person bestellt werden, die sich mit den besonderen Gefahren auskennt und die Erprobung leitet. Zu erproben sind neben Fehlerstromschutzeinrichtungen (RCDs), Isolationsüberwachungseinrichtungen, NOT-AUS-Schaltern, Sicherheitsverriegelungen und Grenzwächtern auch Melde- und Anzeigeeinrichtungen.
   Durch Messen ist festzustellen, ob Spannungsgrenzwerte, z. B. bei Schutzkleinspannung (SELV), eingehalten werden; ob die Leiterisolation ausreichende Werte aufweist; ob Leiterverbindungen von Schutz- und Potentialausgleichsleitern vorhanden sind; ob Erdungswiderstände hinreichend niederohmig sind und Schleifenwiderstände hinreichend niedrige Werte aufweisen, um nur einige Messaufgaben zu nennen.
   Erproben und Messen sind unter Punkt 61.3 in VDE 0100-600 zusammengefasst.

VDE 0100-600

6.3 Mehrere Abschnitte in VDE 0100-600 beziehen sich speziell auf die Prüfung einzelner Schutzmaßnahmen:

- Prüfung von netzformunabhängigen Schutzmaßnahmen, dazu zählen:
  - Schutzkleinspannung (SELV),
  - Funktionskleinspannung mit sicherer Trennung (PELV),
  - Funktionskleinspannung ohne sichere Trennung (FELV),
  - Schutz durch Verwendung von Betriebsmitteln der Schutzklasse II (Schutzisolierung),
  - Schutztrennung,
- Prüfung von Schutzmaßnahmen im TN-, TT- und IT-System:
  - Prüfung des Hauptpotentialausgleichs,
  - Prüfung der Durchgängigkeit des Schutzleiters,
  - Prüfung der Durchgängigkeit des zusätzlichen Potentialausgleichs,
  - Prüfung der Schleifenimpedanz,
  - Prüfung bei Verwendung der Fehlerstromschutzeinrichtung (RCD),

- Messung des Erdwiderstands,
- Prüfung des Isolationswiderstands,
- Prüfung der Drehfeldrichtung (Rechtsdrehfeld).

VDE 0100-600.61.3

6.4 Der Isolationswiderstand muss zwischen jedem aktiven Leiter und Erde gemessen werden, also auch zwischen dem Neutralleiter und Erde. Für die Messung muss daher der Neutralleiter von Erde, d. h. dem PEN-Leiter, abgetrennt werden. Aus Vereinfachungsgründen dürfen für die Messung die Außenleiter mit dem Neutralleiter verbunden werden, und es darf eine gemeinsame Messung des Isolationswiderstandes erfolgen. Der PEN-Leiter darf bei dieser Messung, da er geerdet ist, als Erdpotential herangezogen werden. Die gemessenen Isolationswiderstände müssen in Abhängigkeit von der Spannungsebene folgende Werte einhalten oder überschreiten:

$\geq 0,25\ M\Omega$ bei Schutzkleinspannung (SELV) und Funktionskleinspannung (PELV) (Messgleichspannung 250 V),

$\geq 1,0\ M\Omega$ bei Spannungen bis einschließlich 500 V (Messgleichspannung 500 V, außer SELV und PELV),

$\geq 1,0\ M\Omega$ bei Spannungen über 500 V (Messgleichspannung 1000 V).

Die meisten Messergebnisse werden weit über diesen Werten liegen. Sollte wider Erwarten ein Messergebnis die vorgegebenen Werte des Isolationswiderstands nicht erfüllen, dann bitte keinesfalls die Augen verschließen und einen geschönten Schätzwert eintragen. Solches Handeln könnte bittere Folgen haben, auch wenn die Zeit der Inbetriebnahme drängt. Also: Messung nun mit einzelnen aktiven Leitern – nach Auflösen des Zusammenschlusses von N-Leiter und aktiven Leiter – wiederholen. Im Fall einer Isolationsminderung durch schadhaftes Material wird sich der Isolationsfehler nun in einem der Leiter finden und beheben lassen. Andernfalls muss, weiter in die Installation hinein gehend, eine erneute Messung an aufgetrennten Installationsabschnitten durchgeführt werden.

VDE 0100-600.61.3.3, Tabelle 6A

6.5 Bei der Messung mit angeschlossenen Verbrauchsmitteln können durch die Messspannung empfindliche elektronische

Bauteile und Entstörbauteile zerstört werden. Grundsätzlich müssen alle Leuchtmittel/Leuchten abgeklemmt sein. Es wird dringend angeraten, alle Verbrauchsmittel vom Stromkreis zu trennen, um mögliche Beschädigungen zu vermeiden.

Wenn es nicht möglich ist, solche elektrischen Betriebsmittel abzuklemmen, darf die Messgleichspannung auf 250 V herabgesetzt werden.

VDE 0100-600.61.3.3

6.6 Hier muss kein Fehler vorliegen, da Rohrheizkörper durchaus einen Ableitstrom von 5 mA haben dürfen. Bei 230 V entspricht das einem Isolationswiderstand von 46 kΩ. Das komplette Gerät darf aber nicht mehr als 10 mA Ableitstrom erreichen, das entspricht bei 230 V einem Isolationswiderstand von 23 kΩ.

VDE 0100-600

6.7 Das ist bei der Isolationsmessung durchaus ein öfters vorkommender Wertebereich. Besonders bei geringen Leitungslängen werden bei guter Isolierung häufig Widerstände im oberen MΩ-Bereich oder sogar im TΩ-Bereich (1 TΩ = 10^{12} Ω) gemessen. Die Tabelle 6A in VDE 0100-600 gibt nur untere Grenzwerte, also Mindestisolationswiderstände, an. Besser darf die Isolation sein, aber nicht schlechter!

VDE 0100-600.61.3.3

6.8 Nach den geltenden VDE-Bestimmungen ist es erlaubt, durch Messen die Wirksamkeit des zusätzlichen Potentialausgleichs festzustellen. Gemessen werden muss, ob alle gleichzeitig berührbaren Körper, Schutzleiteranschlüsse und fremden leitfähigen Teile in den zusätzlichen Potentialausgleich einbezogen wurden.

Zur Messung der Durchgängigkeit des zusätzlichen Potentialausgleichs soll ein Strom von mindestens 200 mA fließen. Die Leerlaufspannung der Stromquelle soll im Bereich von 4 V bis 24 V Gleich- oder Wechselspannung liegen. Dies gilt auch für die Messung des Hauptpotentialausgleichs und für die Durchgängigkeitsprüfungen der Schutzleiter. Ein konkreter Widerstandswert für die Leitfähigkeit der Verbindung wird nicht genannt. Zur Beurteilung sind die üblichen Leitfähigkeitswerte für Kupferleitungen heranzuziehen (siehe Tabelle NA4).

VDE 0100-600.61.3.2

6.9 Auch hier sind die zwei Punkte einer Prüfung anzuwenden (Besichtigen – Erproben und Messen).

Durch Besichtigen muss festgestellt werden, ob die erforderlichen Maßnahmen des Hauptschutzpotentialausgleichs durchgeführt wurden. Zunächst sind alle geforderten Verbindungen mit der Hauptpotentialausgleichsschiene zu kontrollieren. Die Durchgängigkeit des Schutzleiters, des Hauptpotentialausgleichs und des zusätzlichen Potentialausgleichs muss durch Messen überprüft werden. Die Verbindungen folgender Leiter mit der Hauptpotentialausgleichsschiene müssen fachmännisch hergestellt sein:

- Hauptschutzpotentialausgleichsleiter,
- Hauptschutzleiter und alle weiteren Schutzleiterverbindungen,
- Haupterdungsleiter und weitere Erdungsleiter,
- Erder (z. B. Fundamenterder, Blitzschutzerder, Erder von Antennenanlagen),
- metallene Rohrsysteme (z. B. für Heizung, Gas, Wasser),
- metallene Gebäudekonstruktionen.

Außerdem ist festzustellen, ob

- Abtrennvorrichtungen der Erdungsanlage zugänglich sind,
- Maßnahmen gegen Korrosion sowie gegen mechanische und thermische Beschädigungen getroffen wurden,
- der Leiterquerschnitt des Potentialausgleichs richtig dimensioniert wurde.

Eine Erprobung und Messung des Hauptpotentialausgleichs, des zusätzlichen Potentialausgleichs und der Durchgängigkeit der Schutzleiter sind erforderlich.

VDE 0100-600.61.3.2

6.10 Es sind zwei Messverfahren zulässig: das Kompensations-Messverfahren und das Strom-Spannungs-Messverfahren.

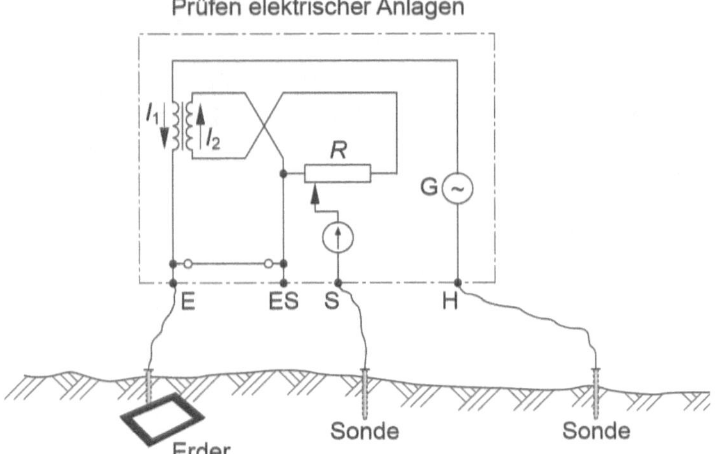

Beim Kompensationsmessverfahren wird über eine im Messgerät erzeugte Fremdwechselspannung (also nicht die des Netzes) ein Stromfluss zwischen dem zu messenden Erdungswiderstand (Anschluss E) und dem Hilfserder (Anschluss H) eingeleitet. Der Wandler ($ü = 1$) erzeugt im Abgleichstromkreis einen gleichgroßen Sekundärstrom I_2. Die Spannung am Abgleichwiderstand ist der Erderspannung phasenmäßig entgegengerichtet. Durch Abgleichen wird die am Widerstand R abgegriffene Spannung gleich der Erderspannung. Im abgeglichenen Zustand ist die Sonde stromlos. Der Widerstand der Sonde hat somit keinen Einfluss auf die Messung. Der zu messende Erdungswiderstandswert ist gleich dem abgegriffenen Teilwiderstandswert und kann nun an der Anzeige des Abgleichwiderstands abgelesen werden.

Die Messfrequenz beträgt je nach Hersteller zwischen 70 Hz und 140 Hz, so dass Einflüsse durch Netzwechselströme weitestgehend unterdrückt werden. Gegen Gleichströme ist in den Sondenteil des Messgeräts ein Kondensator geschaltet, der die Gleichstromanteile sperrt.

Zur Vermeidung von gegenseitigen Einflüssen der Sonden ist bei Staberdern ein Mindestabstand von 20 m zu wählen. Ausgedehnte Erder, wie Ring- oder Strahlenerder, erfordern größere Abstände.

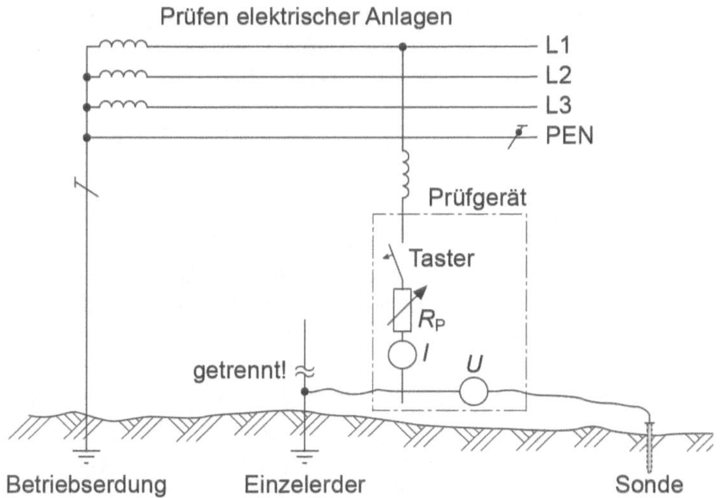

Das Strom-Spannungs-Messverfahren ist eine Möglichkeit, den Erdungswiderstand auf einfache Weise zu ermitteln. Dabei wird über einen Prüfwiderstand ein Stromfluss über den Erder eingeleitet. Durch Messen des Stroms und gleichzeitiges Messen des Spannungsfalls am Erder lässt sich nach dem Ohmschen Gesetz der Erdungswiderstand berechnen. Zur Messung des Spannungsfalls am Erder ist auch hier eine Sonde erforderlich, die sich außerhalb des Einflussbereichs des Erders befinden muss. In der Praxis ergeben sich dabei Abstände bis über 50 m. In bebauten Gebieten ist es schwierig, eine neutrale Zone zu finden. Hier hat sich eine andere Methode bewährt, mit der jedoch nicht direkt der Erdungswiderstand, sondern der Erdschleifenwiderstand bestimmt wird. Zur Feststellung des Erdschleifenwiderstands wird ein Außenleiter über einen Taster oder Schalter, einen Prüfwiderstand und einen Strommesser mit dem zu prüfenden Erder verbunden. Ein hochohmiger Spannungsmesser, zwischen Außenleiter und zu prüfendem Erder angeschlossen, misst die Spannung zwischen Außenleiter und Erder während der beiden Messvorgänge. Zuerst wird die Spannung zwischen Außenleiter und Erder ohne Zuschaltung des Prüfwiderstands festgestellt. Diese Spannung sei mit U_0 bezeichnet. Nun wird mittels Taster oder Schalter über den Prüfwiderstand ein Stromfluss über den Erder eingeleitet. Der dabei fließende

Strom I_E und die nun gleichzeitig gemessene Spannung U_1 sind festzustellen. Diese Werte, in die nachstehende Gleichung eingesetzt, ergeben den Wert des Erdschleifenwiderstands:

$$R_{Sch} = \frac{U_0 - U_1}{I_E}$$

Der Erdschleifenwiderstand ist die Summe der Widerstände des Erders, der Leiterwiderstände und des Betriebserders. Erfahrungsgemäß sind die Widerstände der Leiter und der Betriebserdungswiderstand gering gegenüber dem Einzelerdungswiderstand des zu messenden Erders, so dass das Messergebnis einen guten Anhaltswert für den Widerstand ergibt. Fremdspannungen und Spannungsschwankungen der Außenleiterspannung können einen starken Einfluss auf die Messergebnisse haben. Daher ist diese Methode, verglichen mit dem Kompensations- und dem Strom-Spannungs-Messverfahren mit Messsonde, mit einem großen Messfehler behaftet. Wegen des geringeren Aufwands und des Wegfalls einer separaten Messsonde ist es dennoch weit verbreitet.

Bei der Messung ist Vorsicht geboten, denn der Erder (unbekannter Erdungswiderstand) und an den Erder möglicherweise angeschlossene Anlagenteile sowie der Betriebserder dürfen während der Messung keine Spannungen über 50 V (!) gegen Erde annehmen.

VDE 0100-600, Abschn.5.6.2, sowie VDE 0413-5, 3 u. 7 Anhang B1

6.11 Für den Fehlerschutz (Schutz bei indirektem Berühren) muss eine ausreichend niedrige Schleifenimpedanz zwischen Außenleiter und Schutzleiter sowie zwischen Außenleiter und PEN-Leiter vorhanden sein. Der Nachweis kann erbracht werden durch

- Messung mit einem Schleifenimpedanzmessgerät nach VDE 0413,
- Berechnung,
- Ermittlung an einem Netzmodell bei Nachbildung der gegebenen Netzverhältnisse.

Für die allgemeine Installationspraxis wird in der Regel die Messung und evtl. die Berechnung ausreichen. Nur in sehr seltenen Fällen wird man an einem Netzmodell entsprechende Untersuchungen durchführen.

VDE 0100-600.61.3.6 Anhang B2

6.12 Nein, LS-Schalter mit 3 kA Schaltvermögen sind nicht mehr zulässig, weil sie bei den heutigen leistungsstarken Niederspannungsortsnetzen in vielen Fällen überlastet wären. So sind vor den Hausanschlusssicherungen, besonders in Nähe einer Ortsnetzstation, Kurzschlussströme von 10 kA bis 20 kA und mehr keine Seltenheit. Infolge der Leitungswiderstände bis zu den Unterverteilungen sowie durch den Einsatz strombegrenzender Hausanschlusssicherungen sind dann an den Unterverteilern immerhin noch Kurzschlussströme von einigen kA zu erwarten (s. Anhang A 3.3).

TAB.6.2.4

6.13 Der eigentliche Grund der Messung ist der Nachweis, dass die vorgeschaltete Überstromschutzeinrichtung innerhalb der geforderten Abschaltzeit (0,2 s bzw. 5 s) auch auslöst. Hierfür muss ein entsprechend hoher Kurzschlussstrom zum Fließen kommen, der dann die Auslösung bewirkt. Da mit zunehmendem Abstand von der Einspeisestelle auch der Schleifenwiderstand größer wird, erhält man kleinere Kurzschlussströme. Folglich muss an der entferntesten Stelle des Stromkreises gemessen werden, da dort die Schleifenimpedanz am größten und damit der Kurzschlussstrom am geringsten ist.

VDE 0100-600.61.3.6

6.14 Der Gebrauchsfehler bei den Schleifenwiderstandsmessgeräten darf bis zu ±30 % (!) vom Messbereichsendwert betragen.

Durch den Temperaturanstieg während des normalen Betriebs wird der Schleifenwiderstand zusätzlich erhöht. Lagen z. B. bei der Messung 20 °C vor, so ergibt sich bei der üblichen Betriebstemperatur eines elektrischen Leiters von ca. 80 °C eine Widerstandszunahme von etwa 24 %.

Wird nun bei der Schleifenwiderstandsmessung ein Wert festgestellt, der gerade noch in den Grenzbereich fällt, so muss geprüft werden, ob eine sichere Auslösung der Schutzeinrichtung im ungünstigsten Fall innerhalb der vorgegebenen Zeiten erreicht wird. Im Zweifelsfall ist z. B. eine niedrigere Absicherung der Leitung zu wählen.

VDE 0100-600.61.3.6.3

6.15 Durch das Erzeugen eines langsam ansteigenden Fehlerstromes ist nachzuweisen, dass die RCD spätestens beim Erreichen des Bemessungsdifferenzstromes auslöst. Dabei darf die anlagenabhängige Grenze der Berührungsspannung nicht überschritten werden. Wenn diese Prüfung erfolgreich durchgeführt wurde, so reicht es aus nachzuweisen, dass alle zu schützenden Teile einer Anlage, die durch diese RCD geschützt werden, über einen Schutzleiter zuverlässig miteinander leitend verbunden sind, also auch mit der Stelle, an der die Prüfung erfolgte. Sind mehrere RCDs vorhanden, so müssen die genannten Prüfungen jeweils wiederholt werden.

VDE 0100-600.61.3.7

6.16 Nein, auch bei einer Prüfung darf die Grenze der maximal zulässigen Berührungsspannung nicht überschritten werden. Bei Anwendung moderner Prüfgeräte wird beim Erreichen unzulässiger Werte die Prüfung meistens unterbrochen und eine Fehlermeldung angezeigt.

Unbedingt Geräteunterlagen beachten!

VDE 0100-410, -600

6.17 Mit den regelmäßig wiederkehrenden Prüfungen soll der hohe sicherheitstechnische Stand einer elektrischen Anlage, wie er nach abgeschlossener Erstprüfung vorlag, über die gesamte Betriebszeit hin erhalten werden. So können im Laufe der Betriebszeit durch Abnutzung, Korrosion, Beschädigung, Alterung und durch Änderung der Betriebsweise sicherheitstechnische Veränderungen eingetreten sein. Diese gilt es durch die wiederkehrenden Prüfungen festzustellen und so bald wie möglich – im Gefahrenfall unverzüglich – zu beseitigen. Da bei wiederkehrenden Prüfungen nach einem ähnlichen System wie bei den Erstprüfungen vorgegangen wird, ist die Wahrscheinlichkeit hoch, alle Mängel zu entdecken. Während des laufenden Betriebs der Anlage ist dies selbst durch ständiges Beobachten nicht mit Sicherheit möglich.

VDE 0105-100

6.18 Wird in einer Folgeausgabe der Errichtungsnorm eine Anpassung gefordert, so muss bei der wiederkehrenden Prüfung kontrolliert werden, ob diese Anpassung durchgeführt wurde.

VDE 0105

6.19 Mit der Sichtprüfung sollen beschädigte Teile, stark verschmutzte Isolierteile, die deshalb nicht mehr ausreichend isolieren, sowie beschädigte Gehäuseteile von Geräten der Schutzklasse II erkannt werden. Außerdem muss darauf geachtet werden, dass Auslassöffnungen von Überdruck aufbauenden Geräten den Sollquerschnitt aufweisen und Schutzeinrichtungen nicht blockiert sind.

VDE 0701/0702

6.20 Anschlussleitungen müssen auf äußere Beschädigungen, wie Schnitt-, Kerb-, Abrieb-, Knick- und Quetschmale, hin untersucht werden. Auch eine mögliche alters- und temperaturbedingte Sprödigkeit der Anschlussleitungen ist zu beachten.

Richtige und funktionsfähige Knick- und Biegeschutztüllen sowie eine ordnungsgemäße Zugentlastung müssen durch Besichtigen und durch Handprobe überprüft werden. Eventuelle Leiterbrüche des Schutzleiters sind durch Messung des Leiterwiderstandes zu prüfen. Tritt beim Bewegen der Zuleitung bzw. des Schutzleiters eine Widerstandsänderung auf, so liegt mindestens ein teilweiser Leiterbruch vor. Die Zuleitung muss in diesem Fall ausgewechselt werden.

Der Widerstand des Schutzleiters darf bei handgeführten Elektrowerkzeugen mit Leitungslängen bis zu 5 m maximal 0,3 Ω betragen. Bei festangeschlossenen Werkzeugen mit Leitungslängen über 5 m darf der gemessene Widerstand des Leiters 0,1 Ω je weitere 7,5 m mehr betragen, aber bis maximal 1 Ω.

VDE 0701/0702

6.21 Das kann in solchen und ähnlichen Fällen erforderlich sein, um eindeutige Messergebnisse zu erhalten. Nach dem Ende der Messung muss der Schutzleiter wieder ordnungsgemäß angeschlossen werden.

VDE 0701/0702

6.22 Bei Geräten der Schutzklasse II ist der Isolationswiderstand zwischen den aktiven Teilen (L1, L2, L3 und N) und den berührbaren Metallteilen, bei Geräten der Schutzklasse I zwischen den aktiven Teilen und dem metallenen Gehäuse (⏚) zu messen. Geräte der Schutzklasse I müssen dabei einen Isolationswiderstand von mindestens 1 MΩ und Geräte der Schutzklasse II von mindestens 2 MΩ aufweisen.

VDE 0701/0702

6.23 Nein, es muss noch durch eine Funktionsprüfung festgestellt werden, dass bei bestimmungsgemäßem Gebrauch keine Gefahren von dem Gerät ausgehen und dass keine offensichtlichen Mängel mehr bestehen. Dabei sind auch Herstellerangaben zu beachten.

Nach der Instandsetzung müssen die Geräteaufschriften vollständig vorhanden sein. Bei Änderungen des Geräts sind die Aufschriften zu korrigieren. Der Text „Geprüft nach VDE 0701/0702" bescheinigt dem Benutzer des Geräts, dass die Sicherheit wiederhergestellt ist bzw. noch vorhanden ist, falls es sich um eine Wiederholungsprüfung handelte.

VDE 0701/0702

7 Bade- und Duschräume · Saunen · Schwimmbäder

VDE 0100-701, -702, -703

7.1 Bäder und Duschen gehören zu den Installationsfällen besonderer Art. Nach VDE 0100-701 unterscheidet man:

a) Baderäume und Duschecken in Wohnungen und Hotels
   – Hier tritt nur zeitweise Feuchtigkeit auf; sie gelten daher – in Bezug auf ihre Elektroinstallation – als trockene Räume.

b) bewegliche Bade- und Duscheinrichtungen
   – Schrankbäder und Duschkabinen zählen zu den ortsfesten Verbrauchsmitteln, die begrenzt bewegbar sind; ihre Aufstellung ist an keine bestimmte Raumart gebunden.

c) sonstige Baderäume und Duschräume
   – Hier ist häufig mit gewerblicher Nutzung zu rechnen, z. B. in Badeanstalten oder Krankenhäusern; es sind zusätzlich die Bestimmungen für feuchte und nasse bzw. für medizinisch genutzte Räume zu beachten.

VDE 0100-200, NC.3 Raumarten

7.2 Man unterscheidet in Räumen mit Bade- oder Duscheinrichtungen vier Bereiche:

Bereich 0: Inneres von Bade- oder Duschwanne,
Bereich 1: Raum mit den Außenmaßen der Bade- oder Duschwanne vom Fußboden bis zu 2,25 m Höhe, bei höher angebrachtem Wasserauslass auch höher,
Bereich 2: Raum in 0,6 m Abstand um die Bade- oder Duschwanne, vom Fußboden bis in 2,25 m Höhe.

Für Duschecken ohne eingebaute Duschwanne zählt als Ausgangspunkt die Ruhelage des Dusch- oder Brausekopfs.

Bereich 1: innerhalb eines Radius von 1,2 m.

VDE 0100-701.30

7.3 Vom Sprühbereich spricht man bei Brausen. In der Regel ist das der Bereich 2 (s. Frage 7.5) um Bade- und Duschwannen; er kann auch kleiner sein, wenn er durch Vorhänge oder

Trennwände begrenzt ist. Elektrogeräte sollen möglichst außerhalb des Sprühbereichs angebracht werden; Ausnahmen erfordern mindestens Spritzwasserschutz (Schutzart IPX4).
VDE 0100-701

7.4 Erlaubt sind

- Kunststoffkabel ohne Metallmantel (z. B. NYY) sowie Mantelleitungen (z. B. NYM),
- von den Leitungen für trockene Räume nur die Stegleitungen (z. B. NYIF) und die Kunststoffaderleitungen in nichtmetallenen Rohren (z. B. H07V-U in Isolierstoffrohren ACF). Stegleitungen dürfen bis zu einer Tiefe von 6 cm von der Wandoberfläche nicht verlegt werden.

VDE 0100-701.512.3

7.5 In den Bereichen 1 und 2 sind nur Leitungen erlaubt, die der Versorgung von dort zulässigen, festangebrachten Verbrauchsmitteln dienen. Die Leitungen müssen senkrecht verlegt und von hinten in das Gerät eingeführt werden. Notwendige, im Gerät eingebaute Schalter sind hier ebenfalls erlaubt.
VDE 0100-701.512.3

7.6 In Baderäumen und Duschecken darf keine Leitung einen Metallmantel haben. Die Frage erübrigt sich also.
VDE 0100-701

7.7 Nein, die Grenze liegt noch 25 cm darüber; Badestrahler setzt man selbstverständlich nicht dem Spritzwasser aus.
VDE 0100-701.30.1

7.8 Nein, gegen das Anbringen im Bereich 1 wäre nur dann nichts einzuwenden, wenn das Gerät mindestens der IP-Schutzart IPX4, beim Auftreten von Strahlwasser IPX5, entspricht. Außerdem muss das Gerät über eine Mantelleitung oder ein Kabel versorgt werden. Ferner ist die Zuleitung hier nur senkrecht zu verlegen und muss von hinten in das Gerät eingeführt werden. Eine waagerechte Verlegung von Kabeln und Leitungen ist hier nicht zulässig.
VDE 0100-701.512.3

7.9 Auch dann gelten die Anforderungen, wie sie in der Antwort 7.8 aufgeführt sind.

7.10 Nein, Leitungen, die zur Stromversorgung anderer Räume oder Orte dienen, dürfen nicht durch die Bereiche 0 bis 2 von Bade- und Duschräumen führen.

VDE 0100-701

7.11 Bei Verlegung unter, im und sogar auf Putz auf der Rückseite der Bereiche 1 und 2 muss der Abstand zwischen diesen Leitungen und der Wandfläche im Bade- oder Duschraum mindestens 6 cm betragen. Das gilt auch für den Abstand zu Schaltern, Steckdosen o. dgl. Gehäusen.

VDE 0100-701.512.3

7.12 Nein, das Verbot gilt auch für Einbausteckdosen an Spiegelleuchten.

Steckdosen dürfen nicht in den Bereichen 0 bis 2 angeordnet werden. Außerdem muss eine der folgenden Schutzmaßnahmen angewendet werden: Schutz durch Kleinspannung (SELV), Schutztrennung oder Fehlerstromschutzeinrichtung ($I_{\Delta n}$ ≤ 30 mA). Damit wird nicht gefordert, einen solchen Schutzbereich bei Waschtischen, Geschirrspülen, Toiletten o. dgl. einzuhalten.

VDE 0100-701.512.4

7.13 Ja, sie sind erlaubt, wenn für sie die Schutzmaßnahme Schutz durch Kleinspannung (SELV) mit max. 25 V Nennspannung verwendet wird;

s. auch Frage u. Antwort 5.8.

VDE 0100-701.512.4

7.14 Nein, hier muss noch das Vorhandensein des Schutzpotentialausgleichs im Gebäude über die Haupterdungsschiene geprüft werden.

VDE 0100-701, 415.2

7.15 Er ist mit zugänglichen Klemmstellen anzuschließen

- an die leitfähigen Ablaufstutzen,
- an die leitfähigen Bade- und Duschwannen,
- an die leitfähigen Rohrleitungen (Wasser, Gas, Heizung),
- an den Schutzleiter, falls dies nicht an der Potentialausgleichsschiene geschieht.

VDE 0100-701.515.2

7.16 Der Leiter des zusätzlichen Schutzpotentialausgleichs muss einen Querschnitt von mindestens 2,5 mm² Cu bei geschützter Verlegung und mindestens 4 mm² bei ungeschützter Verlegung haben.

VDE 0100-701.515.2 u. -540

7.17 Ja, sofern die metallene Wasserverbrauchsleitung als Schutzleiter verwendet wurde, ist eine neue leitende Verbindung zwischen dem Schutzleiter und noch vorhandenen Metallrohren herzustellen. Die durchgehende Schutzleiterverbindung bis zur Hauptpotentialausgleichsschiene ist dann wieder aufgebaut. Das gilt besonders für den örtlichen Potentialausgleich im Bade- und Duschbereich. Unter Umständen muss bis zum Schutzleiter eines Verteilers verlängert werden, an dem ein Mindestquerschnitt von 4 mm² Cu zur Verfügung steht.

VDE 0100-410 u. -701

7.18 Zunächst sind die Bedingungen bezüglich der Schutzbereiche der Wanne zu beachten, also der ausreichende Abstand zu (bereits vorhandenen) Leitungen, Steckdosen und Schaltern (mindestens 0,6 m von der geöffneten Tür).

Die gesamte Anlage ist mit einer einzigen beweglichen, mindestens mittleren Gummischlauchleitung H05RN-F oder H07RN-F (früher: NMHöu) über eine ortsfeste Geräteanschlussdose anzuschließen.

Auch hier darf der Schutzpotentialausgleich nicht fehlen; die Körper der Elektrogeräte sind mit der Wanne gut leitend zu verbinden falls diese vorhanden sind.

VDE 0100-701.515.2

7.19 Nein, in Badeanstalten u. dgl. zählen solche Räume zu den feuchten und nassen Räumen; es ist deshalb zusätzlich VDE 0100-701.512.2, zu beachten. Für medizinisch genutzte Baderäume sind außerdem die Bestimmungen in VDE 0100-701 maßgebend.

VDE 0100-701

7.20 Hier ist im Gegensatz zu den privaten Bädern häufig mit Betauung und dadurch entstehender Nässe zu rechnen. Dieser Tatsache wird durch eine höhere IP-Schutzart Rechnung getragen. So ergeben sich für die einzelnen Bereiche von Bädern folgende Festlegungen:

Öffentliche Bäder:

Bereich 0	IPX7	Schutz bei Eintauchen
Bereiche 1 bis 3	IPX5	Schutz bei Strahlwasser

Private Bäder im Wohnbereich mit seltener Betauung:

Bereich 0	IPX7	Schutz bei Eintauchen
Bereiche 1[1] und 2	IPX4 (IPX5)	Schutz gegen Spritzwasser
Bereich 3	IPX1[2]	Schutz gegen Tropfwasser

VDE 0100-702.512.2, Tabelle 702.1

7.21 Ähnlich den Bädern im Wohnbereich gibt es auch bei Schwimmbädern und Schwimmhallen eine Bereichseinteilung, die sich jedoch von der für die Bäder im Wohnbereich unterscheidet.

Bereich 0: innerer Bereich des Schwimmbeckens, außerdem Fußwaschbecken und -rinnen und sonstige üblicherweise wassergefüllte Plansch- und Spielbecken bis einschließlich Oberkante des Beckens, sowie das Volumen unter Wasserfontänen oder Wasserfällen,

Bereich 1: angrenzend an den Bereich 0 bis zu einem Abstand von 2,0 m um den Beckenrand,

Bereich 2: ab 2,0 m um den Beckenrand, also angrenzend an Bereich 1, mit einer Breite von 1,5 m.

Für die Bereiche 1 und 2 gilt eine Höhe von 2,5 m. Sind Sprungtürme, Startblöcke u. dgl. vorhanden, dann erhöht sich der Bereich 1 um die Höhe dieser Einrichtungen bis zu einem Abstand von 1,5 m, der Geometrie dieser Einrichtungen folgend.

VDE 0100-702.30

7.22 Da der Widerstand des menschlichen Körpers bei Feuchtigkeit stark verringert ist, muss mit einer erhöhten Wahrscheinlichkeit gerechnet werden, dass im Fall eines Fehlers eine gefährliche Körperdurchströmung eintritt. Dieser Tatsache wird man mit höheren Anforderungen an die Schutzmaßnahmen gerecht. Innerhalb der Bereiche 0 und 1 darf zum Schutz gegen direktes und bei indirektem Berühren nur die Schutzmaßnahme „Schutz durch Schutzkleinspannung (SELV)" angewendet werden. Dabei

---

1 Tritt Strahlwasser auf, so muss die höhere Schutzart IPX5 verwendet werden.

2 Für Leuchten ist IPX0 ausreichend.

- darf die maximale Nennspannung nur AC 12 V oder DC 30 V betragen,
- muss die Stromquelle außerhalb der Bereiche 0, 1 und 2 liegen,
- muss der Schutz gegen direktes Berühren unabhängig von der Nennspannung der SELV durch Abdeckungen, Umhüllungen (mindestens IP2X) oder durch Isolierung (Prüfspannung 500 V, 1 min) sichergestellt sein.

VDE 0100-702.410.3.101.1

7.23 Nein, in den Bereichen 0, 1 und 2 müssen alle fremden leitfähigen Teile in einen zusätzlichen örtlichen Schutzpotentialausgleich einbezogen werden. Die Schutzleiter von Körpern innerhalb der Bereiche sind ebenfalls mit diesem zusätzlichen örtlichen Potentialausgleich zu verbinden.

VDE 0100-702.415.2

7.24 Ja, folgende Schutzmaßnahmen dürfen nicht angewendet werden:

- Schutz durch Hindernisse,
- Schutz durch Abstand,
- Schutz durch nichtleitende Räume,
- Schutz durch erdfreien örtlichen Potentialausgleich.

VDE 0100-702

7.25 Die Mindestanforderungen an Betriebsmittel bezüglich des Wasserschutzes sind in der nachstehenden Tabelle angegeben:

	Schwimmbad im Freien	**Schwimmhalle mit überdachtem Schwimmbecken**	**kleine Schwimmbecken in Gebäuden**
Bereich 0	IPX8	IPX8	IPX8
Bereich 1 – bei Anwendung von Strahlwasser zu Reinigungszwecken	IPX5 IPX5	IPX5 IPX5	IPX4* IPX5
Bereich 2 – bei Anwendung von Strahlwasser zu Reinigungszwecken	IPX4 IPX5	IPX2 IPX5	IPX2 IPX5

* für kleine Schwimmbecken innerhalb von Gebäuden, bei denen zu Reinigungszwecken kein Strahlwasser eingesetzt wird

VDE 0100-702, Tabelle 702.1

7.26 Ja, es gibt entsprechende Festlegungen.

Grundsätzlich dürfen in den Bereichen 0 und 1 nur Kabel und Leitungen verlegt werden, die ausschließlich zur Versorgung von Geräten dienen, die in diesen Bereichen angeordnet sind. Dabei muss beachtet werden, dass in den Bereichen 0 und 1 keine Verbindungsdosen zulässig sind. Die Kabel und Leitungen dürfen keine metallene Umhüllung haben und auch nicht in metallenen Rohren verlegt werden. Die Installation kann auf oder unter Putz erfolgen.

Für die Verlegung von Kabeln und Leitungen im Bereich 2 wird lediglich bestimmt, dass keine berührbaren Metallrohre verwendet werden dürfen.

VDE 0100-702, 520.522.8.101/102/103

7.27 Sie müssen dem Kunden mitteilen, dass seine praktisch gemeinte Idee leider nicht zu verwirklichen ist, da in den Bereichen 0 und 1 keine Installationsgeräte, wie Schalter oder gar Steckdosen, angebracht werden dürfen. Eine Ausnahme bildet der Bereich 1 in kleinen Schwimmbädern, in denen es aufgrund der räumlichen Abmessungen nicht möglich ist, Installationsgeräte außerhalb des Bereichs 1 anzubringen.

Nur für das Freibad trifft das nicht zu. Der gewünschte Schalter darf erst im Bereich 2, also in mindestens 2 m Abstand vom Schwimmbecken angeordnet werden, und dann auch nur, wenn eine der folgenden Schutzmaßnahmen zusätzlich erfüllt ist:

- Schutztrennung (PELV),
- Schutzkleinspannung (SELV),
- Fehlerstromschutzeinrichtung (RCD, $I_{\Delta n} \leq 30$ mA).

VDE 0100-702.530

7.28 Es gibt spezielle Betriebsmittel, die extra für die Festinstallation im Bereich 0 hergestellt werden (z. B. Unterwasserscheinwerfer). Auch im Bereich 1 dürfen ebenfalls nur festinstallierte Geräte angebracht werden, die für die besondere Verwendung in Schwimmbädern hergestellt sind.

VDE 0100-702.55.101

7.29 Im Bereich 2 dürfen folgende Geräte zusammen mit zusätzlichen Schutzmaßnahmen angebracht werden:

- schutzisolierte Leuchten (Schutzklasse II),
- Geräte mit Schutzleiteranschluss (Schutzklasse I) nur, wenn der versorgende Stromkreis durch eine Fehlerstromschutzeinrichtung (RCD, $I_{\Delta N} \leq 30$ mA) zusätzlich geschützt ist,
- Geräte, die über einen Trenntransformator (Schutztrennung mit je einem Verbrauchsmittel) gespeist werden.

VDE 0100-702.530

7.30 Der Bereich 0 ist nicht für Fußbodenheizungen zugelassen. Erst in den Bereichen 1 und 2 um das Schwimmbecken herum ist eine Fußbodenheizung erlaubt. In den Fußboden eingebettete Flächenheizungen sind nur dann erlaubt, wenn sie ein Metallgitter (z. B. Baustahlmatten) als Abdeckung erhalten oder eine metallene Umhüllung enthalten. Sowohl die metallene Umhüllung als auch das Metallgitter müssen in den zusätzlichen örtlichen Schutzpotentialausgleich einbezogen werden, wobei die Stromquelle für SELV außerhalb der Bereiche 0 und 1 errichtet werden muss oder automatische Abschaltung unter Verwendung einer RCD/30 mA erfolgt.

VDE 0100-702.55.105

7.31 Wie die Baderäume, so sind auch die Saunaräume in Bereiche eingeteilt. Man unterscheidet drei Bereiche:

Bereich 1: unmittelbarer Bereich um den Saunaheizofen bis zu 0,5 m Seitenabstand, vom Boden bis zur kalten Seite der Wärmeisolierung der Raumdecke,

Bereich 2: Volumen außerhalb von Bereich 1, begrenzt durch den Fußboden, die kalte Seite der Wärmeisolierung der Wände und durch eine waagerechte Fläche 1 m über dem Fußboden,

Bereich 3: Volumen außerhalb von Bereich 1, begrenzt durch die kalte Seite der Wärmeisolierung der Decke und der Wände und durch eine waagerechte Fläche 1 m über dem Fußboden; also der Bereich oberhalb von Bereich 2.

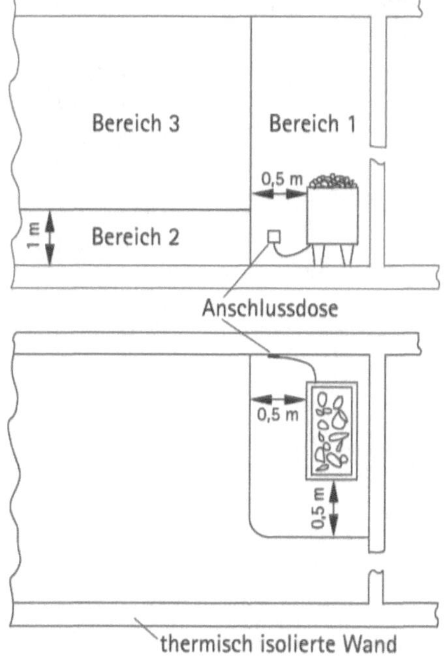

Bereichseinteilung von Räumen und Kabinen mit Saunaheizungen nach der Umgebungstemperatur nach VDE 0100-703

Dass in allen Bereichen nutzungsgemäß erhöhte Temperaturen auftreten, muss bei der Installation beachtet werden. Im Ofenbereich (Bereich 1) sind nur der Saunaofen und die erforderlichen Anschlussleitungen und Einrichtungen zulässig. Im Bereich 3, dem eigentlichen Aufenthaltsbereich der Saunabenutzer, muss mit erhöhten Temperaturbeanspruchungen der Betriebsmittel gerechnet werden. Die Betriebsmittel und Leitungen müssen daher für eine dauernde Umgebungstemperatur von 125 °C gebaut sein und dieser unbeschadet standhalten, die Isolierung der Leitungen muss einer Mindesttemperatur von 170 °C standhalten (VDE 0100-703.512.2). Im Bereich 2 bestehen keine besonderen Anforderungen hinsichtlich der Wärmefestigkeit der elektrischen Betriebsmittel; die besonderen thermischen Einflüsse müssen jedoch beachtet werden. Als Schutzart ist im gesamten Saunaraum mindestens IP24 vorgeschrieben (VDE 0100-703.512.2).

Schaltgeräte und Steckdosen sind im Saunaraum der Heißluftsauna nicht erlaubt (VDE 0100-703.536.5). Zum Schutz gegen elektrischen Schlag ist die Schutzmaßnahme Schutzkleinspannung (SELV und PELV) erlaubt. Unabhängig von der Spannungshöhe ist ein Schutz gegen direktes Berühren anzubringen. Dieser Schutz kann durch Abdeckung, Umhüllung mit der Mindestschutzart IPXXB oder IP2X oder Isolierung mit einer effektiven Prüfwechselspannung von mindestens 500 V für 1 Minute erreicht werden.

VDE 0100-703, VDE 0100-703.411.1.4.3

8 Trockene, feuchte, nasse, heiße Räume · Isolationsmessung

A 8

8.1 Auf, im und unter Putz dürfen Rohre mit dem Kennzeichen „A" verlegt werden, sie sind für mittlere mechanische Beanspruchung geeignet; darüber hinaus bedeutet „AS" die Zulassung für das Verlegen in Stampf- und Schüttbeton. Rohre mit der Kennzeichnung „B" dürfen nicht auf Putz verlegt werden, wohl aber geschützt im und unter Putz.

Rohre aus Kunststoff haben das Zusatzzeichen „C"; außerhalb von Putz, Beton u. dgl. verlegt, müssen sie flammwidrig sein, erkennbar am Zusatzzeichen „CF".

Rohre dürfen aber nur in trockenen Räumen zur Aufnahme von Einzeladern dienen. Wird der Raum „feucht", so müssen im Austausch Feuchtraumleitungen eingezogen oder – falls die Rohre zu eng oder zu verwinkelt sind – neu verlegt werden. Beispiel: Ein bisher „trockener" Maschinensaal oder ein Großbüro soll künftig als Werksküche dienen.

VDE 0100-520 sowie VDE 0605-21

8.2 Für das Verlegen von Stegleitung (NYIF, NYIFY) gilt Folgendes:

- Stegleitung darf nur in trockenen Räumen und nur in und unter Putz verlegt werden. Es muss darauf geachtet werden, dass sie im ganzen Verlauf mit Putz bedeckt ist.
- In Hohlräumen von Decken und Wänden aus Beton, Steinen und nicht brennbarem Mauerwerk darf Stegleitung ebenfalls verlegt werden, sogar ohne Putzabdeckung.
- Die Befestigung der Stegleitung muss so erfolgen, dass eine Beschädigung der Isolierung und eine Formänderung ausgeschlossen werden können. Es eignen sich besonders Gipspflaster, formangepasste Schellen aus Kunststoff oder aus Metall mit Isoliereinlage, Klebeverfahren und Festnageln. Festnageln ist aber nur mit speziellen Nägeln mit einer Unterlegscheibe aus Isolierstoff gestattet.

Einschränkungen zur Verwendung von Stegleitungen ergeben sich aus Sonderbestimmungen (z. B. in landwirtschaftlichen Betriebsstätten, Bereichen im Badezimmer, feuergefährdeten Bereichen).

Grundsätzlich muss bei der Verwendung von Stegleitung auf folgende Punkte geachtet werden:

- Stegleitungen dürfen nicht auf brennbaren Baustoffen verlegt werden. Das gilt für Balken aus Holz u. ä. Baustoffen, auch wenn eine Putzabdeckung aufgebracht wird.
- Das Bündeln von Stegleitungen ist nicht zulässig. Neben einer Beschädigungsgefahr ist mit Erwärmung durch die Bündelung zu rechnen. Das Zusammentreffen mehrerer Stegleitungen beim Einführen in Verbindungsdosen und Verteiler wird nicht als Bündelung angesehen, da es sich nur um sehr kurze Abschnitte im Leitungsverlauf handelt.
- Verbindungen sind – wie sonst auch – nur in Installationsdosen aus Isolierstoff erlaubt.
- Unter Gipskartonplatten sind Stegleitungen nur dann zulässig, wenn für das Befestigen dieser Platten ausschließlich Gipspflaster verwendet werden.
- Vorsicht ist auch bei der Verwendung von Streckmetallen und Drahtgeweben geboten. Hier dürfen Stegleitungen nicht unmittelbar aufliegen oder darunter verlegt sein, weil eine Beschädigung der Isolierung durch diese scharfkantigen Metallteile nicht mit Sicherheit auszuschließen ist. Eine Abstimmung und Zusammenarbeit mit den Fachkollegen aus dem Verputzer- und Malerbereich ist daher dringend erforderlich, denn Streckmetalle und Drahtgewebe werden oft erst nach der Gas-, Wasser- und Elektroinstallation angebracht.

VDE 0100-520.521.10.5

8.3 Sie darf in keinem der vier Fälle verlegt werden. Leitungen an und in Gebäudeaußenwänden zählen zu den Anlagen im Freien und damit zu Anlagen in feuchten und nassen Räumen. Auf Holz darf Stegleitung nicht befestigt werden. Die Mähdreschergarage gehört zu landwirtschaftlichen Betriebsstätten. Eine Weinkellerei ist sogar ein nasser Raum.

VDE 0100-520 .521.10.5

8.4 Nein, in Decken und Fußböden sind Leitungen mit einem Mindestabstand von 20 cm parallel zu den Raumwänden anzuordnen.

In Wänden sollen alle im oder unter Putz liegenden Leitungen in festgelegten Installationszonen nur senkrecht oder waagerecht angeordnet werden, damit ihre ungefähre Lage – ausgehend von den Dosen, Schaltern u. dgl. – jederzeit feststellbar ist. Von der Leitungsführung in den festgelegten Installationszonen darf nur in Ausnahmefällen abgewichen werden.

DIN 18015-3

8.5 In Wänden aus Hohlblocksteinen oder Lochsteinen dürfen Schlitze nur unter bestimmten Voraussetzungen bis 30 mm Tiefe gefräst werden.[1]

In Schornsteinwangen sind Schlitze und Aussparungen überhaupt unzulässig. Hier sind also die Leitungen und Rohre nicht unter, sondern nur im oder auf Putz zu verlegen. Die verminderte Belastbarkeit infolge höherer Umgebungstemperatur oder Leitungsanhäufung ist zu beachten.

VDE 0100-520, VDE 0298-4 u. DIN 18015-1

8.6 In Wänden, Decken oder Fußböden aus Schütt- oder Stampfbeton sowie unmittelbar auf oder unter Drahtgeweben, Streckmetallen o. dgl. dürfen ungeschützt nur solche Leitungen verlegt werden, die den zu erwartenden Beanspruchungen standhalten, z. B. Kabel NYY oder Leitungen in Schutzrohren aus Stahl oder Kunststoffen. Mechanisch schwächere Leitungen, z. B. Stegleitungen, sind hier also verboten.

VDE 0100-520

8.7 Offen verlegte Leitungen im Freien müssen bei größtem Durchhang einen Abstand vom Erdboden von mindestens 4 m, über befahrenem Gelände, Wegen und Plätzen von 6 m haben – einerlei, ob es sich um blanke oder wetterfest isolierte Leitungen handelt.

Für den befahrbaren Teil landwirtschaftlicher Hofräume allerdings dürfen nur Mantelleitungen für selbsttragende Aufhängung NYMZ (mit Zugentlastung) oder gleichwertige Bauarten, z. B. NYMT (mit Tragseil), verwendet werden. Nie-

1 s. auch Anhang A 5.2

derspannungs-Freileitungen müssen jedoch VDE 0211 entsprechen.

Nicht wetterfest isolierte Leitungen sind außerhalb des „Handbereichs" von Fenstern, Balkonen, Baugerüsten, Dächern usw. anzuordnen.

VDE 0100-520 u. -705 sowie VDE 0211

8.8 Ja, sie dürfen im Handbereich angeordnet sein. Mechanische Beschädigung, z. B. durch Abrieb, muss allerdings verhindert werden.

VDE 0211

8.9 Diese Begriffe sind im Teil 200 der VDE 0100 anhand von Beispielen erläutert. Vor Arbeitsbeginn muss dem Installateur bekannt sein, zu welchem Zweck ein Raum verwendet wird, ob z. B. im Hotelzimmer nur an begrenzten Stellen hohe Feuchtigkeit auftritt, der übrige Raum aber trocken ist (dort also in der Regel kein Kondenswasser auftritt). Badezimmer in Hotels und Wohnungen gelten bezüglich der Elektroinstallation als trockene Räume, da hier nur zeitweise Feuchtigkeit auftritt.

VDE 0100-200, NC 3.3

8.10 Ausschließlich für trockene Räume eignen sich:

- Stegleitungen (NYIF, NYIFY);
- isolierte Einzeladern (z. B. H07V-U) im Installationsrohr.

VDE 0298-3.9.2.3

8.11 Küchen innerhalb von Wohnungen gelten als trockene Räume, hier tritt Feuchtigkeit nur zeitweise auf.

Bei Kellerräumen kommt es auf die Heizung und Lüftung an. Nur wenn ein solcher Raum beheizt und belüftbar ist, zählt er zu den trockenen Räumen (weil dann in der Regel kein Kondenswasser auftreten kann). Ist er dagegen entweder nicht beheizt oder kann man ihn nicht belüften, so muss er – in beiden Fällen – als feuchter Raum angesehen werden.

Die restlichen Räume oder Orte gehören i. Allg. zu den trockenen, vorausgesetzt, die Luft in ihnen ist nicht ständig mit Feuchtigkeit gesättigt; sie dürfen also auch nicht dauernd zum Freien hin offen sein.

VDE 0100-200.NC.3.3, NC.3.4

8.12 Als feuchte und nasse Räume gelten Großküchen, Waschküchen, Backstuben, Kühlräume, unbeheizte oder unbelüftbare Keller u. dgl. Dort kann die Sicherheit der Betriebsmittel durch Feuchtigkeit, chemische und ähnliche Einflüsse beeinträchtigt werden. Auch Orte im Freien zählen dazu.

VDE 0100-200 u. -737,

8.13 Zu Räumen, in denen zu Reinigungszwecken Spritz- oder Strahlwasser verwendet wird, zählen z. B. Bier- und Weinkeller, Nasswerkstätten, Wagenwaschräume, Gewächshäuser, ferner Räume oder Teilbereiche in galvanischen Betrieben, Duschecken, Bade- und Waschanstalten.

VDE 0100-200

8.14 In feuchten und nassen Räumen müssen verwendet werden:

- als Leitungen zur festen Verlegung Feuchtraumleitungen mit Kunststoffumhüllung (auch Bleikabel und bleimantellose Kabel sind zulässig);
- als bewegliche Leitungen mindestens mittlere Gummischlauchleitungen (H07RN-F);
- mindestens tropfwassergeschützte Betriebsmittel (Schutzart IPX1); beim Umgang mit Strahlwasser ist die Schutzart IPX4 erforderlich, wobei die elektrischen Betriebsmittel aber nicht zur Reinigung abgespritzt werden dürfen. Sollen die Betriebsmittel dagegen abgespritzt werden, ist eine höhere Schutzart erforderlich (IPX5 oder IPX6);
- strahlwassergeschützte Handleuchten (Schutzart IPX5);
- gegen ätzende Dämpfe und Dünste geschützte Metallteile;
- Steckvorrichtungen mit Isolierstoffgehäusen.

VDE 0100-737.5

8.15 Die Bestimmungen für feuchte und nasse Räume gelten im Wesentlichen auch für Anlagen im Freien. Sind die Anlagen gegen Regen geschützt, d. h. befinden sie sich unter Dächern, Toreinfahrten u. dgl., so genügt bereits der Tropfwasserschutz (Schutzart IPX1). Im Freien installierte Steckdosenstromkreise bis 32 A müssen mit einer RCD ($I_{\Delta n} \leq 30$ mA) geschützt werden.

Sind die Betriebsmittel dagegen ungeschützt der Witterung ausgesetzt, so müssen sie mindestens sprühwassergeschützt sein (Schutzart IPX3).

VDE 0100-200 u. -737

8.16 Ja, keine isolierte Leitung ist geeignet zur Verlegung im Erdreich; hier sind nur Kabel erlaubt. Die Mindestverlegetiefe beträgt 0,6 m, unter Fahrbahnen 0,8 m.

Mantelleitungen dürfen in unterirdisch verlegte Schutzrohre nur eingezogen werden, wenn die Leitung auswechselbar bleibt. Außerdem muss das Schutzrohr mechanisch stabil und so verlegt sein, dass eine dauerhafte Belüftung gewährleistet sowie das Eindringen von Wasser verhindert wird. Diese Art der Leitungsverlegung sollte aber eine Ausnahme bleiben und nur für kurze Strecken verwendet werden.

Für das direkte Einbetten ins Erdreich sind Kabel, z. B. der Bauarten NYY, NAYY und NKBA, bestimmt. Sie können eine mechanische Schutzabdeckung erhalten, müssen aber nicht.

VDE 0100-520

8.17 Zur Unterscheidung von Kabeln und Leitungen: Früher war klar, dass Leitungen nicht direkt im Erdreich verlegt werden durften, während Kabel ausdrücklich für die Verlegung im Erdreich bestimmt waren. International – und vor allem im Englischen – gibt es diese terminologische Unterscheidung jedoch nicht, so dass man sich im Zweifelsfall genau über die Bauart und die Verwendbarkeit des betreffenden Kabels oder der Leitung informieren sollte. Das ist besser, als einen gravierenden Verlegefehler zu machen.

8.18 Ja, wie auch sonst, sind zum Anschluss ortsveränderlicher Geräte alle Leitungen für feste Verlegung verboten.

Von den beweglichen Leitungen sind nur die mittleren und schweren Gummischlauchleitungen (H05RNF-, H07RN-F, NSH u. dgl.) erlaubt; letztere sind, wenn sie ölfest und unentflammbar (. . .öu) sind, auch im Freien zulässig.

Von den Kunststoffschlauchleitungen darf die mittlere (H05VV-F) verwendet werden, aber nur für Haus- und Küchengeräte. Bei Wärmegeräten ist Vorsicht geboten: Kunststoff-Schlauchhülle und -Aderisolierung sind hitzeempfindlich.

Nicht erlaubt – und nur für trockene Räume bestimmt – sind demnach Gummiaderschnüre (H03RT-F), leichte Gummischlauchleitungen (H05RR-F), Zwillingsleitungen (H03VHH, H03VH-Y) und leichte Kunststoffschlauchleitungen (H03VV-F)[1].

VDE 0298-3, Tabelle 4

1 s. auch Tabellen A 9 bis A 11 im Anhang

8.19 Bereits ab 30 °C Umgebungstemperatur ist es notwendig, auf die Minderung der zulässigen Dauerlast normal isolierter Leitungen zu achten. Durch entsprechend kleinere Bemessungen der Überstromschutzeinrichtungen oder Verstärkung der Querschnitte werden die Leitungsverluste ($I^2 \cdot R$) in Grenzen gehalten und damit die Isolierung gegen Überhitzung geschützt; s. auch die folgenden Fragen und Antworten.

Die übrigen Betriebsmittel müssen vom Errichter so ausgewählt werden, dass ihre Bauart der erhöhten Umgebungstemperatur entspricht (Grenztemperatur bei üblichen Schaltern und Steckdosen etwa 100 °C). Beim Einbau ist sicherzustellen, dass die Grenztemperaturen im fehlerfreien Betrieb nicht überschritten werden; nötigenfalls sind besondere Maßnahmen zu ergreifen, z. B. zusätzliches Belüften. Man darf den erlaubten Grenzwert jedoch nie voll ausnutzen, denn auch bei Überlast und Kurzschluss dürfen die auftretenden Temperaturen weder die elektrische Anlage noch ihre Umgebung gefährden. Bei Räumen mit erhöhter Umgebungstemperatur bietet es sich an, Kabel/Leitungen mit 90 °C zu verwenden (halogenfreie Leitungen etc.).

s. dazu Rechenbeispiel im Anhang A 1.6

VDE 0100-510, VDE 0298-4

8.20 Die Leitungsart richtet sich auch hier zunächst nach der Raumart (z. B. trocken oder feucht).

Da die Leitungen – wenn auch nur stellenweise – in heißen Räumen liegen, würde die Isolierung thermisch überlastet, sobald in den Adern Nennstrom fließt. Also darf zwar bis 55 °C normale Kunststoff- oder Gummiisolierung verwendet werden, jedoch ist die Minderung der zulässigen Dauerbelastung zu berücksichtigen; sie beträgt nur noch 60 % bzw. 40 % der normalen Belastung.

VDE 0298-4

8.21 Bei Umgebungstemperaturen über 55 °C sind wärmebeständige Leitungen zu installieren, z. B. Sondergummiaderleitungen (NSGAöu, Grenztemperatur 100 °C) oder Gummiaderleitungen mit erhöhter Wärmebeständigkeit (H05SJ-K, Grenztemperatur 180 °C); letztere sind noch bei 150 °C voll belastbar.

Solche Einzeladern sind allerdings nur in trockenen Räumen zur Verlegung in wärmefesten Rohren zugelassen. Als

Feuchtraumleitungen eignen sich mineralisolierte Leitungen mit Kupfermantel oder Gummischlauchleitungen mit erhöhter Wärmebeständigkeit (z. B. N2GMH2G, Grenztemperatur 180 °C).

VDE 0298-4

8.22 Bezüglich des Isolationswiderstands wird nicht mehr zwischen trockenen, feuchten und nassen Räume unterschieden.

Der Isolationswiderstand muss in Abhängigkeit von der Nennspannung des Netzes bestimmte Mindestwerte aufweisen. Für den Bemessungsspannungsbereich ≤ 500 V muss er 500 kΩ betragen, > 500 V sind 1000 kΩ – also 1 MΩ – gefordert. Lediglich bei SELV- und PELV-Stromkreisen (Schutzkleinspannungs- und Funktionskleinspannungskreisen mit sicherer Trennung) sind 250 kΩ für den Isolationswiderstand ausreichend.

Frühere Erleichterungen für feuchte und nasse Räume sind entfallen.

VDE 0100-600

8.23 Ja, sollte eine solche Anlage den genannten Bedingungen nicht entsprechen, so kann dies an den Ableitströmen der Verbrauchsmittel und der Leitungsanlage liegen. Eine Aufteilung der Anlage in einzelne Abschnitte kann hier für die Gewissheit sorgen, dass keine Isolationsfehler vorliegen. Die Isolationsmessung zeigt dem Errichter der Anlage, ob der sicherheitstechnische Zustand der Isolierung in Ordnung war. In den meisten Fällen liegen die Messergebnisse weit über dem geforderten Wert von 1 MΩ.

VDE 0100-600

8.24 Der Isolationswiderstand muss zwischen jedem aktiven Leiter und Erde gemessen werden. Dabei kann der Schutzleiter und auch der PEN von TN-Systemen als Erde betrachtet werden. Um den Messaufwand zu verringern, kann für die Messung der Neutralleiter mit den Außenleitern des Systems zusammengefasst und dann gemeinsam auf den Isolationszustand hin untersucht werden.

Wenn der zu messende Stromkreis elektronische Einrichtungen enthält, ist eine gemeinsame Messung von Außenleiter und Neutralleiter unumgänglich. Andernfalls riskiert man eine Zerstörung dieser Bauteile. Ein Einbau von Neutralleiter-Trennklemmen ist hier sinnvoll und z. B. auch in Krankenhäusern gefordert nach VDE 0100-710.

VDE 0100-600

8.25 Es ist ein Isolationsmessgerät erforderlich, dessen Messgleichspannung mindestens 500 V beträgt; für Anlagen über 500 V Nennspannung muss die Messgleichspannung 1000 V betragen, wobei das Messgerät wenigstens 1 mA Messstrom liefern muss.

Bei SELV- und PELV-Stromkreisen (Schutzkleinspannungs- und Funktionskleinspannungskreisen mit sicherer Trennung) ist der Isolationswiderstand mit einer Messgleichspannung von 250 V zu messen. Diese Isolationsmessung bei Schutzkleinspannung darf nicht mit der möglichen Erprobung der Spannungsfestigkeit, die mit einer Prüfwechselspannung von 500 V durchgeführt werden muss, verwechselt werden.

VDE 0100-600 sowie VDE 0413-1

8.26 Die Prüfung ist z. B. in Unterrichtsräumen mit Experimentierständen erforderlich. Sie muss an ungünstigen Stellen ausgeführt werden; das Ergebnis darf an keiner Stelle 50 kΩ, bei Nennspannungen über AC 500 V oder DC 750 V jedoch 100 kΩ, unterschreiten.

Ebenso ist vor Anwendung der Schutzmaßnahme Standortisolierung oder bei Arbeiten unter Spannung[1] zu prüfen, ob der Fußboden genügend isoliert ist oder mit Gummimatten o. dgl. abgedeckt werden muss. (Allerdings müssen dann auch alle im Handbereich befindlichen Rohre, Träger, Metallrahmen, feuchten Wände u. dgl. abgedeckt werden.)

VDE 0100-410, -600 u. -723

8.27 Zur Feststellung des Isolationswiderstands von Fußböden und Wänden sind mehrere Messmethoden zugelassen. Je zu prüfende Oberfläche und Ort müssen 3 Messungen durchgeführt werden. Als Spannungsquellen sind zulässig:

1. Gleichspannungsquellen von Isolationsmessgeräten, wie Kurbelinduktoren und batteriebetriebenen Isolationsmessgeräten,
2. Transformator mit sicher getrennter Wicklung,
3. das am Messort vorhandene Netz.

1 s. auch Fragen und Antworten 16.15 bis 16.17

Für die Messung wird eine Messelektrode (eine quadratische Metallplatte mit 250 mm Seitenlänge, genaue Abmessungen in VDE 0100-600, Anhang A) verwendet. Als Zwischenlage für eine gute Kontaktgabe zwischen Elektrode und zu messender Oberfläche dient ein feuchtes Tuch oder ein Papier. Die Elektrode wird mit einer Kraft von ca. 750 N auf den zu messenden Fußboden gedrückt; an Wänden beträgt die Kraft ca. 250 N.

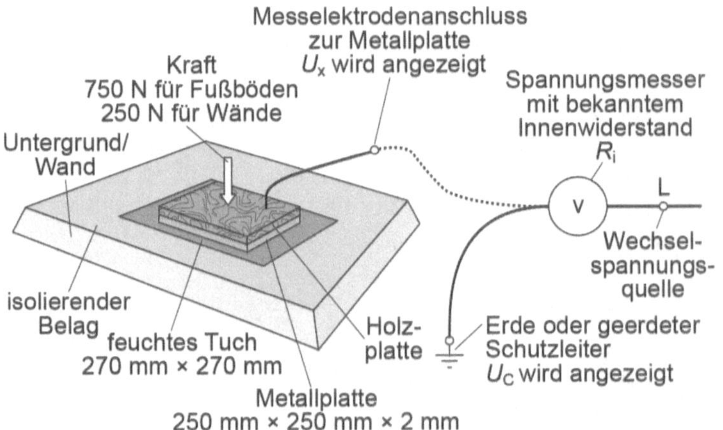

Bei der Messung mit dem Isolationsmessgerät ist eine direkte Ablesung des Isolationswiderstands möglich.

Die Messanordnung nach 2 und 3 beruht auf dem Prinzip der Spannungsteilung. (Bekanntlich verhalten sich bei einer Reihenschaltung die Spannungen wie die Widerstände.) Der Innenwiderstand des Spannungsmessers muss deshalb bekannt sein; er bildet den einen, der Standort-Übergangswiderstand den anderen Teil des Spannungsteilers während der Messung.

VDE 0100-600

9 Baustellen

VDE 0100-704

9.1 Nein, Baustellen im Sinne von VDE 0100 sind Arbeitsplätze auf Hoch- und Tiefbaustellen sowie bei Metallbaumontagen. Dabei ist es einerlei, ob nur ausgebaut, umgebaut, instand gesetzt oder abgebrochen wird.

Nicht als Baustellen gelten dagegen Stellen, an denen lediglich Handleuchten, Lötkolben, Schweißgeräte, Elektrowerkzeuge nach VDE 0740 (Bohrmaschinen, Schleifer, Kreissägen usw.) einzeln verwendet werden.

Die vorgenannte Schlosserarbeit bedeutet also noch keine Baustelle.

VDE 0100-704.1.1

A 9

9.2 Ja, Betriebsmittel auf Baustellen müssen von besonderen Übergabepunkten aus versorgt werden. Das geschieht meist über Baustromverteiler; Wandsteckdosen von Hausinstallationen genügen dazu nicht. Als beste allgemein verwendbare Berührungsschutzmaßnahme gilt hier die Fehlerstromschutzschaltung. Die RCDs ($I_{\Delta n} \leq 30$ mA für Steckdosenstromkreise mit einem Bemessungsstrom bis einschließlich 32 A Wechselstrom; sonstige Steckdosen $I_{\Delta n} \leq 500$ mA) können zugleich die für die Baustellenanlagen vorgeschriebenen Hauptschalter sein. Als weitere Übergabepunkte sind auch Transformatoren mit getrennten Wicklungen oder der Baustelle besonders zugeordnete Abzweige vorhandener ortsfester Verteilungen oder Ersatzstromerzeuger erlaubt.

VDE 0100-704.30.4.41

9.3 Nicht immer. In den Fällen, in denen Schutzkleinspannung (SELV) oder Schutztrennung (PELV) vorgeschrieben ist, z. B. für Handleuchten oder Elektrowerkzeuge in metallenen Kesseln und ähnlichen engen Räumen aus leitfähigen Stoffen, sind diese Schutzmaßnahmen zusätzlich anzuwenden[1]. Außerdem ist die Schutzklasse II, z. B. für ortsveränderliche

1 s. auch Fragen und Antworten 3.8 bis 3.18

Trenntransformatoren, RCDs, Zähler und Verteilertafeln, entweder Vorschrift oder wenigstens empfohlen.

VDE 0100-410.411, 413, VDE 0100-704.411

9.4 Ja, dann muss

- die durchgehende elektrische Verbindung gegen mechanische, chemische und elektrochemische Beeinträchtigungen geschützt sein und
- die Leitfähigkeit mindestens dem Wert eines Kupferleiters von 2,5 mm² Querschnitt entsprechen und
- der Anschluss anderer Schutzleiter an jeder Stelle möglich sein, wo ein Abgang vorgesehen ist.

VDE 0100-704

9.5 Baustromverteiler werden unterteilt in:

- Anschlussschrank,
- Hauptverteilerschrank, Bemessungsstrom mindestens 630 A,
- Verteilerschrank, Bemessungsstrom größer als 125 A, maximal 630 A,
- Transformatorenschrank, Bemessungsstrom größer als 125 A, maximal 630 A,
- Endverteilerschrank, Bemessungsstrom maximal 125 A,
- Steckdosenverteiler, Bemessungsstrom maximal 63 A.

VDE 0660-501

Ausführliche Erläuterungen s. Anhang A 3.5

9.6 Es gibt Baustromverteiler der Schutzklasse II (schutzisoliert), für die besondere VDE-Bestimmungen bei der Herstellung gelten.

Die Metallgehäuse von üblichen Baustromverteilern sind an den Schutzleiter der Fehlerstromschutzeinrichtung (RCD) anzuschließen (ab Einführung der Anschlussleitung bis einschließlich Fehlerstromschutzeinrichtung (RCD) besteht Schutz durch Verwendung von Betriebsmitteln der Schutzklasse II).

Nur wenn der versorgende NB an der Übergabestelle das TN- bzw. TN-S-System mit Sicherheit gewährleisten kann, darf das TN-S-System zusammen mit der Fehlerstromschutzeinrichtung (RCD) angewendet werden. Kann dies nicht gewährleistet werden, so muss ab der Übergabestelle ein

TT-System mit Fehlerstromschutzeinrichtung (RCD) aufgebaut werden.

VDE 0100-410 u. VDE 0100-704.411, 413, 414

9.7 1. Baustromverteiler müssen mindestens entsprechend der Schutzart IP43 gebaut sein (was auch für das Einführen der Leitungen gilt).
2. Schaltgeräte, Anlasser, Transformatoren und Maschinen müssen mindestens der Schutzart IP44 entsprechen; für Wärmegeräte genügt Schutzart IPX4 oder ⚠.
3. Installationsmaterial (Steckvorrichtungen, Schalter und Abzweigdosen) erfordert die Schutzart IPX4 b, w. ⚠. Als Steckvorrichtungen dürfen nur genormte Steckvorrichtungen für erschwerte Bedingungen mit Isolierstoffgehäuse verwendet werden; insbesondere sind für Drehstrom die runden CEE-Steckvorrichtungen vorgeschrieben (s. auch Frage und Antwort 4.12).

VDE 0100-704, VDE 0660-501.7.2

9.8 Für Leuchten ist mindestens die Schutzart IPX3 vorgeschrieben. Handleuchten müssen sogar der Schutzart IPX5 entsprechen. Werden die Leuchten oder Handleuchten allerdings an Schutzkleinspannung (SELV) angeschlossen, so sind diese Schutzarten nicht gefordert.

VDE 0100-704

9.9 Als bewegliche Leitungen sind Gummischlauchleitungen H07RN-F bzw. A07RN-F oder gleichwertige Arten zu verwenden. An besonders beanspruchten Stellen sind sie zu schützen, z. B. durch Hochlegen; dabei darf eine zusätzliche Zugentlastung von Kupplungsstellen nicht vergessen werden.

Für handgeführte Elektrowerkzeuge und Leuchten genügen mittlere Gummischlauchleitungen H05RN-F bei einer maximalen Länge bis zu 4 m; je nach Beanspruchung können auch schwere Gummischlauchleitungen H07RN-F (früher: NSHöu) oder gleichwertige Arten erforderlich sein.

VDE 0100-704.5.5.2, VDE 0282, VDE 0298-3

9.10 Bereits die kleinsten Schränke (25 A) benötigen beim Einsatz in TN-C-Systemen Anschlussleitungen mit einem Mindestquerschnitt von 10 mm^2 Cu, für die Erdungsleitungen werden 16 mm^2 Cu empfohlen.

Die Mindestquerschnitte der Anschlussleitungen für Baustromverteiler in Abhängigkeit des Bemessungsstroms des Schranks ist folgender Tabelle zu entnehmen.

Bemessungsstrom des Schranks A	**Mindestquerschnitt der Anschlussleitung mm^2 Cu**
25 ... 40	10
63	16
100	35
160	50
250	120
400	150
630	2x150

VDE 0100-540 u. -704

9.11 Ja, bei der Anwendung des TN-C-Systems und gleichzeitiger Verwendung von Leiterquerschnitten über 10 mm^2 Cu ist für die Zuleitung von der Übergabestelle zum Baustromverteiler ein vieradriges Kabel zulässig. Da es sich beim 4. Leiter des TN-C-Systems um einen PEN-Leiter handelt, muss der 4. Leiter grün-gelb gekennzeichnet sein[1].

Die Anwendung des TN-C-Systems ist nur dann erlaubt, wenn das Kabel während des Betriebs nicht bewegt wird, der Leiterquerschnitt über 10 mm^2 Cu beträgt und das Kabel zusätzlich gegen mechanische Beschädigung geschützt ist.

VDE 0100-540 u. -704, BGI/GUV-1 608

9.12 Alle RCDs auf Baustellen sollen auch bei winterlichen Temperaturen noch sicher funktionieren und müssen daher für Temperaturen bis –25 °C geeignet sein.

VDE 0100-704

9.13 Für die Prüffristen von RCDs gilt ein Richtwert von einem Jahr durch eine Elektrofachkraft (wichtige Prüfkriterien: Sichtprüfung, Schraubverbindungen, Kennzeichnung, Funktionsprüfung, Prüfung der Schutzmaßnahme, Isolationsprüfung).

BGI/GUV-1 608.5.3.1

9.14 Schutzmaßnahmen mit Fehlerstrom-Schutzeinrichtung (RCD) bei nichtstationären Anlagen sind mindestens einmal im Monat auf Wirksamkeit durch eine Elektrofachkraft oder – wenn

1 s. auch Frage und Antwort 2.10

geeignete Prüfgeräte zur Verfügung stehen – durch eine elektrotechnisch unterwiesene Person unter Leitung und Aufsicht einer Elektrofachkraft zu prüfen.

Zusätzlich muss arbeitstäglich eine Prüfung durch den Benutzer auf einwandfreie Funktion der RCD durch Betätigen der Prüftaste durchgeführt werden.

BGI/GUV-1 608.5.3.1

10 Landwirtschaftliche und gartenbauliche Betriebsstätten

VDE 0100-705

10.1 Landwirtschaftliche Betriebsstätten sind Räume, Orte oder auch Bereiche, in denen durch Feuchtigkeit, Staub oder chemische Einflüsse (Tierausdünstungen, Jauche, chemische Düngemittel usw.) mit einer Beeinträchtigung der Isolierung gerechnet werden muss. Dadurch erhöht sich die Unfallgefahr für Mensch und Nutztier. Bei Vorhandensein leicht entzündlicher Stoffe besteht außerdem erhöhte Brandgefahr.
VDE 0100-200 u. VDE 0100-705.11, 705.20.1

10.2 Nein, die Bestimmungen für landwirtschaftliche und gartenbauliche Betriebsstätten gelten nicht für die elektrischen Anlagen in dortigen Wohnungen. Diese sind nach den allgemeinen Bestimmungen für Hausinstallationen zu behandeln.
VDE 0100-705.11

10.3 Ställe und deren Nebenräume zählen zu den feuchten und den feuergefährdeten Räumen; ferner zählen dazu: Räume für Geflügelhaltung, Scheunen, Häcksellager, Heu- und Strohböden, Tennen, Körnertrocknungsanlagen, Schrotmühlenräume u. dgl.
VDE 0100-200, VDE 0100-705.20.1

10.4 Nein, das ist keine Leitung für feuchte Räume. Hier sind nur Leitungen mit Kunststoffmänteln, z. B. NYM, oder gleichwertige Kabel mit Kunststoffmänteln erlaubt.
VDE 0100-705

10.5 Es gibt folgende Unterschiede:

- Es müssen gekennzeichnete Hauptschalter vorgesehen sein, abschnittsweise oder im ganzen, deren Schaltstellungen erkennbar sind. Als solche können auch Fehlerstromschutzeinrichtungen (RCDs) dienen.

- Eine Trennung von Kurzschlussschutz und Überlastschutz ist nicht erlaubt, alle Überstromschutzeinrichtungen sind also stets am Leitungsanfang anzuordnen.
- Elektrische Betriebsmittel für den normalen Gebrauch müssen der Schutzart IP44 entsprechen. Bei besonderen äußeren Einflüssen sind auch höhere Schutzarten erforderlich[1].

VDE 0100-510 sowie -705

10.6 Das empfiehlt sich in jedem Fall auch ohne besondere Vorschrift.

VDE 0105-15

10.7 In allen Endstromkreisen mit Steckdosen müssen RCD mit einem Bemessungsdifferenzstrom ≤ 30 mA in allen anderen Stromkreisen, ausgenommen Verteiler, ≤ 300 mA installiert werden.

VDE 0100-705.411.1

10.8 Die gesamte elektrische Anlage schützt man zweckmäßig mit Fehlerstromschutzeinrichtungen (RCD). Diese müssen bei max. 0,3 A (bei Steckdosen-Stromkreisen max. 30 mA) Bemessungsdifferenzstrom ansprechen.

VDE 0100-705.411.1

10.9 Nein die Isoliermuffe kann Schäden an Tieren durch elektrischen Schlag nicht verhindern. Daher wird ein umfassender Potentialausgleich aller leitfähigen Teile gefordert und die Einbringung einer Potentialsteuerung in den Standbereich der Tiere empfohlen. Die Potentialsteuerung im Standbereich erfolgt mit dem Anschluss der im Beton befindlichen Baustahlmatten an den Potentialausgleich.

VDE 0100-705.415.2.3

10.10 Das wäre nur im nichtbefahrbaren Teil zulässig, wo mindestens 4 m Leitungshöhe vorgeschrieben sind.

Innerhalb des befahrbaren Teils von landwirtschaftlichen Hofräumen dürfen aber – außer Kabeln mit Kunststoffmänteln (Verlegung im Erdboden!) – nur selbsttragende Mantelleitungen NYMZ oder gleichwertige Bauarten in mindestens 5 m Höhe verwendet werden[2] und sie müssen isoliert sein.

VDE 0100-705-522, VDE 0105-15 u. VDE 0211

---

1 s. auch Frage und Antwort 10.14

2 s. auch Fragen und Antworten 8.7 und 8.8

10.11 Für durchschnittliche Beanspruchung kann Gummischlauchleitung, z. B. H07RN-F, verwendet werden; für schwere Beanspruchung ist aber NSHöu (oder gleichwertiges) vorzuziehen.
VDE 0282-810 u. VDE 0298-3

10.12 Gewiss, soweit sich das für eine bestimmte Polzahl und Stromstärke einhalten lässt. Es müssen stets genormte Steckvorrichtungen sein, und sie müssen alle Isolierstoffgehäuse haben.

Man sollte die Steckdosen dorthin setzen, wo sie frei von leicht entzündlichen Stoffen bleiben und gegen mechanische Beschädigung geschützt sind, z. B. in Mauernischen.
VDE 0100-705, VDE 0623.1.2

10.13 Leuchten müssen durch stabile Kunststoffhüllen, Drahtkörbe oder robuste Glasabdeckungen gegen mechanische Beanspruchungen so geschützt sein, dass eine Beschädigung von Bauteilen und Lampen sicher verhindert wird. Als Handleuchten dürfen nur Bauarten der Schutzklasse II verwendet werden. Die Schutzart muss mindestens IP4X (wenn kein Staub auftritt) oder IP5X (wenn mit Staub gerechnet werden muss) sein.
VDE 0100-705.559, VDE 0105-15

10.14 Wenn kein Staub auftritt und keine besonderen äußeren Einflüsse vorliegen, ist die Schutzart IP44[1] ausreichend. Bei höheren äußeren Einflüssen ist mindestens die Schutzart IP54 zu verwenden.
VDE 0100-705

10.15 Er ist für alle Motoren empfohlen; Vorschrift ist er jedoch für solche Motoren, die selbsttätig geschaltet, ferngesteuert oder nicht ständig beaufsichtigt werden.

12 16 Wärmestrahler werden – falls nicht fest installiert – z. B. an einer starken Kette (nicht etwa an der Zuleitung) sicher aufgehängt, und zwar so, dass sie von den Tieren oder brennbaren Baustoffen allseits mindestens 0,5 m[2] entfernt sind.
VDE 0100-705 u. VDE 0105-15

10.17 Ja, sie dürfen nur in Ställen angebracht werden, deren Bodenbedeckung aus Kurzstreu, Sand o. dgl. besteht.
VDE 0105-15

---

1 Elektrowerkzeug nach VDE 0740 erfüllt bereits die Mindestanforderungen.
2 falls der Hersteller nicht andere Angaben macht

10.18 Ja, wenn die Tierwärmegeräte auf dem Boden liegend betrieben werden, muss das Gerät nach Schutzklasse III (◈) gebaut sein. Die Nennspannung darf zudem höchstens 24 V betragen. Als Schutzart gegen Feuchtigkeit ist bei solchen Geräten IPX6 „wasserdicht (⁛)" gefordert. Ansonsten genügt IPX4 „spritzwassergeschützt (⚠)". Wird das Tierwärmegerät mindestens 50 cm über dem Boden aufgehängt, ist IPX1 „tropfwassergeschützt (🌢)" ausreichend.

Genaue Vorgaben darüber, welche Aufschriften auf diesen Geräten angebracht sein müssen und welche Angaben die Gebrauchsanweisung enthalten muss, sollen ebenfalls zu einem sicheren Betrieb der Geräte beitragen.

VDE 0700-216

10.19 Es muss streng darauf geachtet werden, sie wegen der Gefahr des Stromübertritts getrennt zu halten. Das gilt erst recht für Elektrozaunanlagen.

VDE 0131

10.20 An Wegen sind die für Zäune üblichen Abstände einzuhalten; nach oben zu Freileitungen sind mindestens 5 m erforderlich. Alle 100 m (evtl. öfter) sollen Warnschilder angebracht sein.

VDE 0131

10.21 Ja, Elektrozäune dürfen unter Freileitungen mit Betriebsspannungen bis 1 kV eine Bauhöhe von 2 m nicht überschreiten, bei Freileitungen mit Betriebsspannungen über 1 kV darf die Bauhöhe nur 1,50 m innerhalb eines beiderseitigen Schutzstreifens von 10 m betragen.

VDE 0131

10.22 Nein, selbst die Annäherung solcher Zuleitungen an Freileitungen mit Betriebsspannungen bis 1 kV darf 2 m nach keiner Seite unterschreiten. Bei Hochspannungsfreileitungen muss der waagerechte Abstand der Zuleitungen vom äußersten Leiter mindestens 10 m betragen.

VDE 0131

10.23 Die zu erdende Anschlussklemme des Zaunstromkreises wird mit einem besonderen Betriebserder verbunden. Sein Erdungswiderstand ist nicht vorgeschrieben; der Erder muss aber mindestens 0,5 m tief im feuchten, möglichst bewachsenen Erdreich liegen, von anderen Erdungen mindestens 10 m entfernt.

An die andere Klemme werden die Zaunleitung und ihre Überspannungsschutzeinrichtung angeschlossen; ein Mindestisolationswiderstand (s. Betriebsanleitung) ist aus der einwandfreien Funktion der eingebauten Kontrollgeräte ersichtlich.

VDE 0131

10.24 Folgendes ist zu beachten:

- Zaungeräte für Außenbetriebsanlagen dürfen nicht in feuergefährdeten Räumen, z. B. Scheunen oder Stallungen, angebracht werden.
- Die Zaunzuleitung muss am Gebäude-Austritt mit einer Funkenstrecke o. dgl. versehen sein (auf feuerhemmendem Bauteil). Ist ein Blitzableiter vorhanden, sind beide Erdungsleitungen miteinander zu verbinden.
- Netzzaungeräte müssen allpolig abschaltbar sein; in Innenräumen ist dazu eine Steckvorrichtung erlaubt.

VDE 0131

10.25 Nein, ein Zaun darf nur von einem Gerät gespeist werden. (Bei zwei Geräten müssten Spannungsimpulse und -pausen genau synchron auftreten, was nicht erreichbar ist.)

Zwischen zwei Zäunen, die von zwei Geräten versorgt werden, ist sogar ein Abstand von mindestens 2 m vorgeschrieben; ggf. ist die Lücke mit nichtleitendem Material zu schließen.

VDE 0131

10.26 Er sollte ihm klarmachen, dass

- ein Abschalten bei Reinigungsarbeiten noch keinen unbedingten Schutz bietet. Dazu sollte stets allpolig spannungsfrei gemacht werden, am besten durch einen Hauptschalter;
- leichtentzündliche Stoffe, wie Heu und Stroh, von elektrischen Anlagen fernzuhalten sind, um Brände zu verhüten;
- bei mehrmaligem Ansprechen der Überstromschutzeinrichtungen ein Fehler in der Anlage zu vermuten ist und deshalb ein Fachmann zur Überprüfung und zur Beseitigung des Fehlers zugezogen werden muss;
- Mängel an elektrischen Anlagen umgehend durch eine Elektrofachkraft beseitigt werden müssen.

VDE 0105-115

11 Medizinisch genutzte Räume

VDE 0100-710

11.1 Medizinisch genutzte Räume werden nach steigendem Aufwand für die Sicherheit elektrischer Anlagen eingeteilt in

- Gruppe 0 ist ein medizinisch genutzter Bereich, in dem die elektrische Anlage bei Auftreten eines ersten Körper- oder Erdschlusses oder bei Ausfall des allgemeinen Netzes abgeschaltet werden kann und Untersuchungen oder Behandlungen von Patienten abgebrochen und wiederholt werden können. In diesem Bereich werden keine Teile eines medizinischen elektrischen Gerätes angewendet, d. h., Patienten kommen nicht in körperlichen Kontakt mit Teilen von medizinischen elektrischen Geräten.

  Beispiel: Massageraum (auch Gruppe 1)

- Gruppe 1 ist wie bei der Gruppe 0 ein medizinisch genutzter Bereich, in dem die elektrische Anlage bei Auftreten eines ersten Körper- und Erdschlusses oder bei Ausfall des allgemeinen Netzes abgeschaltet werden kann und Untersuchungen oder Behandlungen von Patienten abgebrochen und wiederholt werden können. Hier erfordern jedoch die Untersuchungs- und/oder Behandlungsmethoden zusätzliche Maßnahmen, und in diesem medizinisch genutzten Bereich können Teile eines medizinischen elektrischen Geräts entweder äußerlich angewendet oder in jeden beliebigen Teil des Körpers eingeführt werden (invasiv), ausgenommen bei Anwendungen wie unter Gruppe 2 beschrieben.

  Beispiele: Massageraum (auch Gruppe 0), Bettenraum, Entbindungsraum, ECG-, EEG-, EKG-Raum, Endoskopieraum, Untersuchungs- und Behandlungsraum, Urologieraum, radiologischer Diagnostik- und Behandlungsraum außer Nuklearmedizinraum, Hydrotherapieraum, Physiotherapieraum, Operations-Vorbereitungsraum (auch Gruppe 2), Operations-Gipsraum (auch Gruppe 2), Operations-Aufwachraum (auch Gruppe 2), Hämodialyseraum, Magnetfeld-Behandlungsraum (MRT), Nuklearmedizinraum

- Gruppe 2 ist ein medizinisch genutzter Bereich, in dem die elektrische Anlage bei Auftreten eines ersten Körper- oder Erdschlusses oder bei Ausfall des allgemeinen Netzes nicht abgeschaltet werden darf. Die Untersuchung oder die Behandlung ist für den Patienten gefährlich, eine Wiederholung ist unzumutbar oder die Beschaffung von Untersuchungsergebnissen nicht erneut möglich. In diesem medizinisch genutzten Bereich werden Teile eines medizinischen elektrischen Geräts für intrakardiale Verfahren in Operationssälen oder lebenswichtige Behandlungen eingesetzt, bei denen eine Unregelmäßigkeit (ein Fehler) in der Stromversorgung Lebensgefahr verursachen kann. Auch eine medizinisch genutzte Einrichtung, die nur *gelegentlich* für diese Anwendungen genutzt wird, ist dieser Gruppe zuzuordnen. Unter einem intrakardialen Verfahren versteht man ein Verfahren, bei dem ein elektrischer Leiter – von außen zugänglich – innerhalb der Kardialzone eines Patienten untergebracht wird oder in Kontakt mit dem Herzen kommt. Als elektrische Leiter gelten hier auch isolierte Leiter, wie Schrittmacherelektroden, EKG-Elektroden oder isolierte Schläuche, die mit leitender Flüssigkeit gefüllt sind.

  Beispiele: Anästhesieraum, Operationsraum, Operations-Vorbereitungsraum (auch Gruppe 1), Operations-Gipsraum (auch Gruppe 1), Operations-Aufwachraum (auch Gruppe 1), Herzkatheterraum, Intensivpflegeraum, Angiografieraum, Frühgeborenenraum

Die Definition der Räume/Schutzmaßnahmen sollte im Vorfeld mit der technischen Leitung des Krankenhauses schriftlich festgelegt werden.

VDE 0100-710.30

A 11

11.2 Das festzulegen ist eigentlich nicht seine Aufgabe, sondern Sache seiner Auftraggeber. Aber als erster Anhaltspunkt diene ihm Folgendes:

In Intensivuntersuchungsräumen werden Patienten zwecks intensiver Untersuchung (also nicht: zwecks Behandlung!) gleichzeitig an mehrere medizinische elektrische Mess- oder Überwachungseinrichtungen angeschlossen oder ein derartiges Gerät wird in den Körper eingebracht.

In Intensivüberwachungsräumen (Intensivstationen) unterliegen stationär Behandelte hingegen dem Einfluss spezieller

Geräte (meist vor oder nach Operationen) zwecks Dauerüberwachung oder -pflege (wobei die angezeigten Messwerte auch dazu benutzt werden, ärztlichen oder pflegerischen Einsatz auszulösen).

VDE 0100-710

11.3 Ja, besondere Anforderungen an eine sichere Stromversorgung werden für Räume der Gruppe 2 gestellt. Für die elektrische Versorgung solcher Räume sind eigene Verteiler vorzusehen, die mindestens durch eine Zwischenwand mit eigener Abdeckung vom Verteiler anderer Räume getrennt sind. Das für Räume der Gruppe 2 geforderte IT-System muss über zwei Zuleitungen und diese müssen von besonderen Verteilern versorgt werden können. Selbst die Anschlusspunkte dieser beiden Zuleitungen im Hauptverteiler sind vorgeschrieben. Die erste Zuleitung muss von der Schiene abzweigen, die auch der Sicherheitsstromversorgung dient. Die zweite Zuleitung muss im Hauptverteiler auf die Schiene des Netzes aufgelegt sein. Ist eine weitere Sicherheitsstromversorgung zur Versorgung des IT-Systems vorhanden, so kann diese alternativ verwendet werden. SV-Verteiler müssen sich im gleichen Brandabschnitt wie die zu versorgenden Räume befinden.

VDE 0100-710.411.6

11.4 Nein, wenn in den Räumen lebenswichtige Operationen und Eingriffe vorgenommen werden, muss jeder (!) Raum ein eigenes IT-System erhalten. Die speisenden Transformatoren (nach VDE 0550 gebaut) müssen außerhalb der medizinisch genutzten Räume fest installiert werden. Besondere Anforderungen an die Art des Transformators, die Kabel- und Leitungsverlegung und die Schutzmaßnahmen ergänzen die strengen Maßnahmen zur Versorgungssicherheit.

IT-Transformatoren/Verteiler müssen im gleichen Brandabschnitt sein, mit einer maximalen Bemessungsleistung von 8 kVA je IT-Transformator. Daher ist die Versorgung mehrerer Räume durch die Transformatorleistung nicht möglich.

VDE 0100-710.411.6

11.5 Auch für die Verbraucheranlage innerhalb dieser Gruppe sind strenge Maßstäbe gegeben. Alle Steckdosenstromkreise mit zweipoligen Steckvorrichtungen mit Schutzkontakt sollen möglichst aus dem IT-System gespeist werden. Sind in demselben Raum auch andere Steckdosen vorhanden, die nicht aus dem IT-System gespeist werden, so müssen die Steckdosen des IT-Systems eindeutig gekennzeichnet werden. Jedem Patientenplatz sind mindestens zwei Steckdosenstromkreise zuzuordnen mit nicht mehr als 6 Steckdosen je Stromkreis. Steckdosen, die aus IT-Systemen gespeist werden, müssen eine Kontrollleuchte haben. SV-Steckdosen haben die Farbe grün und BSV-Steckdosen orange.

Allpolig schaltende Leitungsschutzschalter müssen im Kurzschlussfall selektiv gegenüber den vorgeschalteten Schutzeinrichtungen wirken.

VDE 0100-710.55.102

11.6 Grundsätzlich werden stets solche Schutzmaßnahmen gefordert, also auch für medizinisch genutzte Räume. Für Installationen in Räumen der Gruppe 0 sowie für Räume, die außerhalb der medizinischen Nutzung liegen, sind für die Stromversorgung die Schutzmaßnahmen nach VDE 0100-410 ausreichend.

VDE 0100-710.410

11.7 In den medizinisch genutzten Räumen der Gruppen 1 und 2 stehen Patienten zwecks medizinischer Behandlung in direktem Kontakt mit den medizinischen elektrischen Geräten bzw. werden an diese angeschlossen. Aus diesem Grund sind hier besondere Sicherheitsanforderungen an die Stromversorgung zu stellen, um gefährliche Körperströme zu verhindern. Grundsätzlich ist hier ein zusätzlicher Schutzpotentialausgleich gefordert. Die folgenden Schutzmaßnahmen[1] dürfen angewendet werden:

- Schutzklasse II für elektrische Betriebsmittel (Schutzisolierung),
- Schutzkleinspannung (SELV)[1] (bis AC 25 V bzw. DC 60 V),
- Funktionskleinspannung (PELV und FELV)[1] (bis AC 25 V bzw. DC 60 V. Für OP-Leuchten ist FELV nicht zulässig),
- Schutz durch Abschaltung[1]
  nur mittels Fehlerstromschutzeinrichtung (RCD) und einem Bemessungsdifferenzstrom $I_{\Delta n}$ = 30 mA für Stromkreise mit Überstromschutzeinrichtungen bis 63 A. Für Stromkreise außerhalb des Handbereichs und in Stromkreisen mit Überstromschutzeinrichtungen über 63 A sind RCDs mit einem

1 Für Räume der Gruppe 2 gelten teilweise höhere Anforderungen.

Bemessungsdifferenzstrom $I_{\Delta n} = 0,3$ A zulässig. In Räumen der Gruppe 2 ist die Anwendung dieser Schutzmaßnahme nur für Stromkreise von Röntgengeräten, Großgeräten über 5 kW Anschlussleistung, Steckdosenstromkreise für nichtmedizinische Geräteanwendungen, allgemeine Beleuchtungsstromkreise und elektrische Ausrüstungen von OP-Tischen gestattet.
Achtung: Besonderheiten im TT-System beachten!

- Schutz durch Meldung* im IT-System mit besonderen Anforderungen an die Isolationsmess- und Meldeeinrichtungen,
- Schutztrennung mit nur einem Verbrauchsmittel.

VDE 0100-710

11.8 Zum Schutz der Patienten müssen Potentialunterschiede zwischen den Körpern der elektrischen Betriebsmittel und den festeingebauten fremden leitfähigen Teilen durch Potentialausgleichsmaßnahmen beseitigt werden. Hierzu müssen in jedem Verteiler oder in dessen Nähe Potentialausgleichs-Sammelschienen angebracht werden. Außerdem ist in jedem AWG2-Raum eine Schutzpotentialausgleichsschiene vorzusehen. Mit diesen Sammelschienen sind einzeln lösbar und übersichtlich folgende Teile zu verbinden:

- Schutzleitersammelschienen,
- fremde leitfähige Teile im Bereich von 1,50 m um die Patientenposition, wenn der Widerstand, zum Schutzleiter gemessen, bestimmte Werte unterschreitet (Gruppe 1: $< 7\ k\Omega$; Gruppe 2: $< 2,4\ M\Omega$) und die Teile mit dem Schutzleiter nicht in Verbindung stehen,
- Abschirmungen gegen Störfelder,
- Ableitnetze,
- ortsfeste, nicht elektrisch betriebene OP-Tische ohne Schutzleiterverbindung,
- OP-Leuchten mit Funktionskleinspannung mit sicherer Trennung (PELV).

In einigen Räumen mit besonderen medizinischen Eingriffen sind weitergehende Maßnahmen gefordert:

- Es müssen Anschlussbolzen für den Anschluss von Potentialausgleichsleitern zu ortsveränderlichen medizinischen elektrischen Geräten und OP-Tischen vorhanden sein.

- Spannungen zwischen fremden leitfähigen Teilen und den Körpern fest angeschlossener Betriebsmittel und Schutzkontakten dürfen in Räumen der Gruppe 2 im fehlerfreien Betrieb 20 mV (!) nicht überschreiten.
- Wenn für mehrere Räume gemeinsame Mess- oder Meldeeinrichtungen verwendet werden, ist zwischen den Potentialausgleichs-Sammelschienen der betroffenen Räume jeweils ein Potentialausgleichsleiter zu verlegen.

VDE 0100-710.415.2

11.9 Nein, das wäre nicht zu verantworten. Operationsleuchten müssen z. B. beim Absinken der Versorgungsspannung um mehr als 10 % innerhalb 0,5 s selbsttätig aus Sicherheitsstromquellen weiterversorgt werden, und zwar für eine Mindestbetriebsdauer von 3 h.

Andere, weniger wichtige Einrichtungen können aus einer Sicherheitsstromversorgung mit Umschaltzeiten bis zu 15 s für mindestens 24 h weiterversorgt werden. Dazu zählen Sicherheitsbeleuchtung von Rettungswegen und -zeichen, Beleuchtung in Arbeits- und Maschinenräumen sowie Räume der Schaltanlagen.

In Räumen der Gruppe 1 und in sonstigen für den Krankenhausbetrieb wichtigen Räumen muss mindestens eine Leuchte aus der Sicherheitsstromversorgung weiterbetrieben werden können; in Räumen der Gruppe 2 sind alle Leuchten aus der Sicherheitsstromversorgung weiter zu versorgen.

Weitere Einrichtungen, die innerhalb 15 s wieder versorgt werden müssen, sind Feuerwehr- und Bettenaufzüge, notwendige Lüftungsanlagen, Personenruf-, Alarm- und Warnanlagen, Anlagen zur Feuerlöschung, medizinischtechnische Einrichtungen zur medizinischen Gasversorgung (Druckluft – Vakuum), Überwachungseinrichtungen usw.

In Räumen der Gruppe 2 müssen medizinische Geräte und Einrichtungen, die für Operationen erforderlich sind, weiterversorgt werden. Dies gilt auch für sonstige Verbrauchsgeräte in diesen Räumen.

VDE 0100-710.560.6

11.10 Je nach den betrieblichen Anforderungen des Krankenhauses können z. B. für Sterilisationsanlagen, Heizungs-, Lüftungs- und Klimaanlagen, sonstige Aufzüge und Kücheneinrichtungen, die ebenfalls aus der Sicherheitsstromquelle versorgt werden, Umschaltzeiten von mehr als 15 s zugelassen werden; das richtet sich nach den Erfordernissen des geordneten Krankenhausbetriebs. Eine Mindestbetriebsdauer von 24 h gilt aber auch hier.

Hat die Sicherheitsstromquelle ausreichende Leistungsreserven, so dürfen auch weitere Anlagen und Verbrauchsmittel des Krankenhauses versorgt werden.

Achtung: Hier müssen vorrangig Baurechtsvorschriften der Länder sowie arbeitsrechtliche Bestimmungen beachtet werden.

VDE 0100-710.560.6.104.3

11.11 In VDE 0100-560 werden als Stromquellen für Sicherheitszwecke genannt:

- Akkumulatorenbatterien,
- Primärelemente,
- Generatoren mit Antriebsmaschinen,
- zusätzliche Einspeisung aus der allgemeinen Stromversorgung, wenn diese unabhängig von der normalen Einspeisung ist und ein gleichzeitiger Ausfall beider Systeme sicher verhindert ist.

  Bei der Auswahl der Stromquellen ist u. a. folgendes zu beachten:
- Die Übernahme der Last muss bei mehr als 10 % Spannungseinbruch erfolgen.
- Sofort nach der Umschaltung müssen 80 % der Nennleistung zur Verfügung stehen.
- Toleranzen der Nennspannung und der Nennfrequenz bei Einspeisung der Stromquelle müssen eingehalten werden.
- Oberschwingungsanteile dürfen bis zur Nennlast nicht mehr als 5 % betragen.
- Der Funkentstörgrad N muss eingehalten werden.
- Die Baugruppen der Sicherheitsstromquelle müssen erd- und kurzschlusssicher ausgeführt sein.
- Eine Schieflast von 100 % muss möglich sein.
- Mess-, Überwachungs- und Betätigungseinrichtungen sind genau vorgegeben.

VDE 0100-560 u. VDE 0100-710

11.12 Von der Sicherheitsstromquelle ausgehend müssen bis zur ersten Schutzeinrichtung alle Kabel- und Leitungen erd- und kurzschlusssicher verlegt werden. Im Hauptverteiler der Versorgungsanlage müssen die Schalt- und Steuereinrichtungen angeordnet sein, die beim Absinken der Versorgungsspannung um mehr als 10 % das Einschalten der Sicherheitsstromquelle und das Umschalten auf diese bewirken. Funktionserhalt muss E30/E90 sein.

In den Hauptverteilern der Gebäude muss eine Umschalteinrichtung vorhanden sein, die schon bei Ausfall eines Außenleiters auf die Zuleitung der Sicherheitsstromquelle umschaltet.

Für die Verlegung von Kabeln (Hauptzuleitungen) der Sicherheitsstromversorgung müssen separate Trassen gewählt und ein Abstand von mindestens 2 m zu den Kabeln der allgemeinen Stromversorgung eingehalten werden. Schutz vor mechanischer Beschädigung ist im Nahbereich von Gebäuden gefordert, wenn der Abstand von 2 m nicht eingehalten werden kann.

Kabel der Sicherheitsstromversorgung (Endstromkreise) dürfen nur dann in einem gemeinsamen Kabelkanal angeordnet werden, wenn im Brandfall eine mindestens 90-minütige Funktionsfähigkeit, gewährleistet ist.

Bei der Auswahl von Leiterquerschnitt und Zuordnung der Überstromschutzeinrichtung muss beachtet werden, dass der aus der Sicherheitsstromquelle fließende kleinste Kurzschlussstrom eine Abschaltung innerhalb von 5 s bewirkt. Dabei muss eine selektive Auslösung der Schutzeinrichtung gewährleistet sein.

VDE 0100-710.530, 535, 536

11.13 Ja, es ist auf die Auswirkungen von elektrischen und magnetischen Feldern zu achten. Die empfindlichen Messgeräte zur Messung von kleinsten Reaktionsspannungen des menschlichen Körpers können durch elektrische oder magnetische Felder der Stromversorgung bis hin zur Funktionsunfähigkeit gestört werden.

VDE 0100-710, Anhang C

11.14 Besonders zu schützen sind

- Räume, in denen EEG[1]-, EKG- und EMG-Untersuchungen durchgeführt werden,
- Intensivuntersuchungsräume und -überwachungsräume,
- Herzkatheterräume,
- Operationsräume.

Auf den Schutz dieser Räume sollte schon bei der Planung besonders geachtet werden, da spätere Änderungen meist sehr teuer sind.

VDE 0100-710

11.15 Die elektrischen Felder von Kabeln und Leitungen können relativ einfach beseitigt werden, indem geschirmte Kabel und Leitungen oder leitfähige Umhüllungen (z. B. metallene Kabelschächte) verwendet werden. Die Schirme der Umhüllungen sind dabei sternförmig untereinander und mit dem Potentialausgleich zu verbinden.

Eine andere Maßnahme zur Abschirmung ist das Einbringen von Metallfolien oder Abschirmgewebe in Decke, Fußboden und Wände des betreffenden Raums.

VDE 0100-710

11.16 Eine Abschirmung gegen magnetische Felder ist nicht so einfach möglich wie die Abschirmung gegen elektrische Felder. Die erforderlichen, möglichst hochpermeablen Werkstoffe sind teuer und kommen daher selten zum Einsatz. Im Allgemeinen kann durch ausreichenden Abstand zwischen den Untersuchungsplätzen der Patienten und der magnetischen Störquelle Abhilfe geschaffen werden.

1 EEG Elektroenzephalogramm (Messung der Hirnströme)
EKG Elektrokardiogramm (Aufzeichnung der Herzströme)
EMG Elektromyogramm (Aufzeichnung der Muskelströme)

Betriebsmittel	erforderlicher Mindestabstand in allen Richtungen in m
Vorschaltgerät einer Leuchte	0,75
Transformatoren der Starkstromanlage, elektrische Maschinen und andere induktive Betriebsmittel	6
mehradrige Kabel und Leitungen	
10 … 70 mm²	3
95 … 185 mm²	6
>185 mm²	9
einadrige Kabel, Leitungen und Stromschienensysteme[1]	größere Abstände können notwendig werden. Die Abstände sind von der Anordnung der Leiter abhängig und müssen im Einzelfall ermittelt werden. Es bleibt abzuschätzen, ob hier die erwähnten magnetischen Abschirmungen wirtschaftlich angewendet werden können.

A 11

Am Patientenplatz darf die magnetische Flussdichte bei 50 Hz folgende Werte nicht überschreiten:

B_{ss} = 0,2 μT für EEG und

B_{ss} = 0,4 μT für EKG.

Ströme aus 16 2/3-Hz-Wechselstrom-Bahnanlagen können ebenfalls zu Beeinflussungen führen. In diesem Fall sollte unbedingt Verbindung mit dem Betreiber der Wechselstrom-Bahnanlage aufgenommen werden.

VDE 0100-710

11.17 Da auch in Räumen der Human- und Dentalmedizin Menschen behandelt werden, sind die Anforderungen und die Einstufungen in die Gruppen denen des Krankenhausbetriebs vergleichbar.

Die Behandlungs- und Untersuchungsräume gelten in der Regel als Räume der Gruppe 1 mit den gleichen Schutzmaßnahmen (s. Frage und Antwort 11.1).

In Räumen der Gruppe 2 muss die „Meldung durch Isolationsüberwachungseinrichtungen im IT-System" angewendet werden. Hier darf beim ersten Körperschluss kein Ausfall der Versorgung eintreten.

VDE 0100-710.512.1.101

11.18 Ja, im Bereich, den der Patient während einer Behandlung oder Untersuchung mit medizinischen elektrischen Geräten erreichen kann, muss ein zusätzlicher Schutzpotentialausgleich unter Einbeziehung fremder leitfähiger Teile erfolgen.

VDE 0100-710

11.19 Auch hier muss in Räumen der Gruppe 2 eine Sicherheitsstromversorgung vorhanden sein, die folgende Einrichtungen für mindestens 3 h weiterversorgt:

Einrichtung	Umschaltzeit auf die Sicherheitsstromversorgung in s
Operationsleuchten	$\leq 0{,}5$
lebenswichtige medizinische elektrische Geräte	≤ 15

VDE 0100-710

11.20 Zur Versorgung von Dialysegeräten in Räumen von Wohnungen bieten sich zwei Möglichkeiten an:

1. Maßnahmen in der elektrischen Anlage:
   - separater Stromkreis von der Unterverteilung ausgehend mit Fehlerstromschutzeinrichtung (RCD, $I_{\Delta n} \leq 30$ mA),
   - besondere Steckvorrichtungen, die mit den Steckdosen der Wohnung unverwechselbar sein müssen,
   - zusätzlicher Schutzpotentialausgleich unter Einbeziehung aller fremden leitfähigen Teile, die im Bereich des Patientenplatzes erreichbar sind;

oder

2. Besondere Anschlusseinrichtung zwischen Steckdose der Hausinstallation und Dialysegerät:
   - Die Anschlusseinrichtung muss schutzisoliert sein.
   - Als Anschlussleitung ist eine 2-adrige Leitung ohne Schutzleiter mindestens der Bauart H05VV (oder gleichwertig) zu verwenden.
   - Die Ausgangsseite der Anschlusseinheit muss durch einen Trenntransformator sicher vom Netz getrennt sein.
   - Für die Ausgangsseite sind mit der Hausinstallation unverwechselbare Steckdosen vorgeschrieben.

- Jede (!) ausgangsseitige Steckdose muss entweder jeweils über eine eigene RCD ($I_{Dn} \leq 30$ mA) verfügen, oder eine Isolationsüberwachungseinrichtung überwacht die Leiter gegen den ungeerdeten Potentialausgleichsleiter.
- Die Schutzkontakte der ausgangsseitigen Steckdosen müssen über einen ungeerdeten isolierten Potentialausgleichsleiter miteinander verbunden werden.

Hier stellt sich die Frage, ob nicht auch in der 2. Variante eine separate Zuleitung mit getrennten Schutzeinrichtungen eine sinnvolle Ergänzung darstellt. Andernfalls ist beim Auftreten eines Fehlers in einem Nachbarraum, der evtl. an denselben Stromkreis angeschlossen ist, auch die Dialyseanlage vom Fehler betroffen.

VDE 0100-710

11.21 Folgende Pläne und Unterlagen müssen vorhanden sein:

- Übersichtsschaltpläne in einpoliger Darstellung
  - des Verteilungsnetzes der allgemeinen Stromversorgung,
  - des Verteilungsnetzes der Sicherheitsstromversorgung mit genauen Angaben über die Lage der Unterverteilungen im Gebäude,
  - der Schaltanlagen und Verteiler,
- Elektroinstallationspläne,
- Stromlaufpläne von Steuerungen,
- Bedienungs- und Wartungshinweise der Sicherheitsstromquelle,
- der rechnerische Nachweis
  - des Schutzes durch Abschaltung für Räume der Gruppe 0 und
  - der selektiven Abschaltung innerhalb 5 s bei Versorgung aus der Sicherheitsstromquelle,
- eine Liste aller an die Sicherheitsstromquelle fest angeschlossenen Verbraucher mit Angabe der Nenn- und Anlaufströme,
- der Prüfnachweis mit den Ergebnissen aller vor der Inbetriebnahme erforderlichen Prüfungen.

VDE 0100-710.514.5

11.22 In jedem Verteiler muss der zugehörige Übersichtsschaltplan vorhanden sein. Aus ihm müssen

- Stromart und Bemessungsspannung,
- Anzahl und Leistung der Transformatoren und Sicherheitsstromquellen,

- Stromkreisbezeichnung und Bemessungsstrom der Überstromschutzeinrichtungen,
- Leiterquerschnitt und -werkstoff erkennbar sein.

VDE 0100-710

11.23 Wie bei anderen elektrischen Anlagen sind hier Erstprüfungen und in bestimmten Zeitabständen Wiederholungsprüfungen vorgesehen. Neben den umfangreichen Prüfungen nach VDE 0100-600 sind für Stromversorgungsanlagen in medizinischen Einrichtungen weiterführende Prüfungen vorzunehmen. Hier sind nur die wichtigsten der zusätzlichen Prüfungen genannt:

Funktionsprüfung

- der Umschalteinrichtungen in den beiden Zuleitungen zu den Verteilern,
- der Isolationsüberwachung der IT-Systeme,
- des Start- und Anlaufverhaltens von Verbrennungsmotoren für Sicherheitsstromquellen.

Prüfung

- auf richtige Auswahl der Überstromschutzeinrichtungen der Sicherheitsstromversorgung (u. a. Selektivität),
- des Aufstellraums von Sicherheitsstromquellen und Stromerzeugungsaggregaten,
- der Batterie auf ausreichende Kapazität,
- der Bemessung der Stromerzeugungsaggregate unter Berücksichtigung der angeschlossenen Verbraucher,
- der Aggregateschutzeinrichtungen,
- der Sicherheitsstromversorgung durch Unterbrechung der Netzzuleitung
- der Einhaltung der Brandschutzeinrichtungen.

Messung

- zum Nachweis, dass fremde leitfähige Teile in Räumen zur Heimdialyse und in Räumen der Gruppen 1 und 2 in den Schutzpotentialausgleich einbezogen wurden;
- der Spannung zwischen Schutzkontakten von Steckdosen, Körpern von fest angeschlossenen Verbrauchsmitteln und fremden leitfähigen Teilen. Diese Messungen müssen bei Belastung der Gebäudestromversorgung durchgeführt werden, um mögliche Einflüsse, die ja hier gemessen werden sollen, auch wirklich festzustellen.

Weitere Prüfungen hinsichtlich des Brandschutzes gemäß den Verordnungen der Länder, staatlicher Vorschriften zum Krankenhausbetrieb und Arbeitsschutzvorschriften der Berufsgenossenschaften vervollständigen die Liste der Erstprüfungen. Sie werden hier nicht weiter erörtert, da sie nicht Gegenstand dieses Buchs sind.

VDE 0100-710.61

11.24 Grundsätzlich sind wiederkehrende Prüfungen nach VDE 0105, GUV und DGUV Vorschrift 3 (früher BGV A3) sowie den Verordnungen des Baurechts der Länder durchzuführen. Außerdem gibt VDE 0100-710 eine ganze Reihe von regelmäßigen Prüfungen vor, die in einem Prüfbuch dokumentiert werden müssen. Geprüft werden:

Prüfungen	**Wiederholungszeitraum**
Funktionsprüfung der/des Sicherheitsstromversorgung mit mindestens 80 % bis 100 % der Nennleistung	
– mit Batterien: 15 min	monatlich
– mit Batterien: Kapazitätstest	jährlich
– mit Verbrennungsmaschinen: 60 min	monatlich
– mit Verbrennungsmaschinen bis die Nennbetriebstemperatur erreicht ist (Dauerbetrieb)	jährlich
Umschalteinrichtungen	12 Monate
Fehlerstromschutzeinrichtungen (RCD)	nicht mehr als 12 Monate
Isolationsüberwachungssystems (einschließlich Alarm, Überwachungsbericht usw.)	12 Monate
zusätzlichen Schutzpotentialausgleichs	36 Monate
Vollständigkeit der in den Schutzpotentialausgleich einzubeziehenden Einrichtungen	36 Monate
elektrischen Installationsanlage	36 Monate
Beleuchtungseinrichtungen der Ausgangswegweiser, Rettungswege, Stellen mit Schalt- und Steuergeräten	12 Monate

VDE 0100-710

11.25 Ja, denn in diesen Räumen werden Narkosen mit entzündlichen Gasen oder Flüssigkeiten vorbereitet oder durchgeführt.

Es können deshalb in einem bestimmten Umfang explosionsgefährdete Zonen vorhanden sein.

Durch die Einführung neuer geschlossener Atmungs-Anästhesiesysteme konnten die explosionsgefährdeten Zonen allerdings erheblich verringert werden.

VDE 0100-710

11.26 Die explosionsgefährdeten Zonen werden bezeichnet mit

Zone G: umschlossene medizinische Gassysteme (z. B. Verdampfer, Mischkopf des Anästhesiegeräts sowie Hohlräume der Beatmungsgeräte)
Hier muss dauernd oder zeitweise mit geringen Mengen explosibler Gemische gerechnet werden.

Zone M: medizinische Umgebung
In dieser Zone ist für nur kurze Zeit und in geringen Mengen mit einer explosiblen Atmosphäre zu rechnen (z. B. bei Verwendung von medizinischen Desinfektions- und Hautreinigungsmitteln in Teilen des Raums).

VDE 0100-710.512.2.1, VDE 0750-1

11.27 Nach Möglichkeit ist das Gerät außerhalb der explosionsgefährdeten Zone zu installieren. Ist dies unmöglich, so muss festgestellt werden, um welche Zone es sich handelt. In der Zone G dürfen nur medizinische elektrische Geräte in AP-G-Ausführung (Geräte mit Anästhesiemittel-Prüfung für den Gebrauch in Zone G) angebracht werden.

Geräte in AP-M-Ausführung dürfen entsprechend in Zone M montiert werden.

VDE 0100-710

11.28 Elektrostatische Aufladungen können durch leitfähige Fußböden in Verbindung mit Ableitnetzen, die an die Schutzpotentialausgleichsschiene angeschlossen werden, vermieden werden[1].

Richtlinie für die Vermeidung von Zündgefahren infolge elektrostatischer Aufladungen (ZH 1/200)

11.29 Nein, das ist nicht erlaubt. Medizinische elektrische Geräte dürfen nur vom Hersteller oder durch von ihm ausdrücklich

1 s. auch Fragen und Antworten 14.27 und 10.28

hierfür ermächtigte Stellen instand gesetzt werden. Das Auswechseln der Netzanschlussleitung gilt als Instandsetzung.

VDE 0750-1

11.30 Der Widerstand des Schutzleiters darf insgesamt in der Gruppe 1 0,7 Ω und der Gruppe 2 0,2 Ω nicht überschreiten.

VDE 0100-710-411.5.2.2

11.31 Im Primär- und Sekundärkreis des Transformators dürfen nur Schutzeinrichtungen für Kurzschlussschutz verwendet werden.

VDE 0100-710-533.1.101

11.32 Die Auswahl der Transformatoren erfolgt nach DIN EN 61558-2-15 (VDE 0570-2-15). Die Bemessungsleistung darf nicht kleiner als 3,15 kVA und nicht größer als 8 kVA sein.

VDE 0100-710-512.1.101

11.33 In der Gruppe 2 muss jede Steckdose von einzeln geschützten Stromkreisen versorgt oder mehrere Steckdosen auf mindestens zwei separate Stromkreise aufgeteilt werden.

VDE 0100-710-55.102

11.34 Die Stromversorgung darf in der Gruppe 2 nicht ausfallen oder beim ersten Fehler abgeschaltet werden.

VDE 0100-710-512.1.102

11.35 Über die Elektroanlagen müssen folgende Pläne erstellt werden:

- Überschichtschaltpläne der kompletten Stromversorgung,
- Installationspläne,
- Stromlaufpläne der Schalt- und Steuergeräte,
- Architektenpläne,
- Funktionsbeschreibung aller Einrichtungen für Sicherheitszwecke,
- Nachweis der selektiven Abschaltung der Schutzeinrichtungen,
- Berechnung und Überprüfung der gesamten Anlage und
- rechnerischer Nachweis und Anforderungen des IT-Systems.

VDE 0100-710-514.5.1

11.36 Sie müssen in getrennten Räumen aufgestellt werden.

VDE 0100-710.510.102

11.37 In Beleuchtungsstromkreisen sind RCDs vorzusehen.

VDE 0100-710.411.4

12 Versammlungsstätten · Großbauten · Sicherheitsbeleuchtung

VDE 0100-718

12.1 Es handelt sich um die Norm VDE 0100-718. Nach Landesbauordnung gelten ihre Bestimmungen für:

1. Versammlungsstätten (Theater, Kinos, Mehrzweckhallen, Schulen, Sportflächen, Wanderzirkusse usw.)	ab 100 Besucherplätze
2. Geschäftshäuser	ab 2000 m² Nutzfläche
3. Ausstellungsstätten	ab 2000 m² Nutzfläche
4. Gast- und Beherbergungsstätten	ab 400 Gastplätze oder 60 Betten
5. geschlossene Großgaragen	ab 1000 m² Nutzfläche
6. Hochhäuser	ab 22 m Fußbodenhöhe (etwa 8 Stockwerke)
7. Schulen aller Art	ab 3000 m² Geschossfläche oder 200 Besucherplätze (s. 1)
8. Arbeitsstätten	
9. andere bauliche Anlagen, wenn bau- oder gewerberechtlich vorgeschrieben	

VDE 0100-718.1

A 12

12.2 Bei den mit Randbalken versehenen Bestimmungen können Vorschriften des Baurechts – sie gehen den VDE-Bestimmungen vor – anderslautende Anforderungen stellen.

12.3 Er muss über ausreichende Schaltpläne verfügen. In VDE 0100-560.7.9, 7.10, 7.11 werden Übersichtsschaltpläne mit Angaben über die allgemeine Stromversorgung, die Sicherheitsstromversorgung und die Kabel- und Leitungsanlage gefordert. Diese Pläne müssen bei dem Hauptstromverteiler, den Schaltanlagen und den Ersatzstromquellen vorhanden sein.

Außerdem werden Schaltpläne der Sicherheitsbeleuchtung, Installationspläne, Verbraucherlisten und Betriebsanleitungen verlangt.

VDE 0100-718.512.2.1, VDE 0603-1

12.4 Hauptverteiler müssen in separaten Räumen untergebracht sein, die

- von allgemein zugänglichen Räumen oder Räumen mit erhöhter Brandgefahr feuerbeständig getrennt sind (für Türen genügt feuerhemmende Ausführung T30 Tür),
- auch bei Feuer und Verqualmung erreichbar bleiben und
- gegen den Zugriff Unbefugter gesichert sind.

Hauptverteiler müssen in elektrischen Betriebsräumen gemäß Landesbauordnung untergebracht sein; dies gilt auch für die Zentral-Sicherheitsbeleuchtungsanlagen.

VDE 0100-718.512.2.1, VDE 0660

12.5 Bei Verteilern genügt es, wenn sie gegen den Zugriff Unbefugter gesichert sind. Bei Unterbringung außerhalb elektrischer Betriebsstätten müssen sie allerdings eine allseitige Verkleidung aus Blech oder aus stoßfestem, schwer entflammbarem Isolierstoff haben.

VDE 0100-718.512.2.1, VDE 0603-1

12.6 Ja, alle Schaltanlagen müssen auch außerhalb der Betriebszeit die volle Wirksamkeit von Sicherheitseinrichtungen ermöglichen. Dazu zählen insbesondere die Lüftungsanlagen, die Rauchabzugseinrichtungen, die Löschwasserversorgung einschl. ihrer Pumpen und die Aufzüge. Die Hauptschalter und Schalter für solche Einrichtungen sind auffällig gelb zu kennzeichnen, falls durch deren Ausschalten Gefahr entstehen kann.

VDE 0100-718-1

12.7 Die Schutzmaßnahme ist erlaubt; es muss aber bei allen Querschnitten von der letzten Verteilung ab bis zu den zu schützenden Geräten ein besonderer – der fünfte – Leiter als Schutzleiter geführt werden (TN-C-S-System). An diesen – nicht an den Neutralleiter – werden Schutzleiterklemmen der Geräte und die Schutzkontakte der Steckdosen angeschlossen.

VDE 0100-410 u. VDE 0100-718.421.8

12.8 Ja, bei jedem Stromkreis mit Leitungen, die außerhalb von Schalt- und Verteilungsanlagen verlaufen und Leiterquerschnitte unter 10 mm^2 Cu haben, muss eine Isolationsmessung aller Leiter gegen Erde ohne Abklemmen der Neutralleiter möglich sein, z. B. durch Einbau von Neutralleiter-Trennklemmen in die Schalt- und Verteilungsanlagen.

Selbstverständlich sind Leitungen (oder ihre Klemmen) an den Verteilungsanlagen eindeutig zu kennzeichnen, und zwar übereinstimmend mit den Schaltplänen.

VDE 0100-718.421.8

12.9 Folgendes ist zu beachten: Schalter- und Verbindungsdosen müssen z. B. flammwidrige Gehäuse, Deckel, Klemmenhalter und Dosenklemmen enthalten (s. VDE 0606).

In Hohlräumen, die von brennbaren Stoffen umgeben sind, dürfen nur Kabel (z. B. NYY) und Leitungen (z. B. NYM) verlegt werden, deren Umhüllungen oder Mäntel sowohl nichtleitend als auch flammwidrig sind. In bestimmten Bereichen von Versammlungsstätten (z. B. Bühnenhaus) sollen nur halogenfreie Leitungs- und Kabelbauarten verwendet werden, die sich durch ein verbessertes Verhalten im Brandfall auszeichnen (s. VDE 0250-214).

VDE 0604 u. 0605

12.10 Für Versammlungsstätten und besonders für Bühnen dürfen als nicht festverlegte Leitungen nur Leitungen mit ausreichender Festigkeit, z. B. Gummischlauchleitungen (H05RR-F oder A05RR-F, H07RN-F oder A07RN-F), Theaterleitungen (NIFLÖU) oder gleichwertige Bauarten verwendet werden.

Für Lichterketten dürfen außerhalb des Handbereichs auch Illuminationsflachleitungen (NIFLöu) verwendet werden.

In Waren- und Geschäftshäusern darf leichte Gummischlauchleitung H05RR-F oder A05RR-F sowie mittlere Kunststoffschlauchleitung H05VV-F oder A05VV-F benutzt werden; dabei ist auf das Verbot ortsveränderlicher Steckvorrichtungen in Schaufenstern zu achten.

Hotels und Hochhäuser unterliegen keinerlei derartigen Beschränkungen.

VDE 0100-718.520.9

12.11 Selbstverständlich, da diese in der Gesamtheit einen wesentlichen Faktor der Sicherheit darstellen.

- In Räumen und Bereichen mit Sicherheitsbeleuchtung müssen die Leuchten auf mindestens 2 Stromkreise verteilt werden.
- Steller, Anlasser, Leuchten, Scheinwerfer u. ä. wärmeabgebende Betriebsmittel müssen so angebracht werden, dass keine gefährliche Erwärmung auftreten kann.
- Schalter und Steckdosen müssen so angebracht werden, dass sie vor mechanischer Beschädigung geschützt sind.
- Steckvorrichtungen für unterschiedliche Stromarten und Spannungen müssen unverwechselbar sein.
- Schalter in Besucherräumen müssen dem unbefugten Zugriff entzogen werden. Sie sind bereichsweise zusammenzufassen.
- Im Handbereich und an Stellen, an denen mit einer Beschädigung von Leuchten gerechnet werden muss, müssen Schutzkörbe, Abdeckungen oder widerstandsfähige Gläser für einen ausreichenden Schutz sorgen.
- Leuchten müssen so befestigt werden, dass die Befestigung mindestens das 5-fache Gewicht der Leuchte tragen kann. Für freihängende Leuchten über 5 kg müssen zwei Aufhängevorrichtungen (jede mit einer 5-fachen Sicherheit) vorhanden sein.
- Nicht beaufsichtigte Motoren müssen einen Motorschutzschalter oder einen gleichwertigen Schutz erhalten, nach dessen Ansprechen ein automatischer Wiederanlauf verhindert wird.

VDE 0100-718.512.2

12.12 Das ist vorgeschrieben für die eben genannten Versammlungsstätten in Räumen für Besucher, aber auch für Waren- und Geschäftshäuser ganz allgemein.

VDE 0100-718.536.101

12.13 Bereichsschalter sind Schalter, mit denen während betrieblicher Ruhezeiten nur bestimmte Teile der Anlagen spannungsfrei gemacht werden, z. B. in Umkleideräumen, Werkstätten, Bildwerferräumen, Ausstellungen, Kantinen, Lager- und Verkaufsräumen.

Solche Bereichsschalter (ihre Einschaltstellung muss durch eine Kontrolllampe kenntlich sein) stellen insbesondere in Theatern und Warenhäusern wichtige Hilfsmittel zur Verhütung von Bränden dar; notwendige Beleuchtung bleibt also eingeschaltet.

Sollen z. B. Kühlgeräte und Datenverarbeitungsanlagen von der Abschaltung ausgenommen werden, so sind für diese Anlagen besondere Steckvorrichtungssysteme zu wählen.

VDE 0100-560.7.10

12.14 Nein, sie müssen leicht erreichbar sein und befinden sich deshalb in der Nähe der Eingangstüren zu diesen Bereichen. Sie enthalten eine die Einschaltstellung anzeigende Kontrolllampe.

In Waren- und Geschäftshäusern sowie in Versammlungsstätten müssen diese Schalter dem Zugriff Unbefugter entzogen sein.

VDE 0100-718

12.15 Sicherheitsbeleuchtung (SB) ist eine Beleuchtung, die bei Störung der allgemeinen Beleuchtung Räume, Arbeitsplätze und Rettungswege mit einer Mindestbeleuchtungsstärke erhellt. Das Ziel der SB ist, beim Ausfall der allgemeinen Sicherheitsversorgung ein gefahrloses Verlassen eines Bereichs zu ermöglichen. Man unterscheidet zwischen Anlagen mit Zentralbatteriesystem (CPS) und Anlagen mit Einzelbatteriesystemen/Gruppenbatteriesystemen (LPS).

DIN EN 1838

12.16 Die Sicherheitsbeleuchtung ist besonders wichtig in Räumen mit größeren Menschenansammlungen (Versammlungsstätten, Waren- und Geschäftshäuser) zur Verhinderung einer Panik. Bei einem Stromausfall muss sie innerhalb von 1 s wirksam sein; bei Arbeitsstätten mit besonderer Gefährdung sind nur 0,5 s für die Umschaltung zulässig.

In Gebäuden, in denen eine Panik weniger zu befürchten ist (Hochhäuser, Hotels), darf die Frist für die Ersatzstromversorgung 15 s betragen.

VDE 0100-560.4.1, 560.9.9, Tabelle A.1

12.17 Im Prinzip ja, es gibt jedoch verschiedene Möglichkeiten:

- Sonderbeleuchtung.
- Sicherheitsbeleuchtung in Dauerbetrieb;
- Sicherheitsbeleuchtung in Bereitschaftsbetrieb;
- Ersatzstromversorgung;

VDE 0100-560.3

12.18 Die Sicherheitsbeleuchtung in Dauerbetrieb wird so lange aus dem Netz der allgemeinen Beleuchtung gespeist, bis dessen Spannung unter einen bestimmten Wert sinkt; dann übernimmt eine Stromquelle für Sicherheitszwecke, etwa eine Batterie die Speisung.

Das kann geschehen, indem sich die Sicherheitsbeleuchtung im Notfall auf die Batterie umschaltet (Umschaltbetrieb) oder indem sie aus dem Netz über ein Gleichrichtergerät gespeist wird, dem eine Batterie parallelgeschaltet ist (Bereitschaftsparallelbetrieb).

VDE 0100-560.9.7, 9.9

12.19 Die Sicherheitsbeleuchtung in Bereitschaftsbetrieb ist – wie ihr Name sagt – normal außer Betrieb. Sie schaltet sich aber selbsttätig auf eine Batterie, sobald die Netzspannung der allgemeinen Beleuchtung unter einen bestimmten Wert sinkt. An diese Batterie darf nur die Sicherheitsbeleuchtung angeschlossen werden.

VDE 0100-560.9.5

12.20 Als Stromquellen für Sicherheitszwecke sind zulässig *Akkumulatorenbatterien (Sekundär-Batterien)*, *Primärelemente* (für medizinisch genutzte Bereiche nicht zulässig), *Generatoren*, deren Antriebsmaschine unabhängig von der allgemeinen Stromversorgung ist, eine *zusätzliche unabhängige Einspeisung* aus der allgemeinen Stromversorgung, die von der normalen Einspeisung aus dem Netz unabhängig ist. Solche zusätzlichen Einspeisungen sind allerdings nur zulässig, wenn durch den Netzaufbau und den Betrieb sichergestellt ist, dass nicht beide Einspeisungen gleichzeitig ausfallen und spannungslos werden oder eine notwendige netztechnische Trennung der beiden Einspeisungen innerhalb der zulässigen Einschaltverzögerung liegt. Wenn nur eine Stromquelle für Sicherheitszwecke vorhanden ist, darf diese nicht für andere Zwecke verwendet werden.

Blockheizkraftwerke (BHKWs) sind als Stromquellen zur Versorgung von Einrichtungen für Sicherheitszwecke bzw. von notwendigen Sicherheitseinrichtungen in baulichen Anlagen für Menschenansammlungen und für medizinische Zwecke zulässig. Der Einsatz eines BHKW als Stromquelle für Sicherheitszwecke (Ersatzstromquelle) muss in jedem Einzelfall fachgerecht geprüft werden.

Für bauliche Anlagen für Menschenansammlungen können als Stromquellen für Sicherheitszwecke so genannte *zentrale Stromversorgungssysteme* (frühere Bezeichnung: Zentralbatterieanlagen) eingesetzt werden. Sie dienen dazu, bei Ausfall der allgemeinen Stromversorgung notwendige Sicherheitseinrichtungen zu speisen, wie Sicherheitsbeleuchtung für Rettungs-/Fluchtwege, elektrische Stromkreise automatischer Feuerlöscheinrichtungen, Personensuchanlagen und signalgebende Sicherheitseinrichtungen (Rauchabzugseinrichtungen, CO-Warnanlagen, besondere Sicherheitseinrichtungen für besondere Gebäude, z. B. Bereiche mit besonderer Gefährdung).
VDE 0100-560.6

12.21 Die Sonderbeleuchtung ist ein Teil der allgemeinen Beleuchtung. Sonderbeleuchtungen sind für betriebsmäßig verdunkelte Räume gedacht, z. B. Kinos. Dort muss unabhängig von der Stellung der Verdunkelungseinrichtung jederzeit die Möglichkeit bestehen, Licht einzuschalten.

12.22 Für die Sicherheitsbeleuchtung dürfen bei Einspeisung aus der allgemeinen Stromversorgung alle Schutzmaßnahmen und Netzsysteme nach VDE 0100-410 (s. Frage und Antwort 1.19 und 5.1) angewendet werden.

Bei Einspeisung aus der Ersatzstromquelle sind die folgenden Schutzmaßnahmen bevorzugt zu verwenden:

- Schutz durch Verwendung von Betriebsmitteln der Schutzklasse II (Schutzisolierung),
- Schutzkleinspannung (SELV),
- Funktionskleinspannung (PELV, FELV),
- Schutztrennung,
- Schutz durch Meldung mit Isolationsüberwachungseinrichtungen im IT-System.

Schutz durch Abschaltung im TN-C-S-System darf unter bestimmten Bedingungen ebenfalls verwendet werden.

Nicht zulässig sind Fehlerstromschutzeinrichtungen (RCDs).
VDE 0100-560.5.3

12.23 Ja, gemäß Landesbauordnung ist der Betreiber verpflichtet, Wartungen gemäß der Norm durchführen zu lassen und diese zu dokumentieren. Das ist für solche Großanlagen selbstverständlich. So müssen z. B. die einzelnen Teile in angemessenen Zeitabständen auf äußerlich erkennbare Mängel überprüft werden. Die Batterien sind regelmäßig zu warten. Bei den Stromerzeugungsaggregaten ist ein monatlicher Probelauf durchzuführen. Die Funktion der Sicherheitsbeleuchtung mit Zentralbatterie muss täglich durch Betätigen des Tasters geprüft werden; bei Einzelbatterien ist eine wöchentliche Funktionsprüfung erforderlich. Über diese Prüfungen sind Prüfbücher zu führen. Täglich ist zu prüfen, ob die Kontrolllampen der Bereichsschalter funktionieren. Die Anlagen sind nach bauordnungsrechtlichen Vorschriften durch behördlich anerkannte Sachverständige in bestimmten Zeitabständen zu überprüfen.

VDE 0100-718.6, VDE 0100-600

12.24 Nein, sie enthalten entweder nur gasdichte Akkumulatoren, oder sie unterliegen strengen Lüftungsbestimmungen.

Betriebsmittel, an denen Funken auftreten können (Schalter, Steckdosen, Leuchten), müssen einen Mindestabstand von 0,5 m zu den Zellen haben; andernfalls ist für sie Explosionsschutz erforderlich.

Handleuchten sind nur in Schutzart IP54, jedoch in Schutzklasse II (schutzisoliert) und nur ohne Schalter zulässig. Im Übrigen gelten die Bestimmungen für feuchte und nasse Räume; installierte elektrische Betriebsmittel müssen mindestens der Schutzart IPX2 entsprechen.

Beachte: Batterien nicht unter Belastung an- oder abklemmen! Außerdem müssen umfangreiche Sicherheitsmaßnahmen für den Umgang mit Säuren und ätzenden Stoffen beachtet werden.

VDE 0510

12.25 Gerade die VDE 0100-718 enthält neben Grundsätzlichem zahlreiche Ausnahmen und Zusatzbestimmungen. Das ist bei dem Umfang und der Verschiedenartigkeit dieser Anlagen kaum anders möglich. Der Installateur muss sich also, sobald der konkrete Fall vorliegt, anhand dieser VDE-Bestimmung selbst über alle Einzelpunkte genau informieren.

VDE 0100-718, VDE 0100-560

12.26 Die Schutzeinrichtungen und die Querschnitte müssen so ausgewählt werden, dass der Kurzschlussstrom innerhalb von 5 s selektiv abgeschaltet wird.

VDE 0100-718-520.7, 563, VDE 0100-560.7

12.27 Freihängende Leuchten über 5 kg sind durch zwei voneinander unabhängige Aufhängevorrichtungen zu sichern. Die Befestigung muss einem Zug vom 5-fachen Gewicht der Leuchten standhalten.

VDE 0100-718-512.Z1

13 Bauordnungen · DGUV-Vorschriften · Brandschutz

VDE 0128

13.1 Wichtige Bestimmungen für die Planung und Errichtung elektrischer Anlagen finden sich in:

- Landesbauordnungen (LBO) des jeweiligen Bundeslandes,
- objektspezifischen Bauauflagen der zuständigen Baubehörde,
- objektspezifischen Brandschutzgutachten bzw. Vorgaben der Brandschutzbehörde,
- Unfallverhütungsvorschriften (BGV, DGUV),
- Technischen Regeln für Arbeitsstätten (ASR), sowie
- VdS-Vorschriften, sofern spezifisch gefordert.

A 13

13.2 Die Landesbauordnungen werden von den jeweiligen Bundesländern erlassen; es handelt sich also um Landesrecht. Basis der Landesbauordnungen sind von der Bauministerkonferenz[1] verabschiedete Mustervorschriften und Mustererlasse. Sie haben somit keine unmittelbare Rechtswirkung. Jedes Land entscheidet, in welchem Umfang die Landesregelung dem Muster folgt.

13.3 Für alle Bundesländer zu berücksichtigen:

- Arbeitsstättenverordnung – ArbStättV

Für beispielsweise das Land Baden-Württemberg zu berücksichtigen:

- Landesbauordnung (LBO)

Für Sonderbauten zusätzlich zu beachten:

- Verordnung über elektrische Betriebsräume – EltVO
- Garagenverordnung – GaVO
- Verkaufsstättenverordnung – VkVO
- Versammlungsstättenverordnung – VStättVO

---

1 Bauministerkonferenz: Arbeitsgemeinschaft der für Städtebau, Bau- und Wohnungswesen zuständigen Minister und Senatoren der 16 Länder der Bundesrepublik Deutschland

Für den Bereich Brandschutz ist bei Sonderbauten zusätzlich zu beachten:

- Industriebaurichtlinie – IndBauRL
- Leitungsanlagen-Richtlinie – LAR

Infos sind auch über http://www.bauministerkonferenz.de abrufbar.

13.4 Die Muster-Leitungsanlagen-Richtlinie (MLAR) ist eine von der Bauministerkonferenz (Argebau) herausgegebene Muster-Richtlinie im baulichen Brandschutz mit der Zielsetzung, Vorgaben für die Errichtung von ausreichend brandgeschützten Leitungsanlagen zu machen.

13.5 Die MLAR (Muster-Leitungsanlagen-Richtlinie) ist eine von der Bauministerkonferenz (Argebau) herausgegebene Muster-Richtlinie.

Bei der LAR handelt es sich um eine rechtskräftige Leitungsanlagen-Richtlinie, die auf Basis der MLAR (ggf. mit Änderungen/Ergänzungen) als technische Baubestimmung ins Landesrecht übernommen wird.

13.6 Eigene elektrische Betriebsräume sind vorzusehen für:

- Transformatoren und Schaltanlagen für Nennspannungen über 1 kV,
- ortsfeste Stromerzeugungsaggregate,
- Zentralbatterien für Sicherheitsbeleuchtung.

Festlegung in EltVO – Beispiel für das Land Baden Württemberg: Verordnung des Ministeriums für Verkehr und Infrastruktur über elektrische Betriebsräume – EltVO vom 25. Januar 2012 (GBl. Nr. 3, S. 65) in Kraft getreten am 28. Februar 2012

13.7 Nein, in elektrischen Betriebsräumen sollen nur die zum Betrieb der elektrischen Anlagen erforderlichen Leitungen und Einrichtungen vorhanden sein.

Land Baden Württemberg – EltVO § 4 Anforderungen an elektrische Betriebsräume – Musterbauverordnung EltbauVO

13.8 Eine Rauchwarnmelderpflicht wird in der jeweiligen Bauordnung des Bundeslandes festgelegt, z. B: Landesbauordnung für Baden-Württemberg § 15 Absatz 7. [17]

13.9 Berlin, Brandenburg und Sachsen sind die letzten Bundesländer, in denen die Pflicht zum Einbau von Rauchwarnmeldern für Wohnräume noch nicht gesetzlich vorgeschrieben ist (Stand 2015).

13.10 Betreffs der Definition der zu überwachenden Räume gibt es zwischen den verschiedenen Landesbauordnungen keine Abweichungen. Es müssen in den nachfolgenden Räumen Melder vorgesehen werden: Schlaf- und Kinderzimmer, sowie in Fluren, die als Fluchtwege dienen.

13.11 DIN 14676-1 regelt die Planung, den Einbau, den Betrieb und die Instandhaltung von Rauchwarnmeldern für Wohnhäuser, Wohnungen und Räume mit wohnungsähnlicher Nutzung.

13.12 BGV ist die Abkürzung für Berufsgenossenschaftliche Vorschriften. So hießen bis 2014 die von den deutschen Berufsgenossenschaften erlassenen Unfallverhütungsvorschriften. Diese Vorschriften betreffen alle Arbeitnehmer in der Bundesrepublik Deutschland und befassen sich mit vielen Aspekten des Gesundheitsschutzes, wie der Ersten Hilfe bei Arbeitsunfällen, der Gestaltung von Arbeitsplätzen und der Tätigkeit von Sicherheitsbeauftragten und Betriebsärzten.

2014 wurden die BGV als Vorschriften der DGUV (Deutsche Gesetzliche Unfallversicherung) zusammengefasst. Mit den DGUV-Vorschriften wurden die nahezu identischen Vorschriften des BGV A1 und des GUV-V A1 außer Kraft gesetzt und in eine Vorschrift überführt.

13.13 Wichtige DGUV-Vorschriften für den Bereich Elektrotechnik sind:

- DGUV Vorschrift 1 (früher BGV A1)

  Grundlagenvorschrift für die betriebliche und berufsgenossenschaftliche Präventionsarbeit. Sie enthält alle wesentlichen Bestimmungen über die im Unternehmen zu treffenden Präventionsmaßnahmen und die Organisation des Arbeitsschutzes.

- DGUV Vorschrift 3 (früher BGV A3)

  Vorschrift der Deutschen Gesetzlichen Unfallversicherung für die Sicherheit elektrischer Betriebsmittel an Arbeitsplätzen. Wesentlicher Inhalt: Grundlage für die normgerechte Prüfung elektrischer Anlagen und Geräte.

13.14 Die DGUV Vorschrift 3 (früher BGV A3) unterscheidet folgende Prüffristen:

1) Elektrische Anlagen und ortsfeste Betriebsmittel:
   Prüfung alle 4 Jahre durch Elektrofachkraft,

2) Räume mit besonderer Gefährdung,

   Räume gemäß VDE 0100 Gruppe 700, Errichten von Niederspannungsanlagen; Anforderungen für Betriebsstätten, Räume und Anlagen besonderer Art:

   jährliche Prüfung durch Elektrofachkraft,

3) Schutzmaßnahmen mit Fehlerstrom-Schutzeinrichtungen (RCD) in nicht stationären Anlagen:

   monatlich durch Elektrofachkraft oder elektrotechnisch unterwiesene Person,

4) Fehlerstrom-, Differenzstrom- und Fehlerspanungs-Schutzschalter:

   Prüfung durch Nutzer/Betreiber:

   a) in stationären Anlagen alle 6 Monate durch Betätigen der Prüfeinrichtung,
   b) in nicht stationären Anlagen arbeitstäglich durch Betätigen der Prüfeinrichtung (z. B. Baustromverteiler).

13.15 Die DGUV Vorschrift 3 (früher BGV A3) nennt als Prüffristen für ortsveränderliche elektrische Betriebsmittel:

- Richtwert: 6 Monate, auf Baustellen 3 Monate. Wird bei den Prüfungen eine Fehlerquote unter 2 % erreicht, kann die Prüffrist entsprechend verlängert werden.
- Maximalwert: Auf Baustellen, in Fertigungsstätten und Werkstätten oder unter ähnlichen Bedingungen ein Jahr, in Büros oder unter ähnlichen Bedingungen zwei Jahre.

Prüfung durch Elektrofachkraft oder elektrotechnisch unterwiesene Person

13.16 Ja, es sind die Technische Regeln für Arbeitsstätten – ASR zu beachten, z. B.:

- ASR A3.4 Beleuchtung
- ASR A3.4/3 Sicherheitsbeleuchtung, optische Sicherheitsleitsysteme
- ASR 1.3 Sicherheits- und Gesundheitsschutzkennzeichnung

13.17 Das Baurecht verlangt die Unterteilung bestimmter Gebäude in Brandabschnitte, um den Übertritt von Feuer und Rauch auf benachbarte Gebäude oder Gebäudeteile zu verhindern. Brandabschnitte können vertikal (Wände) und auch horizontal (Decken) begrenzt ausgebildet werden. Trennwände oder

-decken zwischen einzelnen Brandabschnitten werden als Brandwände bezeichnet.

13.18 Feuerwiderstandsklassen werden in DIN 4102-2 beschrieben.

Der Feuerwiderstand (auch Brandwiderstand) eines Bauteils steht für die Dauer, während der ein Bauteil im Brandfall seine Funktion behält. Dabei muss das Bauteil mindestens die Tragfähigkeit und/oder den Raumabschluss sicherstellen und die Brandausbreitung verhindern.

13.19 Feuerwiderstandsklassen werden nach der Dauer des Funktionserhalt unterteilt.

Feuerwiderstandsklasse Kurzbezeichnung	Funktionserhalt über	Eigenschaft
F30	30 Minuten	feuerhemmend
F60	60 Minuten	hochfeuerhemmend
F90	90 Minuten	feuerbeständig
F120	120 Minuten	hochfeuerbeständig
F180	180 Minuten	höchstfeuerbeständig

13.20 Ja, manche Bauteile haben eigene Kennbuchstaben; die für die Technik wesentlichen sind:

F: Wände, Decken, Gebäudestützen, Unterzüge, Treppen,
T: Feuerschutzabschlüsse (Türen, Tore),
G: Brandschutzverglasung oder Fenster,
L: Lüftungskanal und -leitungen,
E: Elektroinstallationskanal oder Installationsleitungen mit zugelassenem Normtragsystem, mit Funktionserhalt (im Regelfall E30 bzw. E90, je nach Anforderung),
I: Elektroinstallationskanal für Installationsleitungen (Brandbeanspruchung von innen nach außen, kein zwingender Funktionserhalt),
K: Absperrvorrichtungen in Lüftungsleitungen,
R: Rohrabschottung, Rohrdurchführungen,
S: Schott, Kabelbrandschott.

13.21 Die infolge der Durchführung der Leitungssysteme durch Wände oder Decke unterbrochene Feuerwiderstandsfähigkeit muss durch geprüfte Schottungssysteme wieder hergestellt werden. Man spricht hier von Brandschottungen. Die Schottung muss die gleiche Feuerwiderstandsklasse wie das Bauteil vorweisen, z. B. Wand F90 = Schottung S90. Kabelabschottungen sind nach DIN 4102-9 auszuführen.

13.22 Beispiele für Kabelabschottungssysteme sind:

- Mineralfaserschotts,
- Mörtelschotts,
- Brandschutzkissen,
- Brandschutzschäume,
- Brandschutzstopfen und Formblöcke,
- Kabelboxen oder
- Brandschutzkitt.

13.23 Ja, jede Kabelabschottung muss mit einem Schild dauerhaft gekennzeichnet werden. Folgende Angaben sind erforderlich:

- Name des Errichters der Schottung,
- Firmensitz des Installateurs,
- Bezeichnung der Schottung,
- Zulassungs-Nummer des DIBt,
- Feuerwiderstandsklasse,
- Herstellungsjahr.

13.24 Funktionserhalt von elektrischen Anlagen einschließlich der Leitungssysteme ist erforderlich, um bei einem Brand wichtige technische Einrichtungen, wie Sicherheitsbeleuchtungssysteme, Brandmeldesysteme, Rauchabzugsanlagen usw., für einen Zeitraum von 30 min bzw. 90 min in Betrieb zu halten.

DIN 4102

13.25 Die Dauer des Funktionserhalts muss mindestens 30 Minuten betragen bei:

- Sicherheitsbeleuchtungsanlagen,
- Personenaufzügen mit Brandfallsteuerung,
- Brandmeldeanlagen,
- Anlagen zur Alarmierung und Erteilung von Anweisungen an Besucher und Beschäftigte,
- natürlichen Rauchabzugsanlagen,
- maschinellen Rauchabzugsanlagen und Rauchschutzdruckanlagen.

Die Dauer des Funktionserhalts muss mindestens 90 Minuten betragen bei:

- Wasserdruckerhöhungsanlagen zur Löschwasserversorgung,

- maschinellen Rauchabzugsanlagen und Rauchschutzdruckanlagen,
- Feuerwehraufzügen und Bettenaufzügen in Krankenhäusern und anderen baulichen Anlagen mit entsprechender Zweckbestimmung.

13.26 Als Kabelanlage mit integriertem Funktionserhalt E30/E90 versteht man die Kombination aus Verlegesystem (Kabelrinne etc.) und Kabeln bzw. Leitungen mit integriertem Funktionserhalt.

Man unterscheidet drei Standard-Verlegesysteme:

- Verlegung auf Kabelleitern,
- Verlegung auf Kabelrinnen,
- Einzelverlegung der Kabel unter der Decke.

Zu beachten ist, dass Leitungen/Kabel sowie das Verlegesystem als Einheit geprüft sind und eine entsprechende Zulassung vorweisen können (bauaufsichtliches Prüfzeugnis).

DIN 4102-12

13.27 Eine weitere Möglichkeit ist die Verwendung von zugelassenen Brandschutzkanälen oder Verkleidung der Elektrotrassen mit Brandschutzplatten. In die Systeme können Standardleitungen eingebracht werden.

13.28 Kabelanlagen mit integriertem Funktionserhalt müssen mit einem Kennzeichnungsschild versehen werden, aufzuführen sind:

1. Name des Errichters der Kabelanlage,
2. Bezeichnung laut Prüfzeugnis,
3. Funktionserhaltklasse,
4. Nummer des Prüfzeugnisses,
5. Herstellungsjahr.

13.29 Gängige Kabeltypenbezeichnungen von Funktionserhaltkabeln sind etwa:

- (N)HXH FE180 E30 bzw. E90 (Kabel 0,6/1kV),
- (N)HXCH FE180 E30 bzw. E90 (Kabel 0,6/1kV),
- JE-H(St)H...Bd FE180 E30 bzw. E90 (Brandmeldekabel).

Besonders zu beachten ist, dass Berechnungen zu den Kabeln mit Temperaturen im Brandfall erfolgen:

- Temperaturerhöhung bei E30-Kabel: 400 Kelvin,
- Temperaturerhöhung bei E90-Kabel: 850 Kelvin.

Tipp: Einige Kabelhersteller bieten hierzu ein Berechnungstool an.

14 Explosionsgefährdete Bereiche

VDE 0165-1

14.1 Die Projektierung elektrischer Anlagen in explosionsgefährdeten Bereichen darf nur von solchen Personen durchgeführt werden, die eine Ausbildung zu verschiedenen Zündschutzarten und Installationstechniken, Regeln, Vorschriften sowie allgemeinen Grundsätzen der Zoneneinteilung haben. Die Qualifikation der Person kann über

- ein einschlägiges Studium der Elektrotechnik oder
- eine vergleichbare technische Qualifikation oder
- eine andere technische Qualifikation mit langjähriger Erfahrung

erworben sein. Für die Prüfung zum Explosionsschutz muss die Person mindestens eine einjährige Erfahrung besitzen und ihre Kenntnisse auf aktuellem Stand halten. Die verantwortlichen Personen, der Handwerker (Auswahl und Errichtung) und der Planer (Projektierung und Auswahl), müssen den Nachweis bringen, dass sie

- für den Umfang der Arbeiten die notwendige Fachkunde besitzen,
- kompetent innerhalb der festgelegten Tätigkeitsbereiche handeln können und
- detaillierte Kenntnisse und Kompetenz besitzen.

VDE 0165.4.4, Anhang F

14.2 Für die Auswahl der Geräte müssen folgende Punkte bekannt sein:

- Einteilung der explosionsgefährdete Bereiche,
- Einteilung der Gase oder Dampfe, sofern zutreffend,
- die Temperaturklasse oder die Zündtemperatur,
- die Mindestzündtemperatur und
- die äußeren Einflüsse und die Umgebungstemperatur.

VDE 0165.5.1

14.3 EPL bedeutet Geräteschutzniveau (Equipment Protection Levels). Die Beziehung zwischen EPL und Zonen sind in Tabelle 1 angegeben.

VDE 0165.5.3

14.4 Beispiel für das Geräteschutzniveau Da:

EPL	Zündschutzart	Kurzbezeichnung	Normen
Da	Eigensicherheit, Vergusskapselung Schutz durch Gehäuse	iD mD tD	IEC 60079-11 IEC 60079-18 IEC 600079-31

VDE 0165, Tabelle 2

14.5 Temperaturklasse T3, maximale Temperatur 200 °C, Stoffbeispiel: Diesel, Heizöle und Benzin

VDE 0165.5.6

14.6 Einige Beispiele für ein Typenschild und Installationen werden nachfolgend gezeigt.

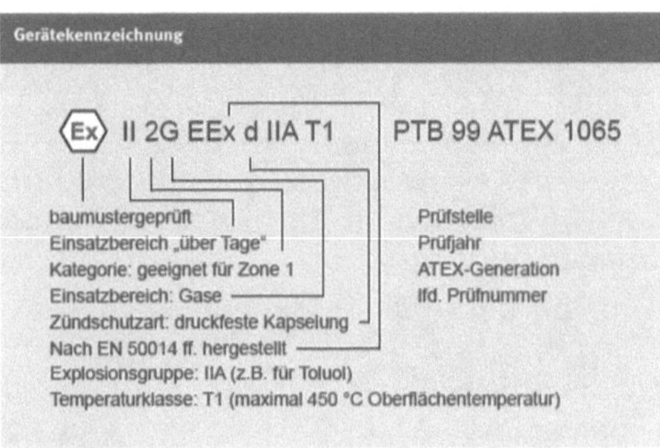

(*Quelle*: BG ETEM)

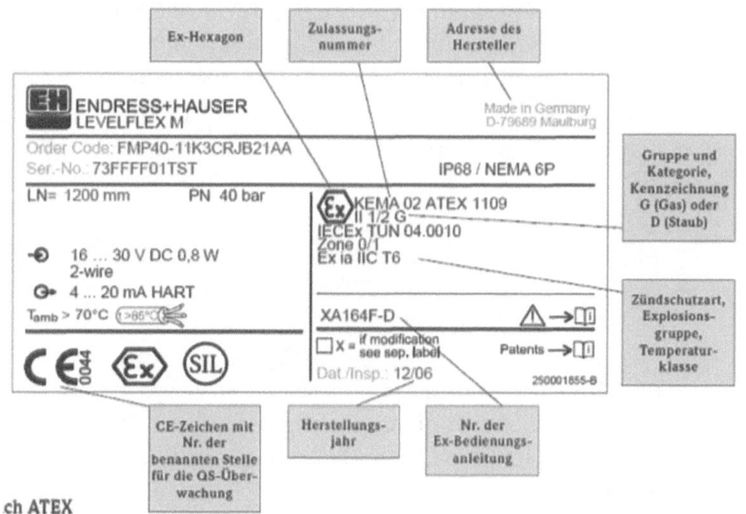

ch ATEX

(*Quelle*: Endress+Hauser)

Installationsbeispiel für elektrische Betriebsmittel:

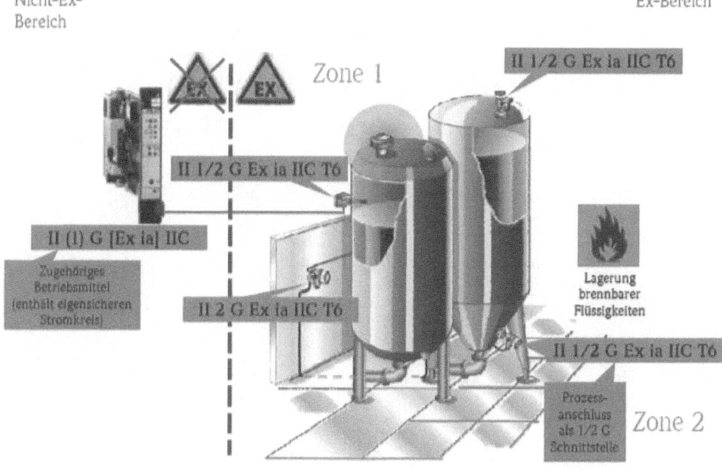

(*Quelle*: Endress+Hauser)

14.7 Die Verteilungssysteme müssen wie folgt ausgeführt werden:

- TN-System: Im explosionsgefährdeten Bereich muss ein TN-S-System ausgeführt werden.

- TT-System: Im explosionsgefährdeten Bereich muss eine Fehlerstromschutzeinrichtung installiert werden.
- IT-System: Im explosionsgefährdeten Bereich muss eine Isolations-Überwachungseinrichtung installiert werden.

Bei allen Systemen ist ein Schutzpotentialausgleich erforderlich.

VDE 0165.6 und 6.3

14.8 Explosionen mit gefährlichen Auswirkungen können entstehen, wenn folgende Voraussetzungen gleichzeitig erfüllt sind:

- brennbarer Stoff, Konzentration in Luft mit genügend feiner Verteilung,
- Sauerstoff in hinreichend hoher Konzentration und
- wirksame Zündquelle mit ausreichender Energie.

Wenn einer dieser Faktoren fehlt, kann keine Explosion auftreten.

15 Feuergefährdete Betriebsstätten

VDE 0100-420

15.1 Feuergefährdete Betriebsstätten enthalten leicht entzündliche brennbare Stoffe in gefahrdrohender Menge. Zu den leicht entzündlichen Stoffen zählen u. a. Stroh, Heu, Papier, Holzspäne, Baumwoll- und Zellwollfasern, Jute, sogar Magnesiumspäne.

Für die Einstufung der Betriebsstätte ist zwar der Betreiber der Anlage selbst verantwortlich, er wird diese Feststellung jedoch meist in Abstimmung mit den sachkundigen Mitarbeitern des Baurechtsamts bzw. der Brandschutzbehörde oder des Amts für Arbeitsschutz treffen. Den Mitarbeitern dieser Ämter obliegt später auch die Kontrollpflicht.

VDE 0100-420.422.3

15.2 Diese Frage ist falsch gestellt. Büroräume einer solchen Fabrik zählen z. B. nicht zu den feuergefährdeten Räumen, wohl aber die Arbeits-, Trocken- und Lagerräume – Räume also, in denen sich „leicht entzündliche Stoffe in gefahrdrohender Menge" den elektrischen Betriebsmitteln so nähern können, dass höhere Temperaturen oder Lichtbögen eine Brandgefahr bilden.

VDE 0100-420.422.3

15.3 Die Steckvorrichtungen sollen ein Isolierstoffgehäuse haben und so gesetzt werden, dass sie gegen mechanische Beschädigung geschützt sind. Installationsschalter, Steckvorrichtungen, Abzweigdosen u. dgl. müssen mindestens der Schutzart IPX5 entsprechen, wenn sie sich in Räumen befinden, die durch Staub oder Faserstoffe feuergefährdet sind.

VDE 0100-420.422.3.3

15.4 Sie müssen mit ▽▽ gekennzeichnet sein und in Räumen, die durch Staub oder Faserstoffe feuergefährdet sind, mindestens die Schutzart IPX5 haben. Ist mit mechanischer Beschädigung zu rechnen, so sind entsprechend widerstandsfähige Schutzkörbe, Schutzgläser u. dgl. anzubringen.

Besondere Beachtung erfordert die brandsichere Montage von Leuchten für Leuchtstofflampen, weil an deren Vorschaltgeräten u. U. hohe Temperaturen auftreten können (s. auch Frage und Antwort 3.2).

VDE 0100-420.422.3.1 und 3.3

15.5 Als alleinige Schutzmaßnahme im TN-System ist der Überstromschutz nicht ausreichend. Sowohl im TN- als auch im TT-System ist für Kabel- und Leitungsanlagen ein Schutz gegen Isolationsfehler gefordert. Hier sind RCDs mit einem Bemessungsdifferenzstrom von $I_{\Delta n} \leq 300$ mA vorgeschrieben. In besonderen Anwendungen, etwa im Zusammenhang mit flächigen Heizelementen, Deckenheizungen usw., darf der Bemessungsdifferenzstrom höchstens 30 mA betragen. In derartigen Einrichtungen kann bei einem Fehler, den ein Teilwiderstand des Heizleiters über eine leitende Verbindung zum Gehäuse bildet, ein Brand entfacht werden.

VDE 0100-420.422.3.9.a

15.6 Im IT-System muss eine Isolationsüberwachungseinrichtung mit optischer und akustischer Meldung einen auftretenden Fehler sicher anzeigen. Ein möglicher zweiter Fehler muss innerhalb von 5 s durch eine Überstromschutzeinrichtung abgeschaltet werden. Schon beim ersten Fehler muss eine schnellstmögliche manuelle Abschaltung erreicht werden. Konzentrische Leiter von Kabeln sollen hier mit dem Schutzleiter verbunden werden, was zum frühen Erkennen eines Isolationsfehlers führt, noch bevor größere Auswirkungen um die Fehlerstelle entstehen können.

VDE 0100-420.422.3.9.b

15.7 Nein, die Schutzmaßnahme durch Überstromschutzeinrichtungen im TN-S-System genügt hierbei vollauf.

Stromschienensysteme und mineralisolierte Leitungen sind hier nicht ausdrücklich in eine der Schutzmaßnahmen TN- und TT-System mit RCDs oder IT-System mit Isolationsüberwachung eingeschlossen. In Anbetracht des Sicherheitsgewinns ist aber auch die Einbeziehung solcher Anlagen in eine der vorgenannten Maßnahmen in vielen Fällen vertretbar.

VDE 0100-420.422.3.9.b

15.8 Wenn folgende Bedingungen erfüllt sind, darf eine feuergefährdete Betriebsstätte von Kabeln und Leitungen durchquert werden:

- Die Kabel- und Leitungssysteme müssen entweder vollständig mit Verputz bedeckt, in Beton verlegt oder gegen Auswirkungen von Feuer geschützt sein (z. B. durch einen Brandschutzkanal). Ist dies nicht gegeben, so müssen sie schwer entflammbar sein.
- Die Kabel und Leitungen dürfen in den durchquerten Betriebsstätten keine Verbindungen und Klemmstellen haben.
- Wenn Klemmen und Verbindungsstellen nicht zu umgehen sind, müssen sie sich in speziellen Umhüllungen befinden, die den Prüfbestimmungen für Brandsicherheit genügen, (Prüftemperatur 850 °C nach VDE 0606-100).
- Der Überlast- und Kurzschlussschutz muss durch Schutzeinrichtungen gewährleistet werden, die vor den feuergefährdeten Betriebsstätten angebracht sind.

VDE 0100-420.422.3.5 u. 3.10

15.9 Dies ist in Verteilungen für feuergefährdete Räume, für Versammlungsstätten u. dgl. vorgeschrieben (s. auch Antwort 12.8).

VDE 0100-420.422.3.5 u. 3.10

15.10 Nein, der (grün-gelbe) PEN-Leiter hat zuerst einmal Schutzfunktion; er selbst ist ja vielfach geerdet. Deshalb muss er immer an die nichtisolierte, geerdete Schutzleiterschiene angeschlossen werden. Von dieser Anschlussstelle führt dann ein (hellblauer) Sammel-Neutralleiter zur isolierten Neutralleiterschiene, an die die einzelnen (hellblauen) Verbraucher-Neutralleiter über Trennklemmen angeschlossen sind.

VDE 0100-540.543.4

15.11 In feuergefährdeten Betriebsstätten sind mindestens mittlere ölfeste und schwer entflammbare Gummischlauchleitungen, z. B. H07RN-F oder gleichwertige Typen, nötig.

VDE 0100-420.422.3.12

15.12 Wie bei anderen Kabel- und Leitungssystemen oder -anlagen kommt auch hier der Brandschottung und der Verhinderung der raschen Brandausweitung ein besonderes Gewicht zu. Durch die Verwendung schwerentflammbarer Kabel und Leitungen kann ein rasches Ausbreiten der Flammen verzögert werden. Deshalb werden Kabel und Leitungen mit verbessertem Brandverhalten empfohlen, z. B. Leitungen NHXMH, NHMH oder Kabel NHXH, NHXHX.

VDE 0100-420.422.2.1 und 3.4, Tabelle 1

15.13 PEN-Leiter sind in feuergefährdeten Betriebsstätten nicht zulässig. Lediglich durchquerende Kabel- und Leitungssysteme dürfen PEN-Leiter haben.

VDE 0100-420.422.3.12

15.14 Als Trennvorrichtungen sind zu verwenden:

- Trenner oder Last-Trenner,
- Last-Trennschalter,
- Steckvorrichtungen,
- austauschbare Sicherungen,
- Trennlaschen,
- Spezialklemmen, bei denen ein Abklemmen des Leiters vermieden wird.

VDE 0100-420.422.3.12

15.15 Motoren mit selbsttätigem Anlauf, ferngesteuerte Motoren u. ä. müssen durch Motorschutzschalter mit Wiedereinschaltsperre überwacht werden, so dass eine Überhitzung des Motors sicher verhindert wird. Das gilt auch für die Sternstufe beim Stern-Dreieck-Anlauf. Da auch bei anderen Motoren, die nicht selbsttätig anlaufen, eine Überlastung nicht immer ausgeschlossen werden kann, ist auch hier ein Motorschutzschalter zu empfehlen.

VDE 0100-420.422.3.7

15.16 Neben den Warmwasserheizungssystemen sind auch Elektrowärmegeräte zulässig, deren Heizleiter nicht mit leichtentzündlichen Stoffen in Berührung kommen können. Die Oberflächentemperatur darf unter üblichen Betriebsbedingungen 90 °C und im Fehlerfall 115 °C nicht überschreiten (geringere Werte können durch das Baurecht der Bundesländer gefordert werden).

In durch Staub oder Fasern feuergefährdeten Betriebsstätten dürfen Heizungen mit Kernspeicher nicht verwendet werden, wenn die Raumluft mit dem Speicherkern in Berührung kommt.

VDE 0100-420.422.1.3, 424.1

15.17 Trocknungsanlagen müssen so beschaffen sein, dass bei Erreichen unzulässig hoher Temperaturen die Heizregister und Gebläse automatisch abgeschaltet werden. Die Trocknungsanlage darf nach einer Abschaltung infolge unzulässiger Temperaturen nicht wieder automatisch starten, sondern erst nach Beseitigung des Fehlers wieder in Betrieb gesetzt werden können.

VDE 0100-420.422.1.3, 422.3.6, 424.1

15.18 Man unterscheidet zwischen Kompaktkesseln für den Hausgebrauch, die durch Laien betrieben werden, und (Groß-) Feuerungsanlagen für den Einsatz in Wärmeversorgungsnetzen.

Räume mit Kompaktkessel-Heizanlagen für den Hausgebrauch zählen in der Regel zu den trockenen Raumarten. Bis auf einen Hauptschalter für die Heizungsanlage und deren Ölförderpumpe werden keine besonderen Installationsmaßnahmen gefordert.

Für (Groß-) Feuerungsanlagen sind die Bestimmungen in VDE 0116 maßgebend. In dieser Norm sind Angaben zur Kabel- und Leitungswahl, zu Freischalteinrichtungen, Gefahrenschaltern usw. enthalten.

VDE 0116; s. auch VDE 0722

16 Betrieb von Starkstromanlagen · Bekämpfung von Bränden

VDE 0105-100

16.1 Alle gewerblichen, industriellen, landwirtschaftlichen und medizinischen Anlagen sind in angemessenen Zeiträumen durch Fachleute bzw. Sachverständige zu überprüfen.

VDE 0105-100.5.3

16.2 Einer von den drei Monteuren ist zu bestimmen, der alles Notwendige verantwortlich veranlasst.

Folgende fünf Maßnahmen sind durchzuführen:

1. freischalten,
2. gegen Wiedereinschalten sichern,
3. Spannungsfreiheit feststellen,
4. erden und kurzschließen,
5. benachbarte unter Spannung stehende Teile abdecken oder abschranken.

Beachte: „Herstellen und Sicherstellen des spannungsfreien Zustands" ist ein umfassender Begriff; „Freischalten" ist nur ein Teil davon!

VDE 0105-100.6.2

A 16

16.3 Ja, wenn er die Bestätigung abwartet. Grob fahrlässig wäre die Vereinbarung eines Zeitpunkts. Auch das Ausbleiben der Spannung ist keine Bestätigung.

Außerdem muss ihm der Name des Freischaltenden bekannt sein.

VDE 0105-100.5.2.2

16.4 Wahrscheinlich führt die Anlage noch Spannung über Spannungsmessgeräte oder Kapazitäten, z. B. Kabel oder Kondensatoren. Letztere müssen u. U. durch geeignete Vorrichtungen entladen werden.[1]

VDE 0105-100

---

1 s. auch Frage und Antwort 1.35

16.5 Nein, es muss noch ein Verbotsschild (Anhang A 8) angebracht werden. Sonst wäre die Verteilertafel gegen Wiedereinschalten, z. B. durch Einschrauben anderer Leitungsschutzsicherungen durch andere Handwerker, nicht genügend gesichert. Eine zusätzliche Sicherheit wird durch verschließbare Schraubkappen oder Blindeinsätze erreicht.

VDE 0105-100.4.1.103

16.6 Nein, es ist zusätzlich ein Verbotsschild (Anhang A 8) erforderlich.

VDE 0105-100.6.2.2

16.7 Nein, bei Steckdosenanschluss ist keine Gewähr dafür gegeben, dass der Schalter den spannungsführenden Leiter unterbrochen hat. Man muss den Stecker aus der Steckdose ziehen, da sonst Gefahr besteht, an spannungsführende Teile zu gelangen.

VDE 0105-100

16.8 Dies muss vor und nach jedem Benutzen geschehen.

VDE 0105-100.6.2.3

16.9 Man kann in die vermutlich richtige Leitung, die man freigeschaltet hat, z. B. mit einem Kabelschießgerät einen Dorn eintreiben. Auf jeden Fall muss vorher an den Schaltstellen die Spannungsfreiheit festgestellt werden.

VDE 0105-100.6.2.3.105

16.10 Er darf darauf verzichten, wenn folgende Bedingungen *gleichzeitig* erfüllt sind:

- Die Anlage darf höchstens 1000 V Nennspannung haben.
- Es darf sich nicht um Freileitungen handeln, auch nicht teilweise, ausgenommen schutzisolierte Freileitungen (z. B. NFA2X).
- Es muss die Spannungsfreiheit hergestellt, gesichert und festgestellt sein.
- Eine Rückspeisung durch Ersatzstromanlagen und Kleinkraftwerke muss sicher verhindert sein.

Vorsicht: Gegen benachbarte Teile muss man sich jedoch ggf. schützen.

VDE 0105-100.6.2.4.2

16.11 Nein, an der Arbeitsstelle muss

1. die Spannungsfreiheit nochmals allpolig festgestellt und
2. hier, also an der Arbeitsstelle, allpolig (einschl. evtl. Schalt- und Steuerleitungen!) geerdet und kurzgeschlossen werden, für den Fall der Auftrennung der Leitung sogar an beiden Enden.
3. Bei gefahrbringender Nähe anderer unter Spannung stehender Leitungen ist gegen diese abzudecken.

VDE 0105-100.6.2.4.2

16.12 Folgende Tätigkeiten sind durchzuführen:

1. entbehrliche Personen zurückziehen, Werkzeuge und Abdeckungen entfernen,
2. Kurzschlussverbindungen aufheben,
3. Erdungen aufheben,
4. betriebsmäßige Schutzverkleidungen und Sicherheitsschilder anbringen,
5. Einschaltbereitschaft durch den Aufsichtführenden melden,
6. Sicherheitsmaßnahmen an der Ausschaltstelle aufheben.

VDE 0105-100.6.2.7

16.13 Zunächst muss geprüft werden, ob es nicht doch möglich ist, den spannungsfreien Zustand an der Arbeitsstelle herzustellen.

Muss dennoch in der Nähe von unter Spannung stehenden Teilen gearbeitet werden, ist Folgendes wichtig:

- Unter Spannung stehende Teile sind gesichert abzudecken oder abzuschranken.
- Die Unverwechselbarkeit der Arbeitsstelle ist sicherzustellen, z. B. durch Markierungen, Ketten, Bänder, Gitter der benachbarten Schaltfelder.
- Für festen Standort, bei dem der Arbeitende beide Hände frei hat, ist zu sorgen.
- Schutzabstände müssen unter allen Umständen eingehalten werden, auch beim Umgang mit sperrigen Gegenständen, wie Leitern, Seilen, Drähten u. ä.
- Es ist enganliegende Kleidung zu tragen.
- Die Mitarbeiter sind über die getroffenen Schutzmaßnahmen mit Hinweisen auf eventuelle Besonderheiten zu unterrichten.
- Laien müssen durch Fachkräfte oder unterwiesene Personen beaufsichtigt werden.

VDE 0105-100.6.3

16.14 Da solche Arbeiten stets erhöhte Gefahren bergen, sind sie – abgesehen von Sonderregelungen – nicht erlaubt. Der Regelfall ist das Arbeiten an freigeschalteten elektrischen Anlagen[1].

VDE 0105-100

16.15 Arbeiten an unter Spannung stehenden Teilen sind nur erlaubt, wenn in Sonderfällen zwingende Gründe vorliegen; der Regelfall ist das Arbeiten an freigeschalteten Anlagen. In folgenden Fällen darf von dieser Regel abgewichen werden:

- Eine Gefährdung ist ausgeschlossen.
  Dies ist normalerweise dann gegeben, wenn die Höhe der Spannung ungefährliche Bereiche (AC 50 V oder DC 120 V) nicht überschreitet oder die Stromstärke auf ungefährliche Werte begrenzt ist (AC 3 mA oder DC 12 mA). Vorsicht: Auch hier zeigt die Erfahrung, dass bei Berührung unter Spannung stehender Teile eine schreckhafte Reaktion zu Unfällen führen kann.
- Es liegen zwingende Gründe vor.
  Zu den zwingenden Gründen zählen, wenn durch Wegfall der Spannung
  - die Gesundheit oder das Leben von Personen gefährdet würde,
  - erhebliche wirtschaftliche Schäden in Betrieben entstünden,
  - die Stromversorgung einer größeren Zahl von Kunden in öffentlichen Netzen unterbrochen würde,
  - bei Arbeiten an Fahrleitungen der Bahnbetrieb unterbrochen oder behindert werden könnte,
  - ein Ausfall von Fernmeldeanlagen einträte, und somit eine Gefahr für Leben und Gesundheit von Personen entstünde,
  - eine Störung einer Verkehrsanlage einträte, die zu einer Gefahr für Leben und Gesundheit von Personen und Schäden an Sachwerten führen könnte.

Der Anlagenbetreiber hat die zwingenden Gründe jeweils nachzuweisen. Banalitäten, wie eine fehlgeplante elektrische Anlage ohne Freischaltmöglichkeiten infolge vergessener Schalter, werden als zwingende Gründe nicht anerkannt.

VDE 0100-100.6.3 und 6.3.2

1 s. auch Frage und Antwort 16.3

16.16 Hier sind unter Spannung nur einfache Tätigkeiten erlaubt, wie das Heranführen von Spannungsprüfern, das Auswechseln von Sicherungen unter Verwendung von Sicherungszangen, das Arbeiten an Akkumulatoren (unter Beachtung geeigneter Vorsichtsmaßnahmen), das Auswechseln von Isolatoren, der Austausch von Holzmasten u. dgl.; sie dürfen auch von unterwiesenen Personen durchgeführt werden.

VDE 0105-100 Abschn. 6.3

16.17 Es dürfen nur die vom Brand direkt betroffenen oder bedrohten Anlagenteile abgeschaltet werden mit Rücksicht auf die Brandbekämpfung selbst (Wasserversorgung, Fernmeldeeinrichtungen usw.) und die Allgemeinheit (Verdunkelung der Straßen, Stilllegung gewerblicher Betriebe, Gefährdung von Operationen in Krankenhäusern usw.). Die Beleuchtung raucherfüllter Räume aber erleichtert die Rettungsarbeiten.

VDE 0132

16.18 In explosionsgefährdeten Betrieben (Lackfabrik!) können durch Abschaltungen elektrischer Betriebsmittel erhöhte Brand- und Explosionsgefahren ausgelöst werden; hier ist es klug, auf die Ankunft des schnell verständigten Betriebsleiters zu warten. Dieser kennt die Gegebenheiten der Fabrik genau und weiß, wie die chemischen Prozesse sicher und ohne zusätzliche Gefahren heruntergefahren werden müssen.

VDE 0105-100.B.2, B3, VDE 0132.4.1.3, u. VDE 0165.5.5

16.19 Ja, hier ist das erforderlich, weil der Isolationszustand erheblich herabgesetzt sein kann und Metallteile aller Art (Regenrinnen, Blechdächer, Metallzäune, Motorgehäuse usw.) unter lebensgefährlicher Spannung stehen können.

VDE 0132

16.20 Die chemisch sehr stabilen polychlorierten Biphenyle (PCB) wandeln sich bei hohen Temperaturen (Lichtbogen!) in giftige Zersetzungsprodukte um. Deshalb muss ein rascher Löscheinsatz erfolgen. Atemschutz und Kontaminationsschutzhauben sorgen für die Sicherheit der Einsatzkräfte gegen Kontaminierung (Verseuchung). Weitere Maßnahmen hängen von Kontaminierungsprüfungen ab. Einschlägige bundes- und landesrechtliche Festlegungen sind zu beachten.

PCB-haltige Isolier- und Kühlflüssigkeiten werden in der Gefahrstoffverordnung auch ohne Brandeinwirkung als giftig eingestuft. Betriebsmittel mit PCB-Anteilen müssen besonders augenfällig als solche gekennzeichnet sein.

Ein sofortiger Austausch PCB-haltiger Isoliermittel ist der beste Schutz vor eventuellen späteren Folgen.

VDE 0132

16.21 Als Löschmittel eignen sich Wasser, Schaum, Halon, Kohlendioxid und Pulver. Bei der Verwendung sind Abstände und Einschränkungen zu beachten:

Löschmittel	Gefahren und Einschränkungen	Abstände in m bei Spannungen		
		bis 1 kV	30 kV	380 kV
Wasser	– Sprühstrahl* – Vollstrahl* – elektrisch leitend – Frostschutzzusätze beachten	1 5	3 5	5 8
Schaum	– darf grundsätzlich nur bei spannungsfreien Anlagen eingesetzt werden (gilt auch für benachbarte Anlagen) – Ausnahmen möglich – elektrisch leitend			
Halon	– gesundheitsschädliche Zersetzungsprodukte im Lichtbogen – Erstickungsgefahr in engen Räumen – Korrosionsschäden möglich – elektrisch nichtleitend	1	3	5
Kohlendioxid	– Lebensgefahr in engen Räumen durch Ersticken – elektrisch nichtleitend – keine Rückstände – im Freien Wirkung begrenzt	1	3	5
Pulver	– nur mit Zustimmung des Betreibers der Anlage verwenden – verursacht u. U. Schmelzbeläge, die nur schwer entfernbar sind – unter Feuchtigkeitseinflüssen kurz-schlussartige Ströme möglich – Einsatz möglichst vermeiden	1	(3)**	(5)**

* möglichst Sprühstrahl verwenden (Strahlrohr CM nach DIN 14 365); Fließdruck 5 bar

** je nach Anwendungsform und Kennzeichnung des Feuerlöschers nur an spannungsfreien Anlagenteilen verwendbar

VDE 0132 Abschn. 5

A 16

16.22 Im Notfall kann man das versuchen, falls es sich um Niederspannung handelt; bei Hochspannung aber ist das lebensgefährlich. Aber auch bei Niederspannung kann eine solche Gewaltmaßnahme nur von erfahrenem Personal und auch dann nicht ohne Gefahr für die eigene Person durchgeführt werden. Es ist stets besser zu versuchen, die zugehörige Schalteinrichtung zu betätigen.

VDE 0132

16.23 Nein, das dauert viel zu lange; jede Minute ist kostbar. Das Gehirn des Bewusstlosen, bei dem wahrscheinlich Herzkammerflimmern eingetreten ist (daher die Bewusstlosigkeit), wird nicht mehr über die Blutbahn mit Sauerstoff versorgt. Bei Herz-Kreislauf-Stillstand sind folgende Anzeichen gleichzeitig vorhanden:

- Bewusstlosigkeit (nicht ansprechbar, bewegungslos),
- Atemstillstand (keine sicht- und fühlbaren Atembewegungen, kein hörbares Atemgeräusch),
- Kreislaufstillstand (an beiden Seiten des Halses kein Puls feststellbar).

Bei gleichzeitiger Feststellung der genannten Anzeichen muss *sofort* mit der Herz-Lungen-Wiederbelebung[1] begonnen werden. Der Helfer kann dabei um Hilfe rufen, bis jemand kommt, der den nächsten Arzt holt. Bis zum Erfolg dürfen die Wiederbelebungsversuche keinen Augenblick unterbrochen werden, auch nicht während der Überführung ins Krankenhaus!

VDE 0132

1 Die Firmen bieten ihren Mitarbeitern meist Ausbildungsmaßnahmen zur Ersten Hilfe an. Dort ist die Herz-Lungen-Wiederbelebung in speziellen Kursen erlernbar.

17 Allgemeine Versorgungsbedingungen · Technische Anschlussbedingungen

TAB 2012

17.1 Sie stehen in der „Verordnung über Allgemeine Bedingungen für den Netzanschluss und dessen Nutzung für die Elektrizitätsversorgung in Niederspannung (Niederspannungsanschlussverordnung – NAV)". Bis September 2010 galt die „Verordnung über Allgemeine Bedingungen für die Elektrizitätsversorgung von Tarifkunden" – kurz AVBEltV genannt. Vor dem 1.4.1980 galten die „Allgemeinen Bedingungen für die Versorgung mit elektrischer Arbeit aus dem Niederspannungsnetz der Elektrizitätsversorgungsunternehmen" – kurz AVB genannt.

17.2 Während die VDE-Bestimmungen vorwiegend zum Schutz von Leben und Sachgütern geschaffen sind, dienen die TAB hauptsächlich der Sicherung einer einwandfreien, also möglichst störungsfreien Versorgung des Kunden.

Die Anlage des Kunden muss auch nach den TAB errichtet, instandgehalten und betrieben werden, weil sie „technische Anforderungen" im Sinne der NAV sind.

TAB, Abschn. 1

17.3 Ja, der Netzbetreiber (NB) kann ändernd oder ergänzend zu den TAB besondere – technisch oder wirtschaftlich bedingte – Bestimmungen und Installationsvorschriften herausgeben[1].

TAB, Abschn. 1

17.4 Ja, wenn der Kunde die „Verordnung über Allgemeine Bedingungen ..." (NAV) erfüllt. Bei höherer Gewalt, betriebsnotwendigen Arbeiten oder wenn die allgemeinen Tarife zeitliche Beschränkungen vorsehen, ruht jedoch diese Verpflichtung.

NAV § 5

---

1 Darauf sei besonders hingewiesen. Für den Elektroinstallateur ist es also notwendig, stets mit dem zuständigen Netzbetreiber guten Kontakt zu halten. Das in diesem Kapitel Besprochene bezieht sich auf den TAB-Musterwortlaut des BDEW.

17.5 Solche Empfehlungen sind in DIN 18 015 Elektrische Anlagen in Wohngebäuden zusammengefasst. Dieses Normblatt besteht aus vier Teilen:

Teil 1: Planungsgrundlagen,
Teil 2: Art und Umfang der Mindestausstattung,
Teil 3: Leitungsführung und Anordnung der Betriebsmittel,
Teil 4: Gebäudesystemtechnik.

TAB, Abschn. 7.4

s. auch Angaben im Anhang dieses Buchs

17.6 Das ist zwar nicht verboten, aber unklug; denn diese Arbeiten sind schon bei der Planung, spätestens beim Rohbau zu berücksichtigen.

Außerdem sind sie nur so weit zulässig, als sie die Standfestigkeit und Tragfähigkeit der Bauteile nicht beeinträchtigen. In Wänden aus Hohlblocksteinen und Lochsteinen dürfen Schlitze nur lotrecht und nur bis zu 30 mm Tiefe[1] gefräst werden. In Schornsteinwangen sind Schlitze, Durchführungsöffnungen und Aussparungen überhaupt nicht zulässig. Nach DIN 1053 dürfen Schlitze nicht „gestemmt“ werden.

DIN 18 015-1

17.7 Kundenanlagen dürfen – außer durch den NB – nur durch einen zugelassenen Elektroinstallateur errichtet und instandgehalten werden.

NAV § 13

17.8 Nicht anmeldepflichtig sind

- alle haushaltstypischen Elektrogeräte, die in Haushalten an zweipolige Steckdosen bis 16 A angeschlossen werden können,
- alle Klima- und Raumheizgeräte mit einem Gesamtanschlusswert bis 2 kW je Haushalt,
- kleinere Geräte in Haushalten, die mit Phasenanschnitt- oder Schwingungspaketsteuerung betrieben werden und deren gesteuerte Leistung festgelegte Werte nicht überschreitet.

Dagegen sind – vor der Planung! – anmeldepflichtig:

- Neuanlagen,

1 in Abhängigkeit von der Wanddicke, s. DIN 1053.8.3, s. auch Anhang A 5.2

- Änderungen bzw. Erweiterungen, wenn sich dadurch die tariflichen bzw. vertraglichen Bemessungsgrößen ändern,
- Anschluss solcher Verbrauchsmittel, die das Netz erheblich belasten (z. B. durch den Anschlusswert),
- Anschluss solcher Verbrauchsmittel, die den Netzbetrieb sonst wie stören (z. B. durch stoßweise Belastung oder Oberschwingungen),
- Eigenerzeugungsanlagen, Schausteller-, Baustellen-Anschlüsse u. ä.

Einzelheiten s. Quellenangabe!

NAV § 5 u. 15 sowie TAB Abschn. 2

17.9 Nein, das Verteilungsnetz – also das Eigentum des NB – reicht vom Stromerzeuger bis zum Hausanschlusskasten und den Hausanschlusssicherungen einschließlich. Die Verbraucheranlage beginnt erst mit der Haupt-(Steig-)Leitung. Ort, Art, Anzahl und Änderungen der Hausanschlüsse werden vom NB bestimmt; er muss auch für die Errichtung und Instandhaltung sorgen. Die Kosten dafür muss jedoch der Kunde dem NB erstatten.

VDE 0100-732 sowie NAV §§ 9 u. 10

17.10 Im Hauptstromversorgungssystem darf der Spannungsfall folgende Werte nicht überschreiten:

bis 100 kVA	0,50 %,
über 100 bis 250 kVA	1,00 %,
über 250 bis 400 kVA	1,25 %,
über 400 kVA	1,50 %.

In den Leitungen vom Zähler bis zu den Stromverbrauchsgeräten gelten die restlichen Spannungsfälle bis 4 %.

s. dazu Rechenbeispiele im Anhang A 1.7, A 1.9 u. A 3.2

TAB, Abschn. 6.2.5[1], sowie NAV § 13 (5), DIN 18 015-1

17.11 Bei Freileitungsanschlüssen ist die Hauptleitung so auszuführen, dass die Anlage später auch über einen Kabelanschluss versorgt werden kann. Zu diesem Zweck ist ein Leerrohr von mindestens 36 mm lichter Weite bis in den Keller durchzuführen.

Dieses Leerrohr kann bis zur Herstellung des Kabelanschlusses die Schutzpotentialausgleichsleitung aufnehmen. Sie verbin-

1 s. Fußnote zu Antwort 17.3

det den Hauptleitungs-PEN-Leiter oder den Gebäude-Schutzleiter mit der Haupterdungsschiene zwecks Hauptschutzpotentialausgleichs.

Der Dachständer samt Anschlusskasten wird jedoch nicht geerdet.

VDE 0100-410, -520, sowie TAB

17.12 Bei Neubauten muss ein Fundamenterder eingebaut sein. Durch seinen Anschluss an die Haupterdungsschiene wird die Schutzwirkung bedeutend verbessert.

s. dazu Rechenbeispiel im Anhang A 1.1

VDE 0100-540, DIN 18 015-1 u. TAB[1], Abschn. 12, DIN 18 014

17.13 Nach DIN 18 015-1, Kurve A (mit Warmwasserbereitung) gelten folgende Zuordnungen:

1 Wohneinheit	63 A
2 Wohneinheiten	80 A
3 Wohneinheiten	100 A

Ohne Warmwasserbereitung ist nach Kurve B bis zu 10 Wohneinheiten eine Absicherung mit 80 A ausreichend.

Bei mehr Wohneinheiten, erst recht bei Landwirtschafts- oder Gewerbebetrieben und in Sonderfällen, z. B. bei Elektroheizung, ist Rücksprache mit dem NB erforderlich.

TAB[2] 1 sowie DIN 18 012, DIN 18 013 u. DIN 18 015-1 s. auch VDE 0100-732

17.14 Um Mehrtarifzähler und -geräte zentral steuern zu können, werden die Steuerleitungen für die Tarifumschaltungen durchverdrahtet. Der Errichter sollte Maßnahmen mit dem Netzbetreiber abstimmen.

TAB, A 4

17.15 1. Solche Überstromschutzeinrichtungen für alle Hauptleitungsabzweige empfehlen sich in Mehrfamilienhäusern schon deshalb, damit Störungen oder Abschaltungen wegen Arbeiten im Zählerschrank oder im Stromkreisverteiler einer Wohnung keine Auswirkungen auf Anlagen anderer Kunden haben.

2. Es muss stets damit gerechnet werden, dass in den Wohnungen LS-Schalter verwendet werden. Vor diesen sind in der Regel selektive Hauptleitungsschutzschalter (SH-Schal-

1 s. auch Fragen und Antworten 2.1 bis 2.9

2 s. Fußnote zu Antwort 17.3

ter) erforderlich, die höchstens 63 A Nennstrom haben dürfen.

3. Diese SH-Schalter sind vor den Zählern und den Abzweigleitungen als deren zugeordneter Kurzschluss- oder Überlastschutz ohnehin unerlässlich.

VDE 0100-30, VDE 0100-550, VDE 0105-100.6.2, TAB, Anhang B, 29, sowie DIN 18 015-1

17.16 Nein, bereits vor der Planung des Anschlusses von größeren Motoren und von Motoren, die Netzstörungen durch besonders schweren Anlauf, häufiges Einschalten oder schwankende Stromaufnahme (z. B. Sägegatter, Cuttermotoren, Aufzugsmotoren) verursachen können, sind die zu treffenden Maßnahmen mit dem NB zu vereinbaren.

Wechselstrommotoren bis 1,7 kVA und Drehstrommotoren, deren Anzugsstrom 60 A nicht überschreitet, verursachen i. Allg. keine störenden Spannungsabsenkungen im Netz. Ist der Anzugsstrom nicht bekannt, so ist das 8-fache des Nennstroms anzusetzen.

s. dazu Rechenbeispiel im Anhang A 1.9

s. auch Kap. 20

TAB, Abschn. 10.2.2

17.17 Falls es sich nicht um Motor-Generatoren handelt, rufen Schweißgeräte oftmals Störungen in benachbarten Anlagen hervor. Ihre stoßweise Stromaufnahme verursacht häufig schon bei einem Anschlusswert von mehr als 2 kVA lästige Spannungsschwankungen. Daher ist bei größeren Geräten unbedingt Rücksprache mit dem NB erforderlich.

Die Blindleistung der Schweißtransformatoren soll so gedeckt werden, dass bei Nennbetrieb der Leistungsfaktor mindestens $\cos \varphi = 0{,}7$ (induktiv) beträgt.

NAV § 16 u. 22 sowie TAB 10.2.4

17.18 Ja, die Kondensatoren sollen stets nur dem tatsächlich erforderlichen Blindlastbedarf angeglichen sein (als Einzel- oder Gruppenkompensation). Deshalb sind sie entweder zusammen mit dem Gerät zu- und abzuschalten oder über Regeleinrichtungen anzuschließen. Der Leistungsfaktor der Anlage soll auf etwa $\cos \varphi = 0{,}9$ (induktiv) gehalten werden.

NAV § 16 u. TAB, 10.3.3

17.19 Das erfolgt ausschließlich durch Beauftragte des NB. Sie setzen die – ordnungsgemäße – Anlage bis zu den Haupt- oder Verteilungssicherungen unter Spannung. Das nennt man Inbetriebsetzung. Dabei soll der Elektroinstallateur zugegen sein.

NAV § 14 u. TAB, Abschn. 3*

17.20 Das geschieht durch den Elektroinstallateur. Bevor er die Kundenanlage jedoch in Betrieb nimmt, muss er sie auf einwandfreien Zustand prüfen, nämlich auf die Einhaltung der VDE-Bestimmungen, der Technischen Anschlussbedingungen und sonstiger einschlägiger Vorschriften.

NAV § 15 u. TAB, Abschn. 3[1]

17.21 Folgende Anlagenteile müssen plombiert sein:

- Hausanschlusskästen,
- Zähler mit ihren Tafeln oder Schränken,
- Hauptleitungs-Abzweigkästen,
- Tarif-Steuerungsanlagenteile, wie Schaltuhren u. dgl.,

also alle Teile, in denen nichtgemessene elektrische Energie fließt („ungezählter Strom").

Die Plomben dürfen nur mit vorheriger Zustimmung des NB geöffnet werden; sonst droht Stromsperre mit strafrechtlicher Verfolgung.

Wenn aber Gefahr im Verzuge ist, dürfen Plombenverschlüsse eigenmächtig geöffnet werden. In diesem Fall ist der NB nachher umgehend zu benachrichtigen.

Niemals jedoch dürfen die Eichplomben an den Messgeräten (Zählern u. dgl.) entfernt werden, weder vom Elektroinstallateur noch vom Kunden.

NAV § 8, TAB Abschnitt 4

17.22 Nein, der NB übernimmt durch Vornahme oder Unterlassung der Prüfung sowie durch den Anschluss der Anlage an das Leitungsnetz keinerlei Haftung. Es behält sich aber vor, die Anlage eines Kunden jederzeit nachzuprüfen und die Abstellung etwaiger Mängel zu verlangen. Bei erheblichen Mängeln ist der NB berechtigt, den Anschluss zu verweigern; bei Gefahr für Leben und Gesundheit sogar dazu verpflichtet.

---

1 s. Fußnote zu Antwort 17.3.

Ganz allgemein: Wer sich mit Errichtung oder Betrieb elektrischer Anlagen befasst, ist verantwortlich, dass die „anerkannten Regeln der Elektrotechnik" eingehalten werden. Als solche sind die VDE-Bestimmungen ausdrücklich aufgeführt.

NAV § 15 sowie VDE 0022.9

17.23 Es müssen beachtet werden:

- die geltenden behördlichen Vorschriften oder Verfügungen (z. B. Bau- und Gewerbeordnungen, Ex- und Brandschutzverordnungen, Unfallverhütungsvorschriften),
- die Bestimmungen des Verbandes der Elektrotechnik Elektronik und Informationstechnik (VDE-Bestimmungen),
- die besonderen technischen Anforderungen des NB (Technische Anschlussbedingungen – TAB).

Es dürfen nur Materialien und Geräte verwendet werden, die entsprechend dem in der Europäischen Gemeinschaft gegebenen Stand der Sicherheitstechnik hergestellt sind. Das Zeichen einer amtlich anerkannten Prüfstelle (z. B. VDE Zeichen, GS-Zeichen) bekundet, dass diese Voraussetzungen erfüllt sind.[1]

NAV § 13

17.24 Die wichtigsten Grenzwerte für den Anschluss an das Niederspannungsnetz kann man wie folgt zusammenfassen:

Beschreibung	Wert	Bemerkung
Einzelgeräte	> 12,0 kW	zustimmungspflichtig
Kurzschlussfestigkeit	≥ 25 kA	Hauptstromversorgungssystems von der Übergabestelle des Netzbetreibers bis zum Zähler
Kurzschlussfestigkeit	≥ 10 kA	Betriebsmittel zwischen Zähler und Stromkreisverteiler
Überstrom-Schutzeinrichtung vor der Messeinrichtung	≤ 100 A	Eigenschaft wie Schmelzsicherung, Betriebsklasse gG
Spannungsfall	0,50 %	bis 100 kVA
	1,00 %	über 100 bis 250 kVA
	1,25 %	über 250 bis 400 kVA
	1,50 %	über 400 kVA

A 17

1 s. auch Frage und Antwort 1.2

Beschreibung	**Wert**	**Bemerkung**
Ausführung der Zählerplätze	> 63 A	Abstimmung mit dem Netzbetreiber
Stromkreisverteiler	≥ 6 kA	Bemessungsausschaltvermögen für Leitungsschutzschalter nach DIN EN 60898-1 (VDE 0641-11), Energiebegrenzungsklasse 3
Verbrauchsgeräte	≥ 4,6 kW	Drehstromkreis erforderlich
Entladungslampen	< 250 W	max. Gesamtleistung je Außenleiter; unkompensiert
Entladungslampen	250 W < P < 5 kVA	Kompensation, 0,9 kap. < cos $\varphi 1$ < 0,9 ind.
Entladungslampen	≥ 5 kVA	Duo-Schaltung, Gruppenschaltung, EVG oder zentrale Kompensation
Wechselstrommotoren, gelegentlicher Anlauf	1,7 kVA	max. Scheinleistung
Drehstrommotoren, gelegentlicher Anlauf	5,2 kVA	max. Scheinleistung
Motoren, gelegentlicher Anlauf	60 A	max. Anlaufstrom
Motoren, gelegentlicher Anlauf	> 60 A	Anlaufstrom, ggf. Abstimmung mit dem Netzbetreiber erforderlich
Motoren, Netzrückwirkungen durch Schweranlauf, häufiges Schalten, schwankende Stromaufnahme	> 30 A	Anlaufstrom, ggf. Abstimmung mit dem Netzbetreiber erforderlich
Elektrowärmegeräte	> 4,6 kVA	Drehstromkreis erforderlich
Geräte zur Heizung oder Klimatisierung einschl. Wärmepumpen	> 4,6 kVA	Auslegung für Drehstromanschluss
Schweißgeräte	> 2 kVA	ggf. Abstimmung mit dem Netzbetreiber erforderlich
Schweißgeräte	≥ 0,7 ind.	cos φ_1 ist der cos φ der 50-Hz-Grundschwingung
Röntgengeräte, Tomographen u. ä., einphasig	> 1,7 kVA	Kurzschlussleistung ≥ 50-fache der Geräte-Nennleistung, sonst Abstimmung mit dem Netzbetreiber erforderlich

A 17

Beschreibung	**Wert**	**Bemerkung**
Röntgengeräte, Tomographen u. ä., dreiphasig	> 5 kVA	Kurzschlussleistung ≥ 50-fache der Geräte-Nennleistung, sonst Abstimmung mit dem Netzbetreiber erforderlich
symmetrische Anschnittsteuerung für Glühlampen	1,7 kW	max. Anschlussleistung je Außenleiter
symmetrische Anschnittsteuerung für Entladungslampen und Motoren	3,4 kVA	max. Anschlussleistung je Außenleiter
unsymmetrische Gleichrichtung für Wärmegeräte	100 W	max. Anschlussleistung je Außenleiter
symmetrische Anschnittsteuerung für Wärmegeräte	200 W	max. Anschlussleistung je Außenleiter
dreiphasig angeschlossene Kopiergeräte, einphasige Trommelheizung	> 4 kVA	Abstimmung mit dem Netzbetreiber erforderlich
dreiphasig angeschlossene Kopiergeräte, dreiphasige Trommelheizung	> 7 kVA	Abstimmung mit dem Netzbetreiber erforderlich

A 17

17.25 Elektrische Anlagen sind wie folgt an das Niederspannungsnetz anzuschließen:

- Elektrische Verbrauchsmittel, Erzeugungsanlagen, Speicher und Ladeeinrichtungen für Elektrofahrzeuge mit einer Bemessungsleistung von jeweils > 4,6 kVA/230 V sind dreiphasig, im Drehstromsystem anzuschließen.
- Elektrische Verbrauchsmittel, Erzeugungsanlagen, Speicher und Ladeeinrichtungen für Elektrofahrzeuge mit einer Bemessungsleistung ≤ 4,6 kVA dürfen einphasig angeschlossen werden.
- Erzeugungsanlagen, Speicher und Ladeeinrichtungen für Elektrofahrzeuge dürfen bis zu maximal 3 × ≤ 4,6 kVA, verteilt auf die Außenleiter angeschlossen werden.
- Beim Betrieb elektrischer Anlagen darf eine Unsymmetrie bei der Einspeisung bzw. beim Laden von Elektrofahr-

zeugen sowie Speichern von 4,6 kVA nicht überschritten werden.

- Bei Ladeeinrichtungen für Elektrofahrzeuge mit einer Bemessungsleistung > 4,6 kVA ist eine Unsymmetrie-Überwachung vorzusehen. Die Überwachung muss dreiphasig erfolgen. Die Unsymmetrie ist über einen gleitenden 1-Minuten-Effektivwert der Außenleiter-Ströme zu überwachen.

17.26 In der Niederspannung sind folgende Richtlinien und Regelwerke außer Kraft gesetzt:

- Technische Anschlussbedingungen TAB 2007 für den Anschluss an das Niederspannungsnetz
- Anforderungen an Zählerplätze in der Niederspannung (VDE-AR-N 4101), 2015
- Anschlussschränke im Freien (VDE-AR-N 4102), 2012
- VDN-Richtlinie Notstromaggregate, 2004
- Technische Anforderungen an den Zugang zu Niederspannungsnetzen des Distribution Code, 2007
- DIN VDE 0100-732 (VDE 0100-732) Hausanschlüsse in öffentlichen Kabelnetzen
- VDN-Richtlinie Überspannungs-Schutzeinrichtungen Typ 1
- VDEW-Materialie M-38/97 Anforderungen an Plombenverschlüsse, Ausgabe 1997

18 Blitzschutz

VDE 0185-305-3

18.1 VDE 0185-305-3 definiert die vier Schutzklassen I bis IV eines Blitzschutzsystems (LPS) entsprechend den in VDE 0185-305-1 festgelegten Gefährdungspegeln I bis IV.

VDE 0185-305-3.4.1, Tabelle 1

18.2 Blitzschutzsysteme für Gebäude werden errichtet, wenn

- die Landesbauordnung (LBO) dies vorschreibt,
- in der Baugenehmigung die Errichtung eines Blitzschutzsystems gefordert wird,
- die Gebäudeversicherung ein Blitzschutzsystem vorschreibt und
- der Kunde dies wünscht.

VdS 2010, Landesbauordnungen (LBO)

18.3 Man unterscheidet zwischen äußerem und innerem Blitzschutz. Zum äußeren Blitzschutz gehören

- die Fangeinrichtungen,
- die Ableitungen und
- die Erdungsanlage.

Zum inneren Blitzschutz zählen alle weiteren Maßnahmen, die in erster Linie der Reduzierung von Auswirkungen des Blitzstroms und der Blitzüberspannungen dienen:

- der Blitzschutz-Potentialausgleich,
- die Überspannungschutzmaßnahmen in Form von Überspannungsableitern an den Übergangsstellen der einzelnen Blitzschutzzonen,
- die Abschirmungen besonders schützenswerter und wichtiger Räume, die Geräteschirme, Schirmungen von Kabeln und Leitungen.

VDE 0185-305-3.5 u. 6, VDE 0185-305-1.7.3

18.4 In den meisten Fällen ist das möglich. Es gibt jedoch besonders gefährdete Gebäude, Lager und Einrichtungen, die durch Abstand getrennt von dem äußeren Blitzschutz angeordnet werden müssen. Zu diesen Anlagen zählen beispielsweise Sprengstofflager, brennbare, leichtentzündliche Dächer, brennbare Wände. Durch Abstand wird ein Entzünden bzw. Zünden eines Feuers oder gar einer Explosion verhindert. Evtl. während eines Blitzeinschlags auftretende Funken oder Erwärmungen an den Fang- und Ableiteinrichtungen können aufgrund des Abstands nicht zur Entfachung eines Feuers beitragen.

VDE 0185-305-3

18.5 Als Fangeinrichtungen können neben Fangstangen auch Seile, gespannte Drähte und vermascht gebaute Anordnungen von Leitern dienen. Die Kombinationen dieser Bestandteile einer Fangeinrichtung sind je nach Verwendungszweck frei wählbar. Der Mitverwendung natürlicher Fangeinrichtungen, wie etwa Blechverkleidungen, steht nichts entgegen, vorausgesetzt sie eignen sich dazu. Ungeeignet sind Bauteile, die isoliert sind, und Bauteile, die bei einem Blitzeinschlag zur Lochbildung durch Aufschmelzung neigen (Blitzstromtragfähigkeit). Verwendbare Bauteile müssen daher je nach Material eine genau vorgegebene Materialdicke aufweisen und stets sicher, elektrisch gut leitend durchverbunden sein. Andere metallene Konstruktionsteile mit ausreichender Leitfähigkeit und Materialdicke, wie Rohrleitungen, Regenrinnen, Schienen, dürfen als Ableitungen verwendet werden. Eine Gefährdung durch die Erwärmung der Bauteile an der Einschlagstelle darf dabei nicht auftreten.

VDE 0185-305-3.5.2

18.6 Die Fangeinrichtungen bestehen z. B. aus feuerverzinktem Stahl oder aus Kupfer und müssen mindestens einen Querschnitt von 50 mm² (8 mm Durchmesser) aufweisen. Bei nichtrostendem Stahl sind sogar mindestens 50 mm² (10 mm Durchmesser) erforderlich.

Fangstangen müssen einen Durchmesser von mindestens 16 mm haben, bei Schornsteinen sind sogar 20 mm Durchmesser vorgeschrieben.

VDE 0185-305-3, Tabelle 6, EN 50164

18.7 Die Ableitungen sollen über mehrere parallele Strompfade auf möglichst kurzem Weg zur Erde geführt werden. Die Anordnung der einzelnen Ableitungen und die Ausführung der Erdungsanlage haben dabei einen großen Einfluss auf die erforderlichen Sicherheitsabstände der Ableitungen zu schützenswerten Leitungen und Einrichtungen im Innern der baulichen Anlage.

VDE 0185-305-3.5.3

18.8 Als Ableitungen sind feuerverzinkter Stahl oder Kupfer mit 50 mm² Querschnitt (8 mm Durchmesser) i. Allg. ausreichend. Lediglich bei besonders hohen Bauwerken muss bei feuerverzinktem Stahl ein größerer Querschnitt gewählt werden. Freistehende Schornsteine erfordern bei feuerverzinktem Stahl einen Querschnitt von mindestens 78 mm² (10 mm Durchmesser), im Rauchgasbereich sind sogar 200 mm² Querschnitt (16 mm Durchmesser) vorgeschrieben.

Andere Werkstoffe als die hier genannten sind bei entsprechenden Querschnitten ebenfalls zulässig, z. B. Kupfer mit 1 mm Bleimantel, Aluminium, Aluminium-Knetlegierungen, um nur einige zu nennen.

VDE 0185-305-3, Tabelle 6

18.9 Getrennte Blitzschutzsysteme bestehen aus einzelnen Fangstangen, die auf Masten montiert sind, gespannten Seilen oder einem Leitungsnetz (Gitternetz). Je Mast ist mindestens eine Ableitung erforderlich. Bei gut leitfähigen, durchverbundenen Stahl- oder Stahlbetonmasten kann eine zusätzliche Ableitung entfallen.

Bei gespannten Seilen ist je Seilende eine Ableitung anzuordnen. Vermaschte Leitungsnetze, auf Masten angeordnet, benötigen je Mast eine Ableitung.

Nicht getrennte Blitzschutzsysteme benötigen wie getrennte Blitzschutzsysteme auch für Fangstangen und Fangseile je Fangstange und je Leitungsende mindestens eine Ableitung. Besteht die Fangeinrichtung aus einem vermaschten Leitungsnetz, so sind mindestens zwei Ableitungen gefordert. In der Nähe der Erdoberfläche müssen die Ableitungen miteinander verbunden werden.

Gültig für alle Ableitungen:

- Es ist eine möglichst gerade senkrechte Leitungsführung in der Verlängerung von den Fangstangen zur Erde hin anzustreben. Die Leiter dürfen keine Schleifen und möglichst keine Eigennäherung (Annäherung zweier Punkte einer Ableitung) enthalten.

- Die Montage der Ableitungen darf direkt auf der Wand erfolgen. Wenn die Wand aus brennbaren Materialien besteht, ist im Fall einer Brandgefahr durch die Erwärmung der Ableitungen ein Sicherheitsabstand von 100 mm erforderlich.
- Zu Wandöffnungen, wie Fenstern, Türen, muss ein Abstand eingehalten werden.
- Aus Korrosionsschutzgründen ist es nicht gestattet, Ableitungen in Regenrinnen und Fallrohren zu führen.

VDE 0185-305-3.5.3.8, 5.3.3

18.10 Die Fangeinrichtungen und Ableitungen müssen mit speziellen Halterungen fest mit den baulichen Anlagen verbunden werden, damit sie den sog. dynamischen Beanspruchungen durch den Blitzstrom standhalten können. Die beachtlichen Ströme von bis zu 150 000 A, die bei einem Blitzeinschlag auftreten können, erzeugen durch das damit verbundene Magnetfeld sehr große Kräfte. In seltenen Fällen treten noch höhere Ströme auf. Die genannten Stromstärken wurden tatsächlich von Blitzforschungsinstituten gemessen [26] [27].

VDE 0185-305-3.5.3.4

18.11 Obwohl ein Strom von 150 000 A bei einem Querschnitt von 50 mm² eine Stromdichte von 3 000 A/mm² bedeutet, bleiben wegen der kurzen Einwirkungszeit der Blitzentladung von nur einigen Mikrosekunden (millionstel Sekunden) die Bauteile bis auf Schmelzspuren an der Einschlagstelle, unbeschädigt [26] [27].

18.12 Die Verbindungen müssen mechanisch sehr stabil und dauerhaft gegen Korrosion geschützt sein. Zur richtigen Auswahl der Werkstoffe findet man in VDE 0185 zwei Tabellen, in denen geeignete Werkstoffe aufgeführt sind. Die Verbindungen selbst sind durch Schrauben, Klemmen, Schweißen, Löten usw. auszuführen. Nicht zulässig sind Würgeverbindungen und Verbindungen mit Gewindestiften. Flachleiter müssen mindestens mit zwei Schrauben M 8 oder einer Schraube M 10 verbunden werden. Bei Anschlüssen und Verbindungen von Flachleitern mit Blechen unter 2 mm Dicke muss durch Gegenlegen eines mindestens 10 cm² großen Bleches eine großflächige Verbindung hergestellt werden.

VDE 0185-305-3.3

18.13 Metallene Gebäudefassaden und Verkleidungen können als Ableitungen mitverwendet werden, wenn sie eine dauerhafte durchgehende Verbindung aufweisen und ihre Leitfähigkeit der der üblichen Ableiter entspricht. Die Materialdicke muss mindestens 0,5 mm betragen. Metallgerüste von Gebäuden, durchverbundene Bewehrungen, Profilschienen und Unterkonstruktionen von Fassaden können ebenfalls benutzt werden. Vorsicht ist bei Rohrleitungen mit z. B. explosionsfähigen Stoffen u. ä. geboten; hier sind besondere Vorschriften zu beachten. Im Allgemeinen dürfen diese bei ausreichender Leitfähigkeit und Stromtragfähigkeit als Ableiter dienen. Einen Sonderstatus nehmen Spannbetonteile ein. Hier muss die Gefahr der Einflüsse auf die Spannelemente dringend beachtet werden, denn sowohl der Blitzstrom als auch Korrosionsvorgänge an metallischen Verbindungen können die Festigkeit der Spannelemente verändern.

VDE 0185-305-3.5.3.5

18.14 Die Verbindung der Ableitungen erfolgt über Erdungsleitungen mit ausgedehnten Erdern im Erdreich. Als Erder kommen Ringerder, Strahlenerder, Maschenerder, Staberder, Tiefenerder, Fundamenterder sowie geeignete natürliche Erder in Frage. In Sonderfällen sind auch Einzelerder, als Oberflächen- oder Tiefenerder ausgeführt, zulässig.

VDE 0185-305-3.5.3.4

18.15 Wenn es sich bei der natürlichen Ableitung um Gebäudekonstruktionen mit direkter Verbindung zum Fundamenterder handelt, kann darauf verzichtet werden. In allen anderen Fällen soll an jedem Anschluss zum Erder eine Messstelle eingebaut werden, die nur mit Werkzeugen zu öffnen ist. Die Messstelle muss – außer zu Messzwecken – stets geschlossen sein.

VDE 0185-305-3.5.3.6

18.16 Der Erdungswiderstand einer Erdungsanlage soll möglichst niedrig sein; im Algemeinen wird ein niedriger Erdungswiderstand $< 10\ \Omega$ empfohlen. Er ist jedoch nicht das allein bestimmende Element einer guten Erdungsanlage. Wichtiger noch sind die richtige Form und die Abmessungen. Als besonders günstig hat sich eine in die bauliche Anlage eingebaute gemeinsame Erdungsanlage für Blitzschutz, Fernmeldeanlage und Niederspannungsanlage erwiesen.

VDE 0185-305-3.5.4.1

18.17 Wenn keine ausreichenden Erdungsanlagen, wie Fundamenterder, Bewehrungen von Stahlbetonfundamenten u. dgl., vorhanden sind, muss für jede Blitzschutzanlage eine eigene Erdungsanlage errichtet werden. Es muss außerdem darauf geachtet werden, dass die Erdungsanlage auch ohne metallene Rohrleitungen und ohne geerdete Leiter der elektrischen Anlage funktionsfähig ist.

VDE 0185-305-3.5.4

18.18 Man unterscheidet

- Erder vom Typ A: Strahlen- oder Vertikalerder und
- Erder vom Typ B: Ring- oder Fundamenterder.

Für Erderanordnungen Typ A werden mindestens zwei Erder gefordert. Die Länge der einzelnen Erder ist vom spezifischen Erdbodenwiderstand und von der Blitzschutzklasse abhängig. Bei einem spezifischen Erdbodenwiderstand unter 500 Ωm beträgt für alle Blitzschutzklassen die Mindestlänge 5 m. In schlechtleitenden Böden kann die erforderliche Länge bis über 70 m betragen. Wird schon vor Erreichen der Mindestlänge ein Erdungswiderstand unter 10 Ω erreicht, so ist die Mindestlänge ohne Bedeutung. Ein Ringleiter kann bei dieser Anordnung die einzelnen Erder miteinander verbinden.

Die Erderanordnung Typ B kann aus einem Ringerder, der in mindestens 0,5 m Tiefe und 1 m Abstand von dem Mauerwerk um das Gebäude eingebaut wird, oder aus dem Fundamenterder bestehen. Wird der mittlere Radius des Ring- oder Fundamenterders kleiner als die mindestens erforderliche Länge nach Bild 3 in VDE 0185-305-3, so müssen zusätzliche Erder (mindestens zwei) eingebracht werden.

VDE 0185-305-3.5.4.2 u. Bild 3

18.19 Erder werden meistens als Ringerder um das zu schützende Gebäude ausgeführt. Sie sollen dabei einen Abstand von 1 m zu den Außenwänden haben und in mindestens 0,5 m Tiefe verlegt werden. Die Verlegung ist so durchzuführen, dass mögliche Einflüsse, z. B. durch Austrocknung des Bodens, Korrosion, weitestgehend vermieden werden. Die Erder sollen nach Möglichkeit in frostfreie Tiefen des Bodens eingebracht sein, um frostbedingte Schwankungen des Erdungswiderstands gering zu halten. Tiefenerder in Form von Staberdern sind besonders für Bodenverhältnisse geeignet, deren spezifischer Bodenwiderstand zur Tiefe hin abnimmt (z. B. obere

Sandschicht mit darunterliegender Lehmschicht und wasserführenden Untergründen).

Natürliche Erder, wie Bewehrungen von Stahlbeton, können verwendet werden, wenn sie gut leitend durchverbunden sind. Bei schlechten Verbindungen können Blitzströme z. B. die Bodenplatte und sonstige Betonteile splittern lassen. Besondere Vorsicht ist bei Spannbetonteilen geboten.

VDE 0185-305-3.5.4.3

18.20 Nein, es fehlen die erforderlichen Maßnahmen des inneren Blitzschutzes. Diese sind: Blitzschutz-Potentialausgleich mit

- metallenen Installationen, wie Wasser-, Gas-, Heizungs- und ähnlichen Rohrleitungen; Führungsschienen von Aufzugsanlagen; Heizungs- und Klimakanälen u. ä.
- elektrischen Anlagen. Unmittelbare Verbindung von Schutzleitern des TN-, TT- und IT-Systems sowie Erdungsanlagen von Starkstromanlagen mit Nennspannungen über 1 kV, Erdungen in Fernmeldeanlagen, Antennenanlagen, geerdete Teile von Wechselstrombahnen und Erdungen von Überspannungsschutzeinrichtungen von Elektrozaunanlagen unter Beachtung der jeweiligen besonderen Bestimmungen.

Über Trennfunkenstrecken sind anzuschließen (EN 50164-3): Bahnerde von Gleichstrombahnen, Dachständer von Hausanschlüssen, Anlagen mit katodischem Korrosionsschutz.

Bei gefährdeten Starkstromverbraucheranlagen sind auch die aktiven Leiter über Ventilableiter in den Blitzschutz-Potentialausgleich mit einzubeziehen. Bei Fernmeldeanlagen und Anlagen zum Messen, Steuern und Regeln (MSR-Anlagen) sind besondere Festlegungen zu beachten.

VDE 0185-305-3.6.2

18.21 Wenn möglich, soll durch Vergrößern des Abstands die Näherung beseitigt werden. Ist dies nicht möglich, so muss eine Verbindung der Blitzschutzanlage mit den metallenen Bauteilen hergestellt werden. Ist eine unmittelbare Verbindung aus Funktionsgründen nicht möglich, so muss eine Trennfunkenstrecke eingesetzt werden.

VDE 0185-305-3.6.2, D.5.2

18.22 Diese Frage kann man ohne Kenntnis der Blitzschutzanlage nicht beantworten, da der Abstand von der Ausführung der

Blitzschutzanlage, vom Erdungswiderstand und der Anzahl der Ableitungen abhängt. Außerdem ist ein evtl. durchgeführter Blitzschutz-Potentialausgleich von Bedeutung.

Bei Anlagen mit nur einer Fangeinrichtung und nur einer Ableitung soll der Trennungsabstand s zwischen Blitzschutzanlage und metallener Installation abhängig von der Leitungslänge l (in m) bis zum nächsten Potentialausgleich betragen:

$$s = k_i \frac{k_c}{k_m} l \;.$$

mit den Koeffizienten

k_c von der geometrischen Anordnung abhängiger Stromaufteilungskoeffizient

k_m vom Material in der Trennungsstrecke abhängiger Koeffizient

k_i von der Blitzschutzklasse abhängiger Koeffizient

Der Abstand der metallenen Installation d muss größer sein als der Trennungsabstand s.

VDE 0185-305-36.3

18.23 Ja, dies gilt auch für die Annäherung zwischen Blitzschutzanlage und elektrischer Installation.

VDE 0185-305-3.6.3

18.24 Bei Stahlbeton- und Stahlskelettbauten, deren Bewehrung als Ableiter verwendet werden, braucht man die Näherung nicht zu berücksichtigen.

VDE 0185-305-3.5.3.5, E.4.2.3.1

18.25 Zwischen den Bauteilen der Niederspannungs-Freileitung und der Blitzschutzanlage sind möglichst große Abstände anzustreben. Kann ein Abstand von mindestens 0,5 m nicht eingehalten werden, so ist eine gekapselte Schutzfunkenstrecke zwischen dem Dachständer und der Blitzschutzanlage einzubauen.

Für den Einbau der Überspannungsschutzfunkenstrecke ist die Zustimmung des Netzbetreibers erforderlich.

VDE 0185-305-3.6, E.5.1.2

18.26 Bei der Errichtung solcher Gebäude ist besonderes Augenmerk auf den Anschluss von Bewehrungen an die Blitzschutzanlage zu legen. Dies gilt für Bewehrungen in Decken, Wänden und auch in Fußböden. Die Bewehrungen der Fundamente sind ebenfalls an die Erdungsanlage anzuschließen. Weitere Maßnahmen sind:

- Ableitungen in Abständen von ca. 5 m,
- Einbeziehen der Metallfassaden in den Blitzschutz, um die abschirmende Wirkung zu nutzen,
- Vermaschung der Blitzschutzerdungen verschiedener Gebäude über Rohrleitungen, leitfähige Kabelmäntel bei ausreichendem Querschnitt, Kabelkanäle usw.,
- Abschirmungen der Geräte selbst gegen kapazitive und induktive Beeinflussungen,
- zusätzlicher Schutz ankommender und abgehender Leitungen durch schirmende Metallrohre, Kabelbewehrungen u. ä.,
- Ausrüsten der aktiven Teile der Leitungen mit Überspannungsableitern, um elektronische Bauteile gegen die einlaufenden Blitzüberspannungen zu schützen.

Je nach gefordertem Sicherheitsgrad können weiterreichende Schutzmaßnahmen gefordert sein. Hier müssen im Einzelfall spezielle Schutzeinrichtungen eingebaut werden, z. B. besondere Netzteile für die Stromversorgung, schnelle Überspannungsschutzeinrichtungen usw. [26] [27] [28].

VDE 0185-305-3

18.27 Überwachungskameras, meteorologische Messgeräte u. ä. sollen nicht mit der Blitzschutzanlage verbunden werden. Zum Schutz gegen Blitzeinwirkungen können derartige Geräte entweder mit Fangstangen oder einem engmaschigen Gitter gegen direkte Blitzeinschläge geschützt werden.

VDE 0185-305-3

18.28 Zu den Anlagen, für die ein besonderer Blitzschutz vorzusehen ist, zählen:

- bauliche Anlagen besonderer Art, z. B. freistehende Schornsteine, Kirchtürme und Kirchen, Fernmeldetürme, Windkraftanlagen, Seilbahnen, Elektrosirenen, Krankenhäuser und Kliniken, Sportanlagen, Tragluftbauten und Brücken,
- nichtstationäre Anlagen und Einrichtungen, z. B. Turmdrehkrane und Automobilkrane auf Baustellen,
- Anlagen mit besonders gefährdeten Bereichen, z. B. feuergefährdete Bereiche, explosionsgefährdete Bereiche und explosivstoffgefährdete Bereiche.

VDE 0185-305-3, Beiblatt 2

18.29 Nein, im Abschnitt 1 – Anwendungsbereich – wird ausdrücklich betont, dass die Blitzschutzbedürftigkeit einer Anlage durch Verordnungen und Verfügungen der zuständigen Aufsichtsbehörde, der Berufsgenossenschaft oder durch Empfehlungen der Sachversicherer vorgeschrieben werden kann. Wird eine Blitzschutzanlage für die genannten besonderen Anlagen errichtet, dann sind allerdings die Anforderungen nach VDE 0185-305-3 zu erfüllen.

VDE 0185-305-3, IEC 62305-2

18.30 Zunächst muss jede Schiene an den Enden geerdet werden. Überschreitet die Schienenlänge 20 m, so muss im Abstand von jeweils 20 m eine Erdung erfolgen. Ein Staberder je Anschlusspunkt von mindestens 1,50 m Einschlagtiefe genügt. Sind andere Erder vorhanden, z. B. Bewehrungen von Stahlbetonfundamenten oder Fundamenterder, so ist eine Verbindung mit den Schienen herzustellen. Als Zuleitung zu den Staberdern und als Verbindungsleitung zu den sonstigen Erdern reicht ein verzinkter Bandstahl von 30 mm × 3,5 mm aus. Für die Anschlüsse müssen jeweils zwei Schrauben M10 mit Federringen verwendet werden.

Im Umkreis von 20 m ist eine Verbindung aller metallenen Rohrleitungen, Apparate und Maschinen mit den Schienen des Turmdrehkrans erforderlich.

Schienenstöße, die mit Laschen aus Stahl verbunden sind, brauchen keine zusätzliche Überbrückung für den Blitzschutz. Zum Schutz elektrischer Einrichtungen der Baustelle wird der Einbau von Ventilableitern empfohlen.

VDE 0185-305-3, Beiblatt 2

18.31 Bei Automobilkranen genügt der Anschluss an einen Staberder mit mindestens 1,5 m Einschlagtiefe. Als Anschlussleitung ist entweder ein verzinkter Bandstahl (30 mm × 3,5 mm) oder ein isoliertes Kupferseil mit mindestens 16 mm^2 Querschnitt zu verwenden.

VDE 0185-305-3, Beiblatt 2

18.32 Kirche und Kirchturm müssen je eine Blitzschutzanlage erhalten. Die Anlage des Kirchenschiffs muss mit einer Ableitung des Kirchturms verbunden werden. Bei Kirchtürmen unter 20 m Höhe genügt eine Ableitung. Näherungen zu metallenen Bauteilen müssen vermieden werden. Ableitungen im

Innern des Turms sind nicht zulässig. Die Fangleitung eines Querfirsts muss an jedem Ende eine Ableitung erhalten.

Der Blitzschutz-Schutzpotentialausgleich mit den Starkstromanlagen soll möglichst unten im Turm mittels Ventilableiters durchgeführt werden. Andernfalls muss der Blitzschutz-Schutzpotentialausgleich an der Hauptverteilung der Kirche erfolgen.

VDE 0185-305-3

18.33 Sportanlagen müssen wegen der großen Menschenansammlungen mit besonderen Blitzschutzanlagen ausgerüstet sein.

So müssen alle Tribünen, Unterstände, metallenen Geländer, Anzeigetafeln, Flutlicht- und Fahnenmaste und sonstigen Anlagen in den Blitzschutz einbezogen und an die Erdungsanlage angeschlossen werden. Das gilt besonders für metallene Teile im Bereich der Zuschauerplätze und -wege.

Tribünen und Ränge ohne Überdachung müssen sogar mit Fangstangen ausgerüstet werden, welche die am höchsten gelegenen Zuschauerplätze noch um 5 m überragen. Weitere Maßnahmen sind Blitzschutz-Schutzpotentialausgleich insbesondere bei Flutlichtmasten, Schutz von Personen gegen gefährliche Berührungs- und Schrittspannungen (z. B. durch Standortisolierung, Isolierung des Mastes, Potentialsteuerung im Gefahrenbereich usw.).

VDE 0185-305-3, Beiblatt 2

18.34 Grundsätzlich müssen bei feuergefährdeten Bereichen die Fangeinrichtungen und Ableitungen außerhalb des Gebäudes geführt werden und frei sichtbar verlegt sein. Ausdrücklich wird betont, dass Fangspitzen mit unter der Dachhaut verlaufenden Verbindungsleitungen verboten sind.

Die Fangeinrichtungen auf Dächern mit Stahlbindern und nichtleitender Dacheindeckung müssen in Abständen von höchstens 10 m mit der Stahlkonstruktion verbunden werden. Sind Stahlkonstruktionen mit Stahlstützen vorhanden, so müssen diese als Ableitungen verwendet werden.

Befestigungsbauteile von Wellasbestdächern sind in der Nähe feuergefährdeter Bereiche als Fangeinrichtungen nicht zulässig, wenn nicht sicher verhindert werden kann, dass durch Funkenbildung an Übergangsstellen feuergefährdete Bereiche berührt werden. Ist Funkenbildung usw. durch Blitzeinwirkung zu erwarten, dann müssen Fangeinrichtungen verwendet werden, die mit der Stahlkonstruktion verbunden sind.

Näherungen zu elektrischen Einrichtungen sind in jedem Fall durch geeignete Leitungsführung und Anordnung der Fangeinrichtungen und Ableitungen zu vermeiden.

Wenn sich Näherungen zu Heuaufzügen und ähnlichen metallenen Einrichtungen nicht vermeiden lassen, müssen die Fangleitungen auf isolierenden Stangen montiert werden, wobei ein Abstand von mindestens 1 m eingehalten werden muss. Näherungen zu sonstigen metallenen Einrichtungen müssen vermieden werden. Ist dies nicht möglich, muss die Näherungsstelle überbrückt werden.

VDE 0185-305-3

18.35 Die Blitzschutzmaßnahmen für weiche Bedachungen sind in einem eigenen Abschnitt in VDE 0185-305-3 enthalten.

Die Fangleitungen sollen möglichst im Abstand von 0,6 m zum First, auf isolierenden Stützen gespannt, verlegt werden (getrennter äußerer Blitzschutz). Die Stützpunkte sollen einen Abstand von 15 m bei Firstleitungen und 10 m bei Ableitungen haben.

Bei abgenutzten Dächern ist der Abstand der Fangleitungen zum First so zu wählen, dass der geforderte Mindestabstand auch nach einer Neueindeckung eingehalten wird.

Antennen und Elektrosirenen sind auf Dächern mit weicher Bedachung nicht zulässig.

Überspannt ein metallenes Drahtnetz die Dachhaut eines Weichdachs, so ist ein wirksamer Blitzschutz nicht möglich. Das gilt auch, wenn auf dem Dach Oberlichter, Entlüftungsrohre usw. aus Metall vorhanden sind. In solchen Fällen muss der Blitzschutz durch eine getrennte (isolierte) Blitzschutzanlage mit Fangstangen und Fangleitungen neben den Gebäuden sichergestellt werden.

VDE 0185-305-3

18.36 Eine absolute Sicherheit gegen die Auswirkungen eines Blitzeinschlags, wie zündfähige Funken, Beeinflussungen durch Teilströme u. ä., ist auch bei Befolgung der VDE 0185-305-3 nicht in allen Fällen gewährleistet. Zunächst ist der Auftraggeber bzw. der Betreiber der Anlage gefordert. Er muss genaue Zeichnungen der zu schützenden Anlage bereitstellen, in die alle explosionsgefährdeten Bereiche, unter Angabe der jeweiligen Explosionsschutzzone, eingetragen sind.

Alle Anschluss- und Verbindungsstellen der Blitzschutzanlage sind sorgfältig gegen Selbstlockern zu sichern. Die Anschlüsse sind über angeschweißte Fahnen, Bolzen oder Gewindebohrungen herzustellen. Anschlussschellen sind nur dann zulässig, wenn durch besondere Prüfungen nachgewiesen wird, dass die Zündsicherheitsanforderungen auch bei Blitzströmen eingehalten werden.

Bei Gebäuden mit explosionsgefährdeten Bereichen der Zone 1 und 11 beträgt die maximale Maschenweite von Fangnetzen 10 m. Die Schutzbereiche der Fangstangen sind hier ebenfalls geringer als nach den allgemeinen Angaben von Teil 1. Wesentliche Änderungen gegenüber den allgemeinen Angaben sind auch bei den Ableitungen enthalten. Je 10 m Umfang der Dachaußenkante ist eine Ableitung erforderlich, vier Ableitungen müssen es jedoch mindestens sein. Näherungen müssen durch Vergrößern des Abstands oder durch direkte Verbindung der metallenen Teile mit der Blitzschutzanlage beseitigt werden.

Weitere Blitzschutzmaßnahmen sind Verstärkung des Blitzschutz-Potentialausgleichs, geschirmte Leitungen, Leitungen mit verseilten Adern, Einsatz von Überspannungsschutzeinrichtungen, um nur einige zu nennen. Stets ist eine enge Zusammenarbeit mit dem Betreiber der Anlagen anzustreben, der in der Regel über Art und Umfang der Gefährdung genau Auskunft geben kann. Dies gilt auch für die Blitzschutz-Potentialausgleichsmaßnahmen im Bereich der Zone 0 und 10.

VDE 0185-305-3.6.2

18.37 Antennen müssen immer in den Schutzpotentialausgleich einbezogen werden. Wird die Antenne oder SAT-Schüssel durch eine Fangstange geschützt, so erfolgt die Erdung mit isolierenden Abstandhaltern am Antennenmast. Der Leiterquerschnitt muss mindestens 16 mm² Cu betragen (blank oder isoliert, grün-gelb gekennzeichnet; z. B. NYM, NYY oder H07V-U bzw. H07V-R).[1]

1 s. auch Frage und Antwort 1.31 und 2.11

Ist eine Blitzschutzanlage für das Gebäude bereits vorhanden, dann erfolgt der Anschluss des Antennenträgers an die Blitzschutzanlage auf kürzestem Wege.

Als Erder sind Staberder aus verzinktem Stahl von mindestens 2,5 m Länge, zwei Banderder aus verzinktem Bandstahl von mindestens 5 m Länge bei einer Verlegetiefe von 0,5 m, Fundamenterder, Blitzschutzerder u. dgl. zulässig. Der Erder der Antennenanlage muss in den Schutzpotentialausgleich des Gebäudes einbezogen werden.

VDE 0185-305-3, VDE 0855-1

18.38 Der innere Blitzschutz soll in erster Linie eine Funkenbildung bei einem Blitzeinschlag verhindern. Schädliche Auswirkungen einer Funkenbildung können Brände, Explosionen und Gefahren für Mensch und Tier darstellen. Um Funken zu vermeiden, kann man Potentialausgleichsmaßnahmen durchführen oder über die räumliche Trennung von Teilen zu blitzeinschlaggefährdeten Teilen und Ableitungen einen Schutz erreichen. Eine Isolation ist ebenfalls möglich, wenn Isolierteile verwendet werden, die eine sehr hohe Stehstoßspannungsfestigkeit haben.

VDE 0185-305-3.6

18.39 Der Blitzschutz-Potentialausgleich verbindet die Leiter des äußeren Blitzschutzes mit

A 18

- den Metallbauteilen des Gebäudes, wie Installationen im und am Gebäude,
- den elektrischen Einrichtungen zur Energieversorgung,
- den elektrischen Einrichtungen der Informationstechnik,
- Teilen, bei denen die Anforderungen an Trennung nicht erfüllt sind.

Der Blitzschutz-Potentialausgleich wird etwa in Erdbodenhöhe, meist im Kellergeschoss, durch gut leitende Verbindungen mit der Potentialausgleichsschiene hergestellt. Sind in großen Gebäuden mehrere Potentialausgleichsschienen vorhanden, so sind alle miteinander zu verbinden. Zweckmäßigerweise wird man eine Verbindung dort herstellen, wo die Ringleiter der Blitzschutzanlage mit den Ableitungen verbunden werden. Äußere leitende Teile müssen an der Eintrittstelle in den Blitzschutz-Potentialausgleich einbezogen werden.

Besonders beachtet werden müssen Gas- und Wasserleitungen, die Isolierstücke enthalten. Hier muss das Isolierstück mit einem Überspannungsableiter, nach Zustimmung der Gas- und Wasserwerke mit Trennfunkenstrecken überbrückt werden.

VDE 0185-305-3.6.2

18.40 An der Eintrittsstelle sind die Schirme der ankommenden Leitungen mit der Potentialausgleichsschiene zu verbinden. Sind keine Schirme vorhanden, so muss jeder Leiter über je einen Überspannungsableiter mit der Haupterdungsschiene verbunden werden. Ein Schutz gegen Überspannungen auf den Leitern der elektrischen Energieversorgung und der Nachrichten- und Informationstechnik erfordert zusätzliche Schutzmaßnahmen. Diese sind mit den Unternehmen (Netz- oder Leitungsbetreibern) abzustimmen.

VDE 0185-305-3.6.2.4

18.41 Es werden sechs Arten von Prüfungen unterschieden:

- Prüfung der Planung,
- baubegleitende Prüfung,
- Abnahmeprüfung,
- Wiederholungsprüfung,
- Zusatzprüfung,
- Sichtprüfung.

Die Prüfungen können aufgrund behördlicher Auflagen vorgeschrieben sein oder auf Empfehlung der Sachversicherer bzw. im Auftrag des Betreibers durchgeführt werden.

Bei der Prüfung nach der Fertigstellung ist durch Besichtigen und Messen festzustellen, ob die Errichtungsbestimmungen in den entsprechenden Punkten eingehalten wurden. Das Prüfungsergebnis, insbesondere die Messergebnisse, sind in einem Bericht festzuhalten. Der Prüfbericht wird dem Auftraggeber ausgehändigt.

Die Prüfung bestehender Anlagen sieht eine Kontrolle der Blitzschutzanlage auf bauliche Veränderungen hin vor. Sind wesentliche Veränderungen der Anlage erfolgt, so sind die Beschreibungen und Zeichnungen zu ergänzen. Durch Besichtigen und Messen ist außerdem festzustellen, ob die Blitzschutzanlage noch in ordnungsgemäßem Zustand ist. Auch über diese Wiederholungsprüfung ist ein Prüfprotokoll anzufertigen, in dem ebenfalls die Messwerte festgehalten werden.

VDE 0185-305-3.7

18.42 Die Wiederholungszeiträume sind von mehreren Faktoren des Blitzschutzsystems abhängig. Maßgebende Faktoren sind die Blitzschutzklasse, die Schadensfolgewirkungen sowie Korrosionsgefahren in Abhängigkeit von der Bodenbeschaffenheit und dem zum Bau der Blitzschutzanlage verwendeten Material und die Umgebungsbedingungen.

Der Prüfturnus richtet sich nach der Schutzklasse des Gebäudes. In VDE 0185-305-3, Anhang E.7 findet sich folgender Vorschlag:

- Blitzschutzklasse I und II 2 Jahre
- Blitzschutzklasse III und IV 4 Jahre.

Zusätzlich sind zeitlich dazwischenliegende Sichtprüfungen vorgesehen. Über jede Prüfung ist ein Bericht zu erstellen.

VDE 0185-305-3.E.7

18.43 Unter dem elektromagnetischen Impuls eines Blitzes (lightning electromagnetic impulse; Abk: LEMP) sind der Strom und die Felder eines Blitzes als elektromagnetische Störquelle zu verstehen. Wie jeder Strom in einem Leiter, so ist auch der Strompfad eines Blitzes mit starken Magnetfeldern und hohen elektrischen Feldstärken verbunden. Die Zeitspanne, während der ein Blitzstrom fließt, ist sehr kurz. Sie beträgt für den Stromanstieg bis zum Scheitelpunkt des Blitzstroms nur ca. 10 μs. Das Abklingen des Blitzstromes dauert mehrere 100 μs. Im Vergleich dazu hat der 50-Hz-Wechselstrom für den Anstieg 5 ms (500-mal soviel) Zeit. Diese schnellen Änderungen des Blitzstroms induzieren – ähnlich einem Transformator – in vielen sich in der Nähe befindlichen metallenen Gegenständen und Leitungen Ströme. Diese Ströme, wie auch eingekoppelte hohe Spannungen auf Leitungen, können in den Anlagen zu Sekundärschäden durch Überschläge u. ä. führen.

VDE 0185-305-4.E6, D4, VDE 0185-305-4, u. [21] [29] [30] [31]

18.44 Um einen Blitzvorgang mit seinen Auswirkungen besser zu beschreiben, wird in einem analytischen Verfahren der Blitzstrom als eine Art Stromgenerator betrachtet und so die Stromverteilung auf den Leitungen der Blitzschutzanlage und auf damit verbundenen Leitern der Installation nachvollzogen.

Für die Betrachtungen bei einer Simulation werden die Blitzströme einer Einzelentladung in folgende Abschnitte eingeteilt:

- erster Blitzstoßstrom,
- Folgestoßstrom,
- Langzeitstoßstrom.

VDE 0185-305-3

18.45 Man unterscheidet abhängig von der Art der Blitzbedrohung folgende Blitzschutzzonen (LPZ, von lightning protection zone):

LPZ 0: Diese (äußere) Zone ist durch das ungedämpfte elektromagnetische Feld des Blitzes gefährdet. Die inneren Systeme können dem vollen oder anteiligen Blitzstrom ausgesetzt sein. LPZ 0 wird unterteilt in:

LPZ 0_A: In dieser Zone können direkte Blitzeinschläge erfolgen und die Zone ist durch das volle elektromagnetische Feld des Blitzes gefährdet. Die inneren Systeme können dem vollen Blitzstrom ausgesetzt sein.

LPZ 0_B: Es treten keine direkten Einschläge auf; die Zone ist jedoch durch das volle elektromagnetische Feld des Blitzes gefährdet. Die inneren Systeme können anteiligen Blitzströmen ausgesetzt sein.

LPZ 1: Die inneren Zonen sind gegen direkte Blitzeinschläge geschützt. In dieser Zone werden Stoßströme begrenzt durch Stromaufteilung und durch isolierende Schnittstellen und/oder durch SPDs an den Zonengrenzen. Das elektromagnetische Feld des Blitzes kann durch räumliche Schirmung gedämpft sein.

LPZ 2 … n: In dieser Zone können Stoßströme weiter begrenzt werden durch Stromaufteilung und durch isolierende Schnittstellen und/oder durch zusätzliche SPDs an den Zonengrenzen. Das elektromagnetische Feld des Blitzes kann durch zusätzliche räumliche Schirmung weiter gedämpft sein.

An den Übergangsstellen der einzelnen Zonen sind Potentialausgleichsmaßnahmen zu treffen, die ein Übertreten von Blitzteilströmen verhindern.

VDE 0185-305-4.3, VDE 0185-305-1.8.3

18.46 Wenn in einer Blitzschutzzone geschirmte Kabel verwendet werden, müssen die Schirme an den Kabelenden und am jeweiligen Durchgangspunkt der Blitzschutzzonen mit der Blitzschutzpotentialausgleichsschiene verbunden werden. Sollen Kabelverbindungen zwischen einzelnen Gebäuden hergestellt werden, dann müssen die Kabel in Metallkabelkanälen, Gittern oder gitterartigen Bewehrungen von Beton geführt werden. Diese Gitter und Metallkonstruktionen müssen leitend durchverbunden sein und mit den Potentialausgleichsschienen verbunden werden. Hier werden auch die Schirme der Kabel angeschlossen.

VDE 0185-305-4.5.2

18.47 Dem Potentialausgleich an den Übergängen der Blitzschutzzonen kommt eine besondere Bedeutung zu. Deshalb muss er mit den einzelnen Netzbetreibern abgesprochen werden, denn alle äußeren leitenden Teile müssen in den Potentialausgleich einbezogen werden. Im Einzelfall können unterschiedliche Festlegungen der Netz- und Leitungsbetreiber mit teils widersprüchlichen Aussagen gegeneinanderstehen.

VDE 0185-305-3.6.2

18.48 An den Eintrittstellen aller äußeren leitenden Teile (Kabel, Rohrleitungen, Schienen usw.) muss ohne Ausnahme ein Potentialausgleich hergestellt werden. Sind diese leitenden Teile an mehreren Stellen eines Bauwerks angeordnet, dann muss ein Ringleiter oder -erder die jeweiligen Potentialausgleichsschienen miteinander verbinden. Mit diesem Ringleiter müssen die Bewehrung und alle anderen schirmenden Elemente, z. B. Metallfassaden, verbunden werden. Diese Verbindung muss in jeweils 5 m Abstand wiederholt werden.

Für Klemmen und Störschutzgeräte gelten an den Übergängen von LPZ 0_A auf LPZ 1 die Stromparameter für Blitzströme nach den Festlegungen in der Tabelle für die jeweilige Schutzklasse I bis IV. Die Tabelle enthält den Stromscheitelwert, die

Stirn- und Rückenhalbwertszeiten, die Ladung des Blitzstoßstroms und die spezifische Energie eines Blitzes.

Klemmen und Störschutzgeräte, die an den Übergängen von LPZ 0_B auf LPZ 1 eingesetzt werden, müssen nicht mehr die vollen Stromwerte eines Blitzstroms tragen. Daher können die Stromparameter im Einzelfall bestimmt werden. Je nach Stromverteilung können für diesen Potentialausgleichspunkt wesentlich geringere Blitzteilströme angenommen werden.

VDE 0185-305-3.6.2.3

18.49 Für alle Leitungen, die in Höhe des Erdbodens in die Gebäude eintreten, muss der anteilige Blitzstrom für den Potentialausgleich bestimmt werden. Dabei nimmt man an, dass 50 % des Gesamt-Blitzstroms in den Blitzschutzanlagen zur Erde geleitet werden. Den restlichen Anteil des Stroms muss man auf die Leitungen, die in das Gebäude führen, entsprechend ihrer Anzahl aufteilen. Telefonleitungen werden bei Wohnhäusern für die Stromaufteilung nicht berücksichtigt. Der Anteil des Blitzstroms wird hierfür mit 5 % des Gesamt-Blitzstroms angenommen.

Die Bemessung der Blitzschutz-Potentialausgleichsbauteile wird nun nach dem Anteil des Blitzstromes durchgeführt.

VDE 0185-305-3.6.2, E.4.3.3, VDE 0185-305-4, Beiblatt 1

18.50 Um eine möglichst gute Wirkung der Störschutzgeräte zu erzielen, müssen die Leitungen zu den Potentialausgleichsschienen möglichst kurz ausgeführt werden. Die maximal auftretende Stoßspannung an der Eintrittstelle muss auf die Störfestigkeit des nachgeschalteten Systems abgestimmt sein.

VDE 0185-305-3.6.2.5

18.51 Auch hier wird wie bei den Übergängen von Zone LPZ 0_A, LPZ 0_B auf LPZ 1 vorgegangen. Besonders wichtig ist, dass auch hier alle leitenden Teile, welche die Grenze der einzelnen Zonen durchdringen, in den Potentialausgleich und in Störschutzmaßnahmen einbezogen werden. Die Stromtragfähigkeit dieser Bauteile (Klemmen, Störschutzgeräte usw.) ist den auftretenden Stromparametern jeweils anzupassen. Insbesondere sind die Störschutzgeräte gemäß dem Energietragvermögen richtig auszuwählen.

VDE 0185-305-4.5.6

18.52 Es kann zwar angenommen werden, dass diese Bauteile nur von einem geringen Anteil des Blitzstroms durchflossen werden, dennoch sind sie in den Potentialausgleich einzubeziehen. Bei ausgedehnten leitenden Teilen sind Mehrfachverbindungen mit dem Potentialausgleich vorteilhaft. Stahltreppen am Gebäude im Freien müssen ggf. einbezogen werden, wenn sie außerhalb der Blitzschutzzone angeordnet sind.

VDE 0185-305-4.5.3

18.53 Die in den vorstehenden Fragen und Antworten behandelten Blitzschutz- und Potentialausgleichsmaßnahmen bilden die Basis für eine niedrige Induktivität der Gesamtanlage des Blitzschutzes und für eine gute vermaschte Erdungsanlage. Auf dieser Basis aufbauend wird für die leitenden Teile der Informationsanlage ein Potentialausgleichs-Netzwerk errichtet. Es kann sternförmig oder maschenförmig aufgebaut werden.

Das sternförmige System wird vorwiegend für kleinere Anlagen angewendet. Die Verbindung zum Erdungsbezugspunkt wird nur an einer Stelle vorgenommen – daher die Bezeichnung „sternförmig". Dabei dürfen die Leitungen, Kabel und Einrichtungen keine weitere Verbindung mit dem gemeinsamen Erdungssystem haben. Diese Anordnung muss den Potentialausgleichsleitungen in der Leitungsführung folgen, um Induktionsschleifen möglichst zu vermeiden.

Das maschenförmige Potentialausgleichs-Netzwerk ist die bevorzugte Form für ausgedehnte Anlagen. Hier müssen im Gegensatz zu dem sternförmigen System die metallenen Komponenten der informationstechnischen Einrichtungen mit dem Erdungssystem an möglichst vielen Stellen verbunden werden. Die vielen Verbindungen des Informationssystems mit dem Erdungssystem wirken sich bei hohen Frequenzen durch niedrige Impedanzen ebenfalls günstig aus. Zudem wird bei Magnetfeldern eine Reduktion des ursprünglichen magnetischen Feldes erreicht.

VDE 0185-305-3, E.5.2.4.3, E.6.4, VDE 0185-305-1.8.4.2

18.54 Ja, in sehr komplexen Anlagen kann eine Kombination beider Typen erforderlich werden, um so den gewünschten Schutz vor Blitzeinflüssen und elektromagnetischen Störungen sicherzustellen.

VDE 0185-305-4-5.3, Bild 9

18.55 Die Kennwerte eines Blitzschutzsystems werden durch die Blitzschutzklassen (Gefährdungspegel) definiert.

VDE 0185-305-3.4.1 Tabelle 1

18.56 Verfahren für die Anordnung der Fangeinrichtungen sind:

- Schutzwinkelverfahren (Gebäude mit einfacher Form),
- Blitzkugelverfahren (für alle Gebäudearten) und
- Maschenverfahren (für ebene Flächen).

VDE 0185-305-3.5.2.2

18.57 Die Durchgängigkeit darf 0,2 Ω nicht überschreiten.

VDE 0185-305-3.4.3

18.58 Es gibt folgende drei Typen von Überspannungsschutzgeräten: SPD Typ 1, SPD Typ 2, SPD Typ 3.

VDS 3428, VDE 0675-6-11, VDE 0100-443

19 Elektrische Betriebsstätten

19.1 Unter elektrischen Betriebsstätten versteht man Räume, die hauptsächlich dem Betrieb elektrischer Anlagen dienen. Man unterscheidet

- elektrische Betriebsstätten
  Hierzu zählen Schaltwarten, Steuerstellen, separate elektrische Prüffelder, Elektrolaboratorien, Maschinenräume und Anlagen, die nur von elektrotechnisch unterwiesenen Personen betreten werden.
- abgeschlossene elektrische Betriebsstätten
  Das sind Räume, die ausschließlich dem Betrieb elektrischer Anlagen dienen und ständig unter Verschluss gehalten werden. Derartige Räume dürfen nur von Elektrofachkräften und elektrotechnisch unterwiesenen Personen, die zum Öffnen der Anlage beauftragt wurden, betreten werden. Zu den abgeschlossenen elektrischen Betriebsstätten zählen z. B. Schalt- und Verteilungsanlagen, Transformatorenräume, ja selbst die Niederspannungsverteiler (Räume für Zentralbatterieanlagen, Räume für BSV-Anlagen, Räume mit Notstromaggregaten).

VDE 0100-200, NC.3.1

19.2 Ja, elektrische Betriebsstätten müssen mit einer mindestens 1,80 m hohen Abgrenzung umgeben sein. Die Maschenweite von Gittern darf maximal 40 mm betragen. Türen müssen nach außen aufschlagen und mit Schlössern versehen sein die ein ungehindertes Verlassen der Betriebsstätte ermöglichen, unbefugten Zutritt aber sicher verhindern. A 19

VDE 0100-731.5

19.3 Ja, Warnschilder, wie im Anhang A 8 abgebildet, müssen die elektrische Betriebsstätte deutlich kenntlich machen. Bei langen Fluren oder ausgedehnten Anlagen müssen sogar mehrere Schilder angebracht werden, um auch hier eindeutig auf die Betriebsstätte hinzuweisen.

VDE 0100-731.4 u. VDE 0105-100

19.4 Ja, im Gegensatz zu den allgemeinen Bestimmungen in VDE 0100-410 brauchen in elektrischen Betriebsstätten erst über AC 50 V und DC 120 V Schutzmaßnahmen gegen direktes (Basisschutz) und bei indirektem Berühren (Fehlerschutz) getroffen zu werden. Die sonst erforderlichen Umhüllungen, Abdeckungen oder Isolierungen sind hier entbehrlich; Hindernisse oder Abstand sind als Schutz ausreichend. Die Hindernisse (Geländer, Schutzleisten) müssen bestimmte Bedingungen erfüllen. So muss der Schutz in mindestens 1,10 m bis maximal 1,30 m Höhe angebracht und gegen Durchbiegen ausreichend stabil sein.

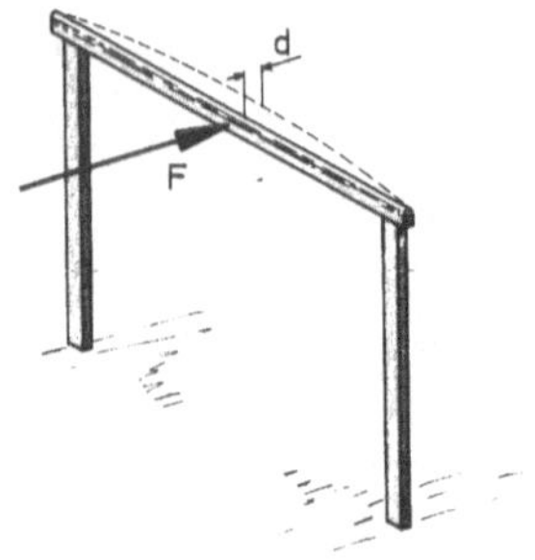

VDE 0100-731.6.2.1

19.5 Ja, durch eine genaue Kennzeichnung der Anlagenteile in Übereinstimmung mit den Übersichtsschaltplänen der Gesamtanlage muss eine eindeutige Zuordnung möglich sein.

VDE 0100-731.3.4

19.6 Unmittelbar um das Betätigungselement muss ein Teilbereich der sog. Basisfläche fingersicher ausgeführt sein. Die Größe des Bereichs ergibt sich aus der Geometrie und der Bewegungsbahn des Betätigungselements (z. B. Schwenkhebel) plus einem Sicherheitsabstand von 30 mm. Die gesamte Basisfläche wird aus der Bewegungsbahn plus 100 mm Abstand gebildet. Der Raum zwischen dieser Basisfläche und der Ausgangsfläche (Teil der Vorderfront des Betriebsmittels mit den Abmessungen 400 mm × 500 mm bei stehender Körperhaltung und 400 mm × 400 mm bei knieender Körperhaltung) wird Schutzraum genannt. Hier ist mindestens Handrückensicherheit verlangt.

19.7 Mit einem in VDE 0470-1 genormten Prüffinger wird die fingersichere Anordnung möglicherweise berührbarer Teile geprüft. Können die besagten Teile nicht mit dem Prüffinger berührt werden, so gilt das Betriebsmittel in diesem Bereich als fingersicher. Fingersicherheit ist mit dem geraden Prüffinger senkrecht zur Basisfläche zu prüfen. Ähnliches gilt für die Handrückensicherheit. Hier wird die Berührbarkeit von aktiven Teilen mit einer Kugel von (50 + 0,05) mm Durchmesser überprüft. Erfolgt unter einem Druck von ca. (50 + 5) N keine Berührung aktiver Teile, so ist die Handrückensicherheit gegeben. Dabei darf die Kugel keine berührungsgefährliche Fläche berühren.

DGUV Vorschrift 3, VDE 0660-514

19.8 In elektrischen Betriebsräumen sollen nur die zum Betrieb der elektrischen Anlagen erforderlichen Leitungen und Einrichtungen vorhanden sein.

EltbauVO

20 Kleinkraftwerke · Eigenerzeugungsanlagen

20.1 Als Kleinkraftwerke bezeichnet man Kraftwerke, deren Abgabeleistung in der Regel 1000 kVA nicht übersteigt. Der Bereich ist allerdings nicht eindeutig festgelegt. In einigen Veröffentlichungen sind auch andere Bereiche und Begriffe genannt (Minikraftwerke, Energiezentralen usw.).

[34] [35]

20.2 Ja, der NB ist verpflichtet, die Einspeisung durch solche Anlagen zu genehmigen, die eine bessere Nutzung vorhandener Energiequellen ermöglichen. Dies können Anlagen der folgenden Art sein: Kraft-Wärme-Kopplung, Wind- und Sonnenenergie-, Biogas- u. a. Anlagen. Ein Sondervertrag zwischen den Betreibern solcher Anlagen und dem jeweiligen NB regelt die Rechte und Pflichten der Vertragspartner.

NAV § 3 u. TAB, Abschn. 2, 13

20.3 So einfach ist das nicht. In Abhängigkeit von der elektrischen Leistung, die eingespeist werden soll, sind unterschiedliche Anschlusspunkte erforderlich. Ganz allgemein heißt es in VDE-AR-N 4105 (Erzeugungsanlagen am Niederspannungsnetz. Technische Mindestanforderungen für Anschluss und Parallelbetrieb von Erzeugungsanlagen am Niederspannungsnetz), dass die Eigenerzeugungsanlage an einem geeigneten Punkt angeschlossen werden soll.

A 20

Geeignete Punkte für den Anschluss werden vom NB aufgrund betrieblicher Erfordernisse vorgegeben und können z. B. sein:

- Hausanschluss bis etwa 50 kVA,
- separates Niederspannungskabel bis zu einem Kabelverteilerschrank oder einer Transformatorenstation,
- separater Mittelspannungsanschluss für größere Anlagen ab etwa 300 kVA bis 400 kVA.

Je nach den örtlichen Gegebenheiten (Kurzschlussleistung des Netzes, Lastdichte usw.) kann die eine oder andere Anschlussart erforderlich werden. Die angegebenen Leistungswerte sind hierbei nach freien Gesichtspunkten gewählt, wobei 40 kVA gerade noch über einen üblichen Zähler 10 (60) A ohne den Einsatz von Messwandlern und ohne Verstärkung des üblichen Hausanschlusses gemessen werden können. Bei voller Ausnutzung der Hausanschlüsse mit 3 × 80 A oder gar 3 × 100 A sind 53 kVA bzw. 66 kVA möglich.

Ein separater Mittelspannungsanschluss ist sinnvoll, wenn Leistungsgrößen von 300 kVA bis 400 kVA erreicht werden, die dann nicht mehr so einfach über ein Niederspannungskabel übertragen werden können (Verluste, Spannungsfall, große Entfernung usw.).

TAB 10.21 u. [34] [35]

20.4 Ob Synchron- oder Asynchrongenerator, ist weniger eine Frage der Zulässigkeit als der Zweckmäßigkeit. Asynchrongeneratoren mit Kompensation eignen sich aus Kostengründen vorwiegend für geringere Leistungen. Soll auch Inselbetrieb möglich sein, so ist ein Synchrongenerator unumgänglich. Das Parallelschalten mit dem öffentlichen Netz muss über eine automatische Synchronisiereinrichtung erfolgen.

[34]

20.5 Nein, Schmelzsicherungen reichen als Schutzeinrichtungen für Eigenerzeugungsanlagen, die in das öffentliche Netz einspeisen, nicht aus. Hier werden Schutzeinrichtungen mit speziellen Schutzrelais und Leistungsschalter empfohlen, die unnormale Netzzustände sofort erkennen und den Parallelbetrieb unterbrechen. Auslösegrößen sind Über- und Unterspannung, Überstrom, Abweichung von der Netzfrequenz, Phasenausfall u. ä. Auch das Zuschalten auf nicht normale Netzverhältnisse wird damit verhindert. Hinzu kommen Schutzeinrichtungen für den Generator gegen Erdschluss, Überdrehzahl usw.

A 20

[34]

20.6 Ja, bei Eigenerzeugungsanlagen im Parallelbetrieb mit dem öffentlichen Netz sind alle drei Jahre Prüfungen mit Prüfprotokoll der Schutz- und Schalteinrichtungen vorgeschrieben.

[34], DGUV Vorschrift 3, § 5, TRBS 1201

20.7 Es werden folgende Ausführungen der Verbindung zum öffentlichen Netz unterschieden:

- Die elektrische Anlage wird ohne Netzverbindung betrieben, z. B. auf kleinen Tages-Baustellen ohne Anschlussmöglichkeit an ein öffentliches Netz.
- Die elektrische Anlage wird alternativ zum öffentlichen Netz betrieben, z. B. als Ersatz bei Ausfall der öffentlichen Versorgung.
- Die elektrische Anlage wird parallel zum öffentlichen Netz betrieben, z. B. als Kleinkraftwerk, Block-Heizkraftwerk u. ä., in der Regel mit gewollter Einspeisung in das Netz zum Zweck des Energieverkaufs.
- Die elektrische Anlage besteht aus Kombinationen der oben beschriebenen Niederspannungs-Stromerzeugungsanlagen, z. B. als Ersatzstromanlage in Sofortbereitschaftsbetrieb mit unterbrechungsfreier Rückschaltung bei Spannungswiederkehr.

Als Energiequellen dienen z. B. Verbrennungsmotoren, Turbinen, Photovoltaikanlagen, Batterien.

VDE 0100-551.551.1.1.1

20.8 Drei Arten von Stromerzeugungsanlagen sind üblich:

- Synchrongeneratoren,
- Asynchrongeneratoren,
- statische Umrichter.

Wichtig für die Schutzeinrichtungen ist bei diesen Anlagen die Art der Erregung. Man unterscheidet netzerregte und selbsterregte Generatoren sowie selbstgeführte und netzgeführte Wechselrichter.

VDE 0100-551.551.1.2

20.9 Ja, durch den Betrieb von Stromerzeugungsanlagen dürfen die Sicherheit und der Betrieb von anderen Stromerzeugungsanlagen nicht beeinträchtigt werden. Diese Forderung hat eine besondere Bedeutung beim Parallelbetrieb mit dem öffentlichen Netz. Es muss nämlich sicher verhindert werden, dass im Fehlerfall eine Rückspeisung in das öffentliche Netz erfolgen kann. Andernfalls könnte dies bei Reparaturarbeiten in entfernten Punkten des öffentlichen Netzes, die dem Betreiber der Stromerzeugungsanlage nicht bekannt sind, zu gefährlichen Berührungsspannungen an der Arbeitsstelle führen. Außerdem muss die Ausschaltleistung der Netzkuppeleinrichtung ausreichend hoch gewählt werden. Sie bestimmt sich in der Regel bei kleinen Kraftwerken aus den

Netzdaten des öffentlichen Netzes, denn der Generator liefert meist nur einen geringen Beitrag zum Kurzschlussstrom. Die Gegebenheiten sind im jeweiligen Einzelfall zu überprüfen. Grundsätzlich gilt, dass der Generator erst dann mit dem öffentlichen Netz gekuppelt werden darf, wenn alle Außenleiter Nennspannung und Nennfrequenz führen, wenn die Phasenlage stimmt und der Generator synchron mit dem Netz läuft. Die genauen Parallelschaltbedingungen erhalten Sie vom zuständigen NB. Darin sind außer den Zuschaltbedingungen auch Angaben zur Einstellung der Schutzrelais, des Übergabeschutzes und zur Dimensionierung der Niederspannungsschaltanlage mit den Messeinrichtungen zur Messung der elektrischen Energie enthalten.

VDE 0100-551.7

20.10 Hier gelten allgemein die Festlegungen des Schutzes durch automatische Abschaltung der Stromversorgung nach VDE 0100-410.411.3.

Zusätzlich müssen für Ersatzstromanlagen, statische Wechselrichter und nicht dauerhaft errichtete Anlagen, also für Anlagen, die eine umschaltbare Versorgungsmöglichkeit zum öffentlichen Netz darstellen, Zusatzanforderungen erfüllt werden.

- Ersatzstromanlagen:
  Es muss ein geeigneter Erder unabhängig vom öffentlichen Netz vorhanden sein, wenn die Stromerzeugungsanlage unabhängig vom öffentlichen Netz betrieben wird.
- Für Anlagen mit statischem Wechselrichter:
  Zwischen gleichzeitig berührbaren Körpern und fremden leitfähigen Teilen auf der Lastseite des Wechselrichters muss ein zusätzlicher Potentialausgleich hergestellt werden, wenn die festgelegten Abschaltzeiten des Schutzes durch automatisches Abschalten in der jeweiligen Netzform nicht eingehalten werden können.
  Anmerkung: Wechselrichter sind ausgangsseitig in der Lage, dass sie die Leistung, für die sie gebaut sind, abgeben können. Zur Auslösung von Sicherungen innerhalb vorgegebener Zeit – dies gilt insbesondere bei Schmelzsicherungen – werden hohe Kurzschlussleistungen benötigt. Der Wechselrichter kann diese in der Regel nicht bereitstellen, da die erforderliche Kurzschlussleistung wegen hoher Innenwiderstände, thermischer Festigkeit der elektronischen Bauteile, Strombegrenzungseinrichtungen u. ä. nicht zur Verfügung steht. Viele Hersteller benutzen daher für die

Auslösung von Sicherungen auf der Lastseite eine elektronische Umgehungsschaltung des Wechselrichters. Diese Umgehungsschaltung nutzt die Kurzschlussleistung des öffentlichen Netzes zur Auslösung der Schutzeinrichtung als kostenlose Dienstleistung des NB.

Betriebsmittel, die über Wechselrichter versorgt werden, müssen so ausgewählt werden, dass eine Beeinflussung durch mögliche Gleichströme und vorhandene Filterschaltungen nicht zu Störungen führt.

- Nicht dauerhaft installierte Anlagen:
  Schutzleiter müssen getrennt angeordnete Betriebsmittel miteinander verbinden. Die Querschnittswahl richtet sich dabei nach den Festlegungen für Schutzleiter in VDE 0100-540. In den Netzsystemen TN-, TT- und IT-System ist eine RCD (Fehlerstromschutzeinrichtung) mit einem maximal zulässigen Bemessungsdifferenzstrom von 30 mA einzubauen.

  Anmerkung: National sind hier Abweichungen festgelegt – s. nationalen Anhang der Norm.

VDE 0100-551.551.4.1 bis 4.5

20.11 Ja, Überstromschutzeinrichtungen sind erforderlich. Sie sollen so nahe wie technisch möglich am Generator angeordnet werden.

VDE 0100-551.551.5

20.12 Bei einzeln aufgestellten Anlagen ist das in geringerem Maße der Fall. Durch Magnetisierungsvorgänge in den Blechpaketen des Generators können verstärkt Schwingungen der 3. Harmonischen, also 150 Hz, auftreten. Durch eingebaute Sternpunktdrosseln kann dieser Effekt unterdrückt werden. Sollen mehrere Stromerzeugungsanlagen parallel arbeiten oder mit dem öffentlichen Netz gekoppelt werden, so müssen Maßnahmen gegen die Ausbreitung von Oberschwingungen getroffen werden. Thermische Überlastung einzelner Leiter können sonst die Folge sein.

Als Maßnahmen kommen in Frage:

- Stromerzeugungsanlagen mit Kompensationswicklung,
- Impedanz im Sternpunkt der Stromerzeugungsanlage,
- Schalter zur Unterbrechung vagabundierender Ströme,
- Einbau von Filtern.

Anmerkung: Eine besondere Eigenschaft der 3. Harmonischen (150 Hz) liegt darin, dass sich ihre Ströme im Gegensatz zu den

50-Hz-Strömen im Sternpunktleiter nicht gegenseitig aufheben (Vorteil des Drehstromsystems), sondern addieren (!).

Ein kleines Rechenbeispiel zeigt die Verhältnisse: Die Außenleiter eines symmetrischen Drehstromsystems seien mit jeweils 100 A belastet. Der Anteil der 3. Harmonischen betrage rund 25 % des 50-Hz-Stroms durch die Leiter (dies ist ein in der Praxis vorkommender Wert).

Lösung: Die 50-Hz-Ströme löschen sich im Sternpunkt durch die Phasenlage der 50-Hz-Schwingungen der einzelnen Phasen (L1, L2, L3) zueinander aus. Die 150-Hz-Ströme der einzelnen Phasen addieren sich dagegen aufgrund ihrer Phasenlage im Sternpunkt zu einem Strom von 75 % des Außenleiterstroms, also 75 A. Es besteht Überlastungsgefahr für den Mittelleiter/Sternpunktleiter.

VDE 0100-551, 5.2

20.13 Ja, Ersatzstromanlagen sind bestimmungsgemäß so ausgeführt, dass sie bei Ausfall der öffentlichen Versorgung die Weiterversorgung wichtiger Anlagen oder Anlagenteile mit elektrischer Energie sicherstellen. Da sie nicht für den Parallelbetrieb mit dem öffentlichen Netz bestimmt sind, muss mit Sicherheit ein ungewollter Parallelbetrieb verhindert werden. Als geeignet werden die folgenden Maßnahmen angesehen:

- Verriegelung in verschiedenen Varianten (elektrisch, mechanisch, über einen einzelnen Schlüssel, als automatischer Umschalter u. ä.) mit entsprechender Betriebssicherheit,
- Dreistellungsumschalter, der so gebaut ist, dass er erst trennt und dann zuschaltet.

VDE 0100-551.6

20.14 Zuerst empfiehlt es sich, schon in der Planungsphase Kontakt mit dem NB aufzunehmen, denn nur so können mögliche Anschlussprobleme frühzeitig erkannt und behoben werden. Vorgaben wie das Netzsystem, die erforderlichen Schutzeinrichtungen und deren Einstellungen, Anschlusspunkte, Messeinrichtungen, Einspeisevergütung müssen rechtzeitig vor Baubeginn geklärt sein.

Außerdem werden gefordert:

- Vermeidung negativer Auswirkungen (Leistungsfaktor, Spannungsänderungen, Flickererscheinungen, Anlauf- und Synchronisierungseinbrüche u. ä.),
- Einsatz automatischer Synchronisiereinrichtungen,
- Schutzeinrichtungen zur Unterbrechung der Einspeisung bei Spannungs- und Frequenzabweichungen,

- Verriegelung gegen unberechtigtes Zuschalten, wenn die Spannung des öffentlichen Netzes nicht vorhanden ist oder nicht in den vorgesehenen Toleranzen ansteht (beides deutet auf einen Fehler in der öffentlichen Versorgung hin, der erst behoben werden muss),
- Trennvorrichtung vom öffentlichen Netz mit jederzeitigem Zugang für das Personal des Versorgungsunternehmens. Es gibt Netzbetriebszustände und Situationen, in denen rasch gehandelt werden muss, z. B. um eine Freischaltung des Netzabschnitts für Prüf- und Messzwecke herzustellen. Da diese Sondersituationen nicht vorhersehbar sind, wird die jederzeit zugängliche Trennstelle gefordert.

VDE 0100-551

21 Netzrückwirkungen

21.1 Es werden vier Arten von Netzrückwirkungen unterschieden:

- Spannungsänderungen,
- unsymmetrische Spannungen im Drehstromnetz,
- Oberschwingungsspannungen,
- Spannungen bei Zwischenharmonischen.

In Sonderfällen sind auch Frequenzschwankungen möglich.

GBN[1], Abschn. 2 [37]

21.2 Spannungsschwankungen sind zum einen auf betrieblich bedingte Vorgänge zurückzuführen und zum andern auf starke Lastschwankungen.

Betrieblich bedingte Vorgänge sind z. B. die lastabhängige Spannungsregelung in den Netzen des Netzbetreibers. Durch die stufenweise Anpassung der Einspeisespannung in Stufensprüngen von 1 % bis 1,5 % wird der lastbedingte Spannungsfall auf den Energieversorgungsleitungen ausgeglichen. Auf diese Weise wird beim Kunden eine möglichst konstante Spannung erreicht. Zu den betrieblich bedingten Vorgängen zählen auch Schalthandlungen, Kurzschlussvorgänge u. ä.

Spannungsschwankungen durch starke Laständerungen können z. B. beim Ein- und Ausschalten von Heizleistungen (Speicherheizungen), durch den Betrieb von Punktschweißmaschinen, Aufzugsanlagen, Sägegattern, schweranlaufenden Motoren usw. entstehen. Der Spannungsfall auf der Leitung betrifft dabei nicht nur die verursachende Anlage selbst, sondern alle an derselben Leitung angeschlossenen Verbraucher.

GBN, Abschn. 2 [37]

21.3 Die Spannungsschwankungen sind Auswirkungen der Stromschwankungen, verursacht durch die angeschlossenen Betriebsmittel und Verbrauchsgeräte. Will man die Schwankungen begrenzen, so müssen Kompromisse zwischen den noch zumutbaren Störungen der Kundenanlagen und den gerade

1 Grundsätze für die Beurteilung von Netzrückwirkungen (keine offizielle Abkürzung)

noch zulässigen Anschlussleistungen und deren Schalthäufigkeiten geschlossen werden.

EN 50160

21.4 Nach langwierigen Untersuchungen der Netzverhältnisse und der Geräte wurden Verträglichkeitspegel genormt. Bei deren Einhaltung werden in der Regel keine unzulässigen gegenseitigen Beeinflussungen auftreten. Vorausgesetzt werden dabei der normale Schaltzustand des Netzes und die ordnungsgemäße Betriebsweise der Geräte.

Die Verträglichkeitspegel dienen auch als Grundlage bei der Ermittlung der zulässigen Störungsaussendung einzelner Kundenanlagen bei Anschluss an ein Versorgungsnetz. Dabei steht jeder Kundenanlage anteilig nur soviel der erlaubten Störungsaussendung zu, wie sie Anteil an der gesamten Netzlast hat. Ist z. B. ein Kunde mit 100 kVA Abnahmeleistung an ein Ortsnetz mit einem 400-kVA-Transformator angeschlossen, so darf er mit seinen Anlagen höchstens 25 % der maximal zulässigen Gesamtstörungsaussendung des Niederspannungsnetzes in Anspruch nehmen.

EN 50160, Tabelle C12.24

21.5 Ja, und zwar kann man bei bestimmten Verhältnissen der Kurzschlussleistung (niedrigste Kurzschlussleistung S_K) des Netzes zu den Gerätehöchstleistungen (S_{Amax}) eine Aussage machen, ob weitere, genauere Überprüfungen durchzuführen sind. Spannungsschwankungen, Oberschwingungen und Zwischenharmonische müssen nicht weiter untersucht werden, wenn $S_K/S_{Amax} > 1\,000$ ist; bez. Spannungsunsymmetrie können weitere Untersuchungen ebenfalls entfallen, wenn $S_K/S_{Amax} > 150$ ist.

Die Kurzschlussleistung des Netzes ist beim zuständigen NB zu erfragen. Kommen zwischen der Ortsnetzstation und dem Kunden weitere Anschlusskabel hinzu, so muss die Kurzschlussleistung für diesen Anschlusspunkt berechnet werden. Wenn vom Kunden Eigenstörungswirkungen in Kauf genommen werden können, kann als Anschlusspunkt der Verknüpfungspunkt mit dem öffentlichen Netz (NB-Netz), von welchem weitere Kunden versorgt werden, betrachtet werden. Dies ist allerdings stets mit dem NB abzustimmen.

GBN, Abschn. 6.3

21.6 Ja, Spannungsschwankungen werden besonders von Geräten und Einrichtungen verursacht, die rhythmisch große elektrische Lastschwankungen hervorrufen oder häufig mit hohen Strömen anlaufen. Das sind z. B. Industrieöfen, Gattersägen, Wärmepumpen, Aufzüge, Steinbrecher, Zentrifugen mit großen Hochlaufmassen, Widerstands-, Punkt- und Lichtbogenschweißmaschinen, Lichtbogenöfen, Schwingungspaketsteuerungen, Thermostatsteuerungen, Röntgenanlagen, Lichtorgeln, Forschungsanlagen. Weiterhin sind auch Laserdrucker und Kopiermaschinen als Verursacher von Spannungsschwankungen bekannt geworden.

GBN, Abschn. 5.1

21.7 Es ist zu unterscheiden zwischen Störungen innerhalb eines Kurzzeitintervalls (10 min) und Störungen innerhalb eines Langzeitintervalls (2 h). Zur Bewertung wurde der Flickerstörfaktor A (annoyance = Störung) eingeführt. Man unterscheidet Flickerstörfaktoren für Kurzzeitintervalle A_{st} (st = short term) und Langzeitintervalle A_{lt} (lt = long term). Treten Störwirkungen zusammenhängend länger als 30 min auf, so wird die Störwirkung nach dem A_{lt}-Wert bewertet.

GBN, Abschn. 4.3.1

21.8 Netzseitige Möglichkeit:

- Anschluss an einen Netzpunkt mit höherer Kurzschlussleistung (z. B. separates Kabel, eigene Station, d. h. Anschluss an das übergeordnete Netz).

Anlagenseitige Maßnahmen:

- zusätzlicher Anschluss einer dynamischen Blindstromkompensationsanlage,
- Verwendung von Motoren mit Anlaufstrombegrenzung,
- Verwendung von Schwungmassen zur Reduzierung von Laststößen,
- Verriegelung einzelner Vorgänge gegeneinander zur Begrenzung von Spannungseinbrüchen,
- flickermindernde Einstellung der Kurvenform,
- Verwendung von Gleichstromschweißmaschinen und -lichtbogenöfen,
- Regelung so gestalten, dass Flicker weitestgehend vermieden werden.

GBN, Abschn. 5.5

21.9 Spannungsunsymmetrien treten durch Einphasen- und Zweiphasenlasten im Niederspannungsnetz und durch Zweiphasenlasten im Mittel- und Hochspannungsnetz auf. Infolge der Bauweise der Niederspannungsnetze (S_K/S_E > 150) und der meist zufälligen Verteilung der Einphasenlasten auf die einzelnen Außenleiter sind Unsymmetrien im Niederspannungsnetz kaum von Bedeutung. In Mittel- und Hochspannungsnetzen werden unsymmetrische Netzverhältnisse durch leistungsstarke Verbraucheranlagen hervorgerufen.

GBN, Abschn. 6.1

21.10 Folgende Maßnahmen sind geeignet, Netzunsymmetrien abzubauen:

- Einphasenlasten soweit wie möglich in Drehstromlasten aufteilen,
- Symmetriereinrichtungen, wie Drosselspulen und Transformatoren, einsetzen,
- Verwendung von Umformersätzen (Drehstrommotoren mit Einphasengeneratoren),
- Anschluss über Stromrichter unter Einhaltung der zulässigen Oberschwingungsspannung (Anteile),
- Anschluss der Einphasenlast an einen Punkt mit höherer Kurzschlussleistung.

GBN, Abschn. 5

21.11 Oberschwingungen entstehen durch Bauteile mit nichtlinearen Strom-Spannungs-Kennlinien, z. B. Drosselspulen, Transformatoren, Transduktoren, und bei elektronischen Steuerungs- und Regeleinrichtungen zum Zwecke der Leistungsregelung mit Phasenanschnittsteuerung. Weitere Oberschwingungserzeuger sind Netzgeräte, Fernsehgeräte, Kleintransformatoren, Stromrichter, Gasentladungslampen (auch Stromsparlampen mit integriertem elektronischem Vorschaltgerät), um nur einige zu nennen.

GBN, Abschn. 5.5

21.12 Maßnahmen beim Netzbenutzer:

- höhere Pulszahl der Stromrichter,
- Anschluss von zwei sechspulsigen Stromrichtern über Transformatoren mit unterschiedlichen Schaltgruppen (z. B. Yy0 und Dy5). (Gegenüber dem versorgenden Netz ergeben sich die gleichen Verhältnisse, wie sie bei der Verwendung von zwölfpulsigen Stromrichtern vorliegen.)

- Einsatz von Filterkreisen,
- Anwendung der Schwingungspaketsteuerung statt der Phasenanschnittsteuerung – Verlagerung der Netzresonanz durch Verdrosseln von Kompensationskondensatoren.

Maßnahmen im Verteilnetz:

- Erhöhung der Kurzschlussleistung durch den Einsatz von leistungsstärkeren Transformatoren oder solchen mit niedrigerer Kurzschlussspannung,
- Netzverstärkungen durch zusätzliche Leitungen oder Anschluss über separaten Transformator an das überlagerte Versorgungsnetz,
- Änderung der Netzschaltung zur Verschiebung von Netzresonanzen.

GBN, Abschn. 6.4

21.13 Unzulässig hohe Oberschwingungsanteile bewirken Funktionsstörungen bei elektronischen Einrichtungen, Fehlfunktionen von Rundsteuerempfängern und Netzschutzeinrichtungen der NB, Erwärmung von Kondensatoren und Motoren, die zu vorzeitigem Ausfall dieser Bauteile führen kann. Nachteilig wirken sich hohe Oberschwingungsanteile auch auf die Erdschlusslöschung im Netz der NB aus.

GBN, Abschn. 6.1

21.14 Angeschlossen werden dürfen alle Geräte, die in den TAB aufgeführt sind und für die eine generelle Zulassung nach VDE 0838 erteilt wurde. Sonstige Geräte, die nicht unter diese Norm fallen, können nach vorheriger Überprüfung unter Beachtung der Grenzwerte ggf. zugelassen werden. Bei der Ermittlung der zulässigen Oberschwingungsanteile muss die Gesamtheit der Netze betrachtet werden, also Hoch-, Mittel- und Niederspannungsnetz, da das Zusammenwirken aller Netze maßgeblich für die gerade vorhandenen Oberschwingungen ist. Die Summe der Teilstörpegel aus den einzelnen Netzebenen darf den Verträglichkeitspegel im Niederspannungsnetz nicht überschreiten. Auch hier wird dem einzelnen Kunden nur der Anteil an Oberschwingungserzeugung zugestanden, der seinem Lastanteil an der Gesamtlast entspricht (s. auch Antwort 21.4).

GBN, Abschn. 6.2 u. 6.3

21.15 Nein, Spannungsschwankungen in dieser Größenordnung und in solch kurzen Zeitabständen sind nicht zulässig.

Wie sich herausstellte, wurde in dem Betrieb eine neue Tiefziehpresse an eine nahegelegene Unterverteilung angeschlossen. Der Arbeitstakt dieser Presse liegt bei etwa 2 min und ist zeitgleich mit den beobachteten Helligkeitsschwankungen im Büro. Da die Störquelle im Netz des Betriebs liegt und sich die Spannungsschwankungen in diesem Fall nicht bis in das Versorgungsnetz auswirken, ist es Sache des Kunden, seine elektrische Anlage zu ertüchtigen. Eine separate Zuleitung von der Hauptverteilung zu der Tiefziehpresse kann das Problem beseitigen.

GBN, Abschn. 4.4

21.16 3. Oberschwingungen entstehen bei nichtlinearen Geräten wie Dimmer und PC und belasten mit 3 × 50 Hz = 150 Hz den Neutralleiter.

21.17 Das Beiblatt 3 zu DIN VDE 0100-520 informiert über die 3. Oberschwingung.

21.18 Es ist im Neutralleiter eine Überlasterfassung vorzusehen und der Querschnitt entsprechend der Belastung zu dimensionieren.

VDE 0100-520 Beibl. 3.2

22 Lichttechnik · Sicherheitsbeleuchtung

22.1 Bei der Planung und Errichtung von Beleuchtungsanlagen sind insbesondere zu beachten:

- DIN EN 12193:2019-07 Licht und Beleuchtung – Sportstättenbeleuchtung,
- DIN EN 12464-1:2011-08 Licht und Beleuchtung – Beleuchtung von Arbeitsstätten – Teil 1: Arbeitsstätten in Innenräumen,
- DIN EN 12464-2:2014-05 Licht und Beleuchtung – Beleuchtung von Arbeitsstätten – Teil 2: Arbeitsplätze im Freien,
- DIN EN 12665:2018-08 Licht und Beleuchtung – Grundlegende Begriffe und Kriterien für die Festlegung von Anforderungen an die Beleuchtung,
- DIN EN 13201-1 bis -5 Straßenbeleuchtung – Teile 1 bis 5,
- DIN 5032-1 bis -11 Lichtmessung – Teile 1 bis 11,
- DIN 5035-3:2006-07 Beleuchtung mit künstlichem Licht – Teil 3: Beleuchtung im Gesundheitswesen,
- DIN 5035-6:2006-11 Beleuchtung mit künstlichem Licht – Teil 6: Messung und Bewertung,
- VDE 0100-559 u. -714

22.2 Bei der Planung von Beleuchtungsanlagen sollten berücksichtigt werden:

- Raumpläne/Grundriss,
- Farben/Reflexionsgrade von Wänden und Decken,
- die Funktion des Raumes/Sehaufgaben,
- Angaben zur Möblierung bzw. Maschinenaufstellung, sowie
- die Betriebsbedingungen (Staub, Feuchtigkeit, Temperaturen).

22.3 Wichtige Gütemerkmale einer Beleuchtung sind:

- Beleuchtungsstärke,
- Leuchtdichteverteilung,
- Lichtfarbe und Farbwiedergabe,
- Direkt- und Reflexblendung,

- Tageslicht,
- Lichtrichtung,
- Flimmern.

22.4 Die Beleuchtungsstärke sollte

a) in Flurzonen 100 Lux und

b) in Büroräumen 500 Lux

betragen.

DIN EN 12464-1

22.5 DALI ist die Abkürzung für Digital Addressable Lighting Interface – die standardisierte digitale Schnittstelle für elektronische Vorschaltgeräte (EVG). DALI ist ein selbstständiges System. Es steuert das Licht mit allen daran beteiligten DALI-Komponenten und kann jedes Gerät individuell ansprechen, z. B. jedem EVG (= Leuchte) gleichwertig bis zu 16 Gruppen zuordnen, einzeln mit 16 Lichtwerten für Beleuchtungsinszenierungen definieren oder alle EVGs synchron dimmen.

22.6 Elektrotechnische Vorschriften, die bei der Planung und Errichtung von Sicherheitsbeleuchtung zu beachten sind:

- DIN EN 60598-1 (VDE 0711-1):2018-09 Leuchten – Teil 1: Allgemeine Anforderungen und Prüfungen,
- DIN EN 60598-2-22 (VDE 0711-2-22):2012-12 Leuchten – Teil 2-22: Besondere Anforderungen – Leuchten für Notbeleuchtung,
- DIN EN 50171 (VDE 0558-508):2001-11 Zentrale Stromversorgungssysteme,
- DIN EN 50172 (VDE 0108-100):2005-01 Sicherheitsbeleuchtungsanlagen,
- DIN VDE V 0108-100-1 (VDE V 0108-100-1):2018-12 Sicherheitsbeleuchtungsanlagen,
- DIN EN IEC 62485-2 (VDE 0510-485-2):2019-04 Sicherheitsanforderungen an Sekundär-Batterien und Batterieanlagen – Teil 2: Stationäre Batterien,
- DIN VDE 0100-560 (VDE 0100-560):2013-10 Errichten von Niederspannungsanlagen – Teil 5-56: Auswahl und Errichtung elektrischer Betriebsmittel – Einrichtungen für Sicherheitszwecke,
- DIN VDE 0100-710 (VDE 0100-710):2012-10 Errichten von Niederspannungsanlagen – Teil 7-710: Anforderungen für

Betriebsstätten, Räume und Anlagen besonderer Art – Medizinisch genutzte Bereiche,
- DIN VDE 0100-718 (VDE 0100-718):2014-06 Errichten von Niederspannungsanlagen – Teil 7-718: Anforderungen für Betriebsstätten, Räume und Anlagen besonderer Art – Öffentliche Einrichtungen und Arbeitsstätten.

22.7 Lichttechnische Normen, die bei der Planung und Ausführung von Sicherheitsbeleuchtung zu beachten sind:

- DIN EN 1838:2019-11 Angewandte Lichttechnik – Notbeleuchtung,
- DIN 4844-1:2012-06 Graphische Symbole – Sicherheitsfarben und Sicherheitszeichen – Teil 1: Erkennungsweiten und farb- und photometrische Anforderungen,
- DIN 4844-2:2012-12 Graphische Symbole – Sicherheitsfarben und Sicherheitszeichen – Teil 2: Registrierte Sicherheitszeichen,
- DIN ISO 3864-1:2012-06 Graphische Symbole – Sicherheitsfar-ben und Sicherheitszeichen – Teil 1: Gestaltungsgrundlagen für Sicherheitszeichen und Sicherheitsmarkierungen,
- DIN EN ISO 7010:2020-7 Graphische Symbole – Sicherheitsfarben und Sicherheitszeichen – Registrierte Sicherheitszeichen.

22.8 Sicherheitsbeleuchtungssysteme werden nach der Art der Stromversorgung unterschieden:

a) Zentrale Stromversorgungssysteme oder
b) Einzelbatteriesysteme.

22.9 Zentrale Stromversorgungssysteme für Sicherheitsbeleuchtungsanlagen sind:

1) Batteriebetriebene zentrale Stromversorgungssysteme gemäß DIN EN 50171 (VDE 0558-508) und DIN EN 50272-2 (VDE 0510-2),
2) Stromerzeugungsaggregate mit Hubkolben-Verbrennungsmotoren gem. DIN 6280-13 und DIN 6280-14,
3) besonders gesichertes Netz gem. VDE 0100-560.

22.10 An einem gut einsehbaren Standort müssen zu einer zentralen Sicherheitsbeleuchtungsanlage angezeigt werden: Anlage betriebsbereit, Anlage gestört, Speisung aus der Ersatzstromquelle/Batteriebetrieb.
VDE 0100-560

22.11 Bei batteriegestützten Sicherheitsbeleuchtungsanlagen müssen folgende Prüfungen regelmäßig durchgeführt werden:

- tägliche Sichtprüfung der Anzeigen an den zentralen Stromversorgungen ohne Funktionstest:
  Anzeigen der zentralen Stromversorgungsanlage müssen durch Sichtprüfung auf korrekte Funktion geprüft werden,
- wöchentliche Funktionsprüfung der Leuchten mit Zuschaltung der Batterie:
  Die Zuschaltung der Stromquelle für Sicherheitszwecke ist erforderlich, sofern es sich um ein batteriegestütztes System handelt,
- monatliche Funktionsprüfung der Leuchten mit Zuschaltung der Batterie:
  Bei Einsatz einer automatischen Prüfeinrichtung sind die Ergebnisse der Funktionsprüfung zu protokollieren. Die Prüfungen müssen durch Simulation eines Ausfalls der Versorgung der allgemeinen Beleuchtung ausgeführt werden,
- jährliche Prüfung einschließlich der Batterieanlage:
  Bei Einsatz einer automatischen Prüfeinrichtung sind die Ergebnisse der Funktionsprüfung zu protokollieren. Die jährliche Prüfung darf nicht automatisch ausgelöst werden.

VDE 0108-100

22.12 Ja, entsprechend (M)EltBauVO müssen gemäß Aufzählung, Punkt 3) zentrale Batterieanlagen in eigenen, elektrischen Betriebsräumen untergebracht werden.

22.13 Die minimale Beleuchtungsstärke E_{min} beträgt

a) für Fluchtwege/Flurzonen 1 lx (Messhöhe: 2 cm über der Laufebene),
b) an Arbeitsstätten mit besonderer Gefährdung 15 lx.

DIN EN 1838

A 22

22.14 Eine Rettungszeichenleuchte ist in mind. 2 m Höhe zu montieren.

DIN EN 1838

22.15 SL/RZ-Leuchten müssen durch ein rotes Schild mit einem Durchmesser von mind. 30 mm gekennzeichnet werden.

VDE 0100-560.560.9.15

23 Kommunikationseinrichtungen

23.1 Die Begriffe bedeuten:

- APL: Abschlusspunkt Liniennetz,
- IuK: Informations- und Kommunikationstechnik,
- TAE: Telekommunikationsanschlusseinrichtung,
- RuK: Rundfunk- und Kommunikationstechnik,
- BK: Breitbandkabelverteilnetz,
- WÜP: Wohnungsübergabepunkt.

DIN 18015-1.6

23.2 Abschlusspunkte Liniennetz (APL) dürfen im Kellergeschoss auf der Wand installiert werden. Kabel und Leitungen sind nach DIN 18015-3 anzuordnen.

DIN 18015-1.6.1.1

23.3 In jedem Gebäude ist ein Rohrnetz vom APL bis zur 1. TAE im Kommunikationsverteiler jeder Wohnung vorzusehen. Für bis zu acht Wohnungen darf das Rohrnetz sternförmig von einer Zentrale ausgeführt werden.

DIN 18015-1.6.1.2

23.4 Gemäß HEA und RAL-RG 678 ist die folgende Anzahl der TAE für Wohnungen verschiedener Größe und Ausstattungswerte einzuplanen:

Wohnungsfläche	Anzahl der TAE		
	ASW 1	ASW 2	ASW 3
bis 50 m²	1	2	3
über 50 m² bis 75 m²	2	3	4
über 75 m² bis 125 m²	3	4	5
über 125 m²	4	5	6

DIN 18015-2

23.5 Die Stromversorgung aller Komponenten ist mit einem eigenen Stromkreis vorzusehen. Die Koaxialkabelschirme, Verstärker und Umsetzer sind in den Schutzpotentialausgleich einzubeziehen (mindestens 4 mm²).

A 23

23.6 Die Verteiler, Abzweiger und Verstärker des Hausverteilnetzes werden in zugänglichen Räumen angeordnet. Die Verteilung in der Wohnung beginnt mit einem Übergabepunkt und weiterhin mit einem Rohrnetz.

23.7 Man unterscheidet im Telekommunikationsbereich Anschlussdosen für analoge und digitale (ISDN-) Telefonie sowie Datentechnik.

23.8 Zu einer Hauskommunikation gehören Video-, Klingel-, Türöffner- und Sprechanlagen, sowie Gefahrenmeldeanlagen, die dem Schutz von Leben und Sachschutz dienen. Die Sprechanlage kann mit einer Bildübertragung in BUS-Technik ausgestattet sein.

23.9 An einem öffentlichen Telefonnetz kann über eine TAE durch Splitter die TK-Anlage und das DSL-Modem (Digital Subcriber Line – schneller Internetzugang) für Computer genutzt werden. Für mehrere PCs ist ein Router oder Switch notwendig.

24 Elektrische Anlagen in Wohngebäuden – Teil 1: Planungsgrundlagen

DIN 18015-1

24.1 In einem Gebäude können bis 1000 V folgende Anlagen installiert werden:

- Starkstromanlagen bis 1 kV
- Telekommunikationsanlagen und Hauskommunikationsanlagen sowie sonstige Melde- und Informationsverarbeitungsanlagen,
- Verteilanlagen für Radio und Fernsehen und
- Blitzschutzanlagen.

DIN 18015-1.1, [38]

24.2 Bei Schlitzen und Aussparungen in tragenden Wänden aus Mauerwerk ist DIN 1053-1 zu beachten.

DIN 18015-1.4.4

24.3 Die möglichen Maßnahmen sind:

- Planung und Ausführung einer luftdichten und wärmebrückenfreien Elektroinstallation,
- Visualisierung von Verbrauchs- sowie von Tarifinformationen zu den ins Haus eingeführten Energiearten,
- tarifabhängiges Schalten von Verbrauchsgeräten,
- Automatisierung von Abläufen mit hoher Energierelevanz (Heizung, Lüftung, Klimatisierung, Beleuchtung).

DIN 18015-1.24.1

24.4 VDE-AR 4102 beschreibt die Lademöglichkeit für Elektrofahrzeuge, Anschlussbedingungen für Schalt- und Steuerschränke, Zähleranschlusssäulen sowie Telekommunikationsanlagen und Ladestationen für Elektrofahrzeuge, legt die technische Ausführung von Netzanschluss und Zählerplatz für Mess- und Steuereinrichtungen fest und ergänzt die „Technischen Anschlussbedingungen für den Anschluss an das Niederspannungsnetz“ (TAB) des Netzbetreibers.

DIN 18015-1.3.2

24.5 Für die Planung von Erzeugungsanlagen im Parallelbetrieb mit dem Niederspannungsnetz des Netzbetreibers sind VDE 0100-551 und VDE-AR-N 4105 und bei PV-Anlagen zusätzlich VDE 0100-712 zu berücksichtigen.

DIN 18015-1.5.3.3

24.6 Für die Hausinstallation sind folgende Voraussetzungen zu berücksichtigen:

- Die Versorgung erfolgt dreiphasig für eine Belastung von mindestens 63 A. Der Leitungsquerschnitt muss dementsprechend mindestens 16 mm² Cu betragen.
- Hauptstromversorgungssysteme werden als Strahlennetze betrieben.
- Der Spannungsfall in der elektrischen Anlage hinter der Messeinrichtung bis zum Anschlusspunkt der Verbrauchsmittel sollte insgesamt 3 % nicht überschreiten; dabei ist VDE 0100-520, Tabelle G.52.1 zu berücksichtigen. Für die Berechnung des Spannungsfalls in jedem Leitungsabschnitt ist der Bemessungsstrom der jeweils vorgeschalteten Überstromschutzeinrichtung zugrunde zu legen.
- Für die Auswahl von Betriebsmitteln zum Trennen, Schalten, Schützen, Steuern und Überwachen und deren Errichtung ist VDE 0100-530 zu berücksichtigen.
- Um die erforderliche Selektivität in einer elektrischen Anlage zu erreichen, ist der Einsatz eines selektiven Haupt-Leitungsschutzschalters erforderlich.

DIN 18015-1.5.2.1 u. 5.2.2

24.7 Die folgenden Normen sind für Gebäudeinstallationen von großer Wichtigkeit:

- DIN 18012 für die Zählerplätze,
- DIN 43871 und VDE 0603-1 für Stromkreisverteiler,
- VDE 0100-410 für die Schutzmaßnahmen,
- VDE 0100-701 für Räume mit Badewanne oder Dusche,
- DIN 18015-1 bis -4 für elektrische Anlagen in Wohngebäuden,
- VDE 0883-1 für Gefahrenmeldeanlagen,
- VDE 0883-2 für Brandmeldeanlagen,
- VDE 0883-3 für Einbruch- und Überfallmeldeanlagen,
- DIN EN 50083 für die Übertragung von Radio- und Fernsehsignalen sowie Kommunikationsdiensten,
- DIN EN 50174 für Netzverkabelung,

- DIN EN 62305 für Blitzschutzanlagen,
- DIN 18014 für Fundamenterder,
- VDE 0100-540 für Erdungsanlagen und Schutzleiter,
- VDE 0298-4 hinsichtlich der Strombelastbarkeit von Kabeln und isolierten Leitungen für feste Verlegung in und am Gebäude und von flexiblen Leitungen,
- DIN EN 12464-1 für die Beleuchtung von Arbeitsstätten in Innenräumen,
- VDE 0100-510 für die Auswahl und Errichtung elektrischer Betriebsmittel.

24.8 Für Steckdosen bis 32 A und für Beleuchtungsstromkreise sind nach DIN VDE 0100-410 (VDE 0100-410):2018-10 Fehlerstrom-Schutzeinrichtungen (RCD) mit einem Bemessungsfehlerstrom von max. 30 mA für den zusätzlichen Schutz gegen elektrischen Schlag abzusichern.

24.9 Aus Gründen der Verfügbarkeit und der Vermeidung einer Überlastung sind sie wie folgt zu planen:

- RCD/FI-Schalter, 2-polig: maximale Anzahl von 1-phasigen Endstromkreisen = 2 und
- RCD/FI-Schalter, 4-polig: maximale Anzahl von 1-phasigen Endstromkreisen = 6.

Nach Absprache mit dem Nutzer können für alle Endstromkreise auch RCD/LS-Schalter eingesetzt werden.

24.10 Bei elektrischer Warmwasserbereitung mit Durchlauferhitzer für Bade- oder Duschzwecke ist die Einspeisung mit 3 Aktivleitern (L1-L2-L2-N-PE) und einer zulässigen Strombelastbarkeit von mindestens 35 A zu installieren.

24.11 Für den Anschluss eines Elektroherdes oder einer Kochmulde ist eine Leitung mit 3 Aktivleitern (L1-L2-L2-N-PE) und einer zulässigen Strombelastbarkeit von mindestens 20 A zu installieren. Die zugeordnete Schutzeinrichtung ist mit einem Bemessungsstrom von ebenfalls 20 A auszuwählen. Dabei muss man DIN VDE 0100-520 Beiblatt 2 beachten.

24.12 Wenn eine Lademöglichkeit für Elektrostraßenfahrzeuge vorgesehen wird, ist eine Zuleitung mit 3 Aktivleitern (L1-L2-L2- N- PE) und einer zulässigen Strombelastbarkeit von mindestens 32A von der Hauptverteilung bzw. dem Zählerschrank zum Ladeplatz oder mindestens ein entsprechendes Elektroinstallationsrohr vorzusehen.

Zu der Hauptleitung müssen noch folgende Anlagen für Dauerströme ausgelegt werden:

- Ladeeinrichtungen für Elektrostraßenfahrzeuge,
- Erzeugungsanlagen mit/ohne Speicher;
- Elektroheizungen.

24.13 Der Spannungsfall in der elektrischen Anlage hinter der Messeinrichtung bis zum Anschlusspunkt der Verbrauchsmittel sollte 3 % insgesamt nicht überschreiten. Für die Berechnung des Spannungsfalles in jedem Leitungsabschnitt ist der Bemessungsstrom der jeweils vorgeschalteten Überstrom-Schutzeinrichtung zu Grunde zu legen.

Nach DIN VDE 0100-5-520 Anhang G, Tabelle G.52.1 ist der Spannungsfall zwischen Verteilungsnetz und Verbraucheranlage bis zum Anschlusspunkt eines Verbrauchsmittels zu beachten.

24.14 Zur einer Hauskommunikation gehören z. B. Klingel-, Türöffner- und Sprechanlagen (Türkommunikation) sowie Anlagen, die dem Schutz von Leben und hohen Sachwerten dienen, z. B. Gefahrenmeldeanlagen.

24.15 Anschluss- sowie Schaltstellen sind auf einem Grundrissplan anzugeben. Dabei sind die grafischen Symbole entsprechend der DIN EN 60617 zu verwenden. Schaltpläne müssen die Art und den Aufbau der Stromkreise kenntlich machen sowie die Identifizierung der Einrichtungen für Schutz-, Trenn- und Schaltfunktionen der Einbauorte. Außerdem sind Prüfberichte beizulegen.

25 VDE 0100-420

DIN VDE 0100-420 (VDE 0100-420):2016-02 „Errichten von Niederspannungsanlagen – Teil 4-42: Schutzmaßnahmen – Schutz gegen thermische Auswirkungen

25.1 Fehlerlichtbogen-Schutzeinrichtungen (engl.: Arc Fault Detection Devices, kurz AFDD) werden nach DIN EN 62606 (VDE 0665-10):2014-08 nach folgenden Ausführungsformen unterschieden:

- AFDD als kompakte Einrichtung bestehend aus einer AFD-Erfassungseinheit und einer Ausschaltvorrichtung oder einer Überstrom- und/oder Fehlerstrom-Schutzeinrichtung (RCD);
- AFD-Erfassungseinheit, die vor Ort nach Herstellerangaben mit einer Schutzeinrichtung zusammengebaut wird.

25.2 In der Planungsphase ist eine Risiko- und Sicherheitsbewertung vom Planer, Errichter bzw. von einer Elektrofachkraft durchzuführen und das Ergebnis zu dokumentieren. Abhängig vom Ergebnis der Risiko- und Sicherheitsbewertung kann entschieden werden, wo AFDDs installiert werden können.

DIN VDE 0100-420 empfiehlt in folgenden Gebäuden bzw. Räumen Brandschutzschalter einzubauen:

- Räume mit Schlafgelegenheit,
- Räume mit erhöhter Explosions- oder erhöhter Brandgefahr nach Musterbauordnung (MBO)Feuergefährdete Betriebsstätten,
- Räume aus Baustoffen mit geringerem Feuerwiderstand als F30 (nach DIN 4202-2),
- bei Gefährdung von unersetzbaren Kulturgütern (Bsp.: Museen, Nationaldenkmäler, Bahnhöfe, Flughäfen, Archive, Galerien, Baudenkmäler)

25.3 AFDDs werden in Endstromkreisen in einphasigen Wechselspannungssystemen mit einem Betriebsstrom nicht größer als 16 A, die elektrische Betriebsmittel in den angesprochenen Bereichen versorgen oder diese Bereiche durchqueren, installiert.

25.4 Mit AFDD geschützte Bereiche sind vor allem solche, die Kulturgüter beinhalten, die nach einer Zerstörung unwiederbringlich verloren sind oder die einen besonders hohen Wert darstellen, also z. B. Museen, Galerien, Archive, Baudenkmäler, die gesetzlich geschützt und in Denkmalbüchern/Denkmallisten eingetragen sind.

25.5 Für Fehlerlichtbogen-Schutzeinrichtungen (AFDDs) ist in der Produktnorm eine Selbstüberwachung vorgesehen. Eine Prüfung ist nicht erforderlich.

25.6 Auf Fehlerlichtbogen-Schutzeinrichtungen (AFDDs) kann verzichtet werden für Stromkreise, die elektrische Verbrauchsmittel versorgen, bei denen eine unvorhergesehene Unterbrechung der Stromversorgung eine Gefahr oder einen Schaden verursacht.

Dies gilt z. B. für IT-Systeme, die zur Verbesserung der Versorgungssicherheit installiert wurden, oder für elektrische Anlagen für Sicherheitszwecke nach DIN VDE 0100-560 (VDE 0100-560), insbesondere in Sicherheitsbeleuchtungssystemen.

26 VDE 0100-520 Beiblatt 2

26.1 Folgende Bedingungen sind einzuhalten:

- Betriebsart des Verbrauchers,
- Leiterwerkstoff, Aufbau,
- Leiternennquerschnitt,
- Betriebstemperatur des Leiters,
- Umgebungstemperatur,
- Anzahl der stromführenden Adern/Leiter,
- Verlegeart der Leitung.

VDE 0100-520 Beiblatt 2.2.1

26.2 Zum Schutz von Leitungen und Kabeln muss die Überstromschutzeinrichtung so ausgewählt werden, dass folgende Regel erfüllt wird: $I_B \leq I_n \leq I_Z$.

VDE 0100-520 Beiblatt 2.4.1

26.3 Der Spannungsfall darf hinter der Messeinrichtung 3 % nicht überschreiten.

VDE 0100-520 Beiblatt 2.5.1

26.4 Für jeden Leiterabschnitt ist der Bemessungsstrom der vorgeschalteten Überstromschutzeinrichtung einzusetzen, falls der Betriebsstrom des Verbrauchers nicht bekannt ist.

VDE 0100-520 Beiblatt 2.5.2

26.5 Die Abschaltzeit und der Kurzschluss müssen berücksichtigt werden.

VDE 0100-520 Beiblatt 2.6

26.6 Der Stromkreis wird folgendermaßen berechnet:

- Abschaltbedingung:
  maximal zulässige Längen von Kabeln/Leitungen bei Einhaltung der Abschaltbedingungen für den Fehlerschutz 0,4 s und 5 s und zulässige Kurzschlusstemperatur am Leiter 160 °C. Impedanz vor der Schutzeinrichtung Z_V = 300 mΩ.

S in mm²	I_n B16A	I_{eff} in A	Z_S in Ω	l_{max} in m
2,5	16	80	2,88	134

A 26

- Überlastschutz:
  Verlegebedingung der 2,5-mm²-Leitung nach VDE 0298-4 Tabelle 5 ist B1, bei 30 °C. Die Strombelastbarkeit beträgt $I_Z = 31$ A. Die Bedingung $I_B \leq I_n \leq I_Z$ ist mit 10 A ≤ 16 A ≤ 31 A erfüllt.
- Spannungsfall:
  Nach Tabelle 2, Beiblatt 2 erhält man $l_{max} = 56$ m. Für den Wechselstromkreis ergibt sich die maximale Länge der Leitung zu $l_{max} = 56\ \text{m} \cdot 0{,}5 = 28$ m.

27 VDE 0100-520 Beiblatt 3

27.1 Oberschwingungen (harmonische) sind sinusförmige, periodische Schwingungen, deren Frequenz ein ganzzahliges Vielfaches der Grundfrequenz ist, z. B. 3 x 50 Hz = 150 Hz, 5 x 50 Hz = 250 Hz.

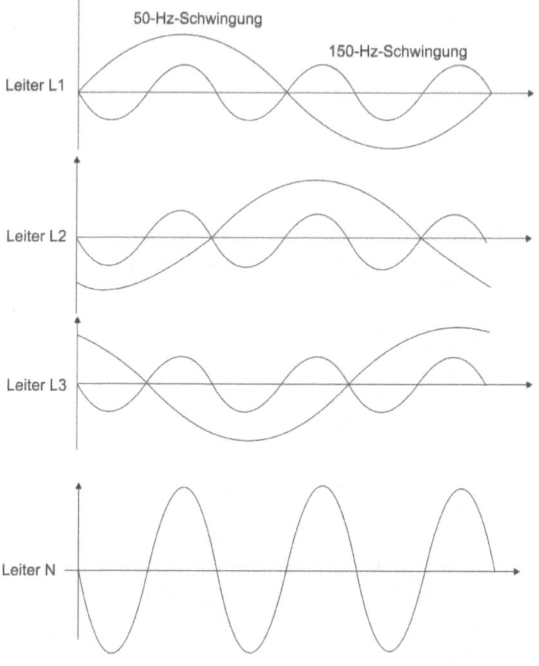

27.2 Oberschwingungen entstehen wenn die Grundschwingung durch nichtlineare Verbraucher (Motoren, Gleichrichter und Schaltnetzteile) verzerrt werden.

27.3 Oberschwingungen können das Versorgungsnetz und die Verbraucher mit folgenden Problemen belasten:

- Verzerrung der Spannungen und Ströme,
- Verluste und Belastungen auf Leitungen,
- Störungen auf Datenleitungen.

27.4 Korrekturfaktoren sind nach VDE 0100-520 Beiblatt 3, Tabelle A.1:

Oberschwingungsanteil im Außenleiterstrom bei symmetrischer Belastung	gewählter Wert nach	
	Außenleiterstrom	Neutralleiterstrom
0 % ... 15 %	1	–
> 15 % ... 33 %	0,86	–
> 33 % ... 45 %	–	0,86
> 45 %	–	1

27.5 Typische Verzerrungsströme und Werte von ausgewählten 1-phasigen elektronischen Verbrauchsmitteln:

Elektronisches Verbrauchsmittel	Betriebsart	Leistungsaufnahme P in W	Stromaufnahme I_{Last} in A	Verzerrungsstrom I_V in mA
Kompakt-Leuchtstofflampe bis 25 W	Kompakt-Leuchtstofflampen	23	0,15	80
Laptop-PC bis 75 W	PC-Betrieb, stark beansprucht	24	0,20	115
Faxgerät	Tages-Mittelwert	22	0,17	83

A 27

28 VDE 0100 Beiblatt 5

28.1 Die Anforderungen sind hauptsächlich:

- Strombelastbarkeit der Leiter,
- Nachweis der thermischen Belastung,
- Schutz gegen elektrischen Schlag – Fehlerschutz (Abschaltbedingungen),
- Begrenzung des Spannungsfalls,
- Überprüfung der Selektivität.

VDE 0100 Beiblatt 5.1

28.2 Für die Dimensionierung und Koordinierung von Stromkreisen müssen sowohl die maximalen wie auch die minimalen Kurzschlussströme am Anfang ermittelt werden.

VDE 0100 Beiblatt 5.4

28.3 Für die Berechnung der Kurzschlussströme sind die Kurzschlussimpedanzen zu ermitteln.

VDE 0100 Beiblatt 5.4.1.2

28.4 Für die maximal zulässigen Längen ist die Vorimpedanz am Anfang des Stromkreises von großer Bedeutung. Wenn nichts bekannt ist, darf man 300 mΩ einsetzen.

28.5 Dabei sind die Erhöhung der Leitertemperatur am Ende der Fehlerzeit bei der Ermittlung des kleinsten Fehlerstroms und die maximale Abschaltzeit zu berücksichtigen.

VDE 0100 Beiblatt 5.4.1.1.1

28.6 Ein Kabel mit 1,5 mm² Cu-Leiter und PVC-Isolierung mit einer Grenztemperatur von 160 °C hat einen k^2S^2-Wert von 29 756 A²s. Die 63-A-gG-Schmelzsicherung kann somit noch als Kurzschlussschutz für dieses Kabel eingesetzt werden. Der minimal erforderliche $I_{\mathrm{k\,erf}}$ begrenzt bei einer 63-A-Schmelzsicherung die zulässige Stromkreislänge jedoch erheblich.

28.7 Der minimal erforderliche Fehlerstrom $I_{\mathrm{k\,erf}}$ ist abhängig von:

- der Art des Kurzschlussgeräts,
- der Auslösekennlinie und deren oberem Toleranzband,
- der erforderlichen maximalen Abschaltzeit.

VDE 0100 Beiblatt 5.4.1.1.1 u. 4.1.1.3

28.8 Nach Tabelle NA.4 zu VDE 0100-600 können für den ohmschen Widerstand $R'_{L20} = \rho / A = 1 / [\kappa \cdot A]$ und den induktiven Widerstand 0,08 mΩ/m genommen werden, wobei beim ohmschen Widerstand eine erhöhte Umgebungstemperatur von 80 °C bis 160 °C eingesetzt wird. Genauere Daten entnimmt man Tabellen A.1.4-7.

28.9 Die Tabelle A.3 gibt die zulässige Grenzlänge im TN-System, 400 V/230 V, 50 Hz an für:

- Mehrleiterkabel mit Kupferleiter 2,5 mm² und PVC- oder Gummi-Isolierung,
- Leitungsschutzschalter, Charakteristik B (DIN EN 60898-1),
- Fehlerschutz durch automatische Abschaltung $t_a \leq 0{,}1$ s (gleich bis 5 s),
- Schutz bei Kurzschluss $t_a \leq 0{,}1$ s (gleich bis 5 s).

Leiterquerschnitt	Nennstrom der Schutzeinrichtung	Mindestkurzschlussstrom	Schleifenimpedanz vor der Schutzeinrichtung in mΩ								
			10	50	100	200	300	400	500	600	700
mm²	(A)	(A)	Maximale zulässige Länge l_{max} in m								
1,5	6	27	270	269	267	264	261	258	255	252	249
1,5	10	47	155	154	152	149	146	143	140	137	134
1,5	16	65	112	111	109	106	103	100	97	94	91

Die zulässige Grenzlänge beträgt 146 m.

28.10 Gemessene Impedanz wird nach DIN VDE 0100-600 mit einem Sicherheitsfaktor von 1,5 multipliziert.

$$Z_V = 1{,}5 \cdot 150\ \text{m}\Omega = 225\ \text{m}\Omega$$

Die Impedanz der Zuleitung bei 80 °C beträgt:
$Z'_L = 9{,}189$ mΩ/m

Die zulässige Stromkreislänge berechnet sich damit zu:

$$l = \frac{\dfrac{c \cdot U_n}{\sqrt{3} \cdot I_{erf.}} - Z_v}{2 \cdot Z'_L} = \frac{\dfrac{0{,}9 \cdot 400\ \text{V} \cdot 10^3}{\sqrt{3} \cdot 80\ \text{A}} - 225\ \text{m}\Omega}{2 \cdot 9{,}189\ \text{m}\Omega / \text{m}} = 129{,}12\ \text{m}$$

Dazu muss noch der Spannungsfall geprüft werden. Wir nehmen an, dass die Stromkreislänge 35 m und der geforderte Spannungsfall 3 % beträgt.

A 28

Damit berechnen wir den Spannungsfall mit cosφ = 1 und Umgebungstemperatur von 50 °C:

$$\Delta u = \frac{2 \cdot l_{max} \cdot I_n \cdot \cos\varphi \cdot f}{\kappa \cdot S \cdot U_0} \cdot 100\ \% = \frac{2 \cdot 35\ \text{m} \cdot 16\ \text{A} \cdot 1 \cdot 1{,}12 \cdot 100\ \%}{56 \frac{\text{m}}{\Omega\text{mm}^2} \cdot 2{,}5\ \text{mm}^2 \cdot 230\ \text{V}} = 3{,}89\ \%$$

Fazit: Die tatsächlich verlegte Stromkreislänge muss für die automatische Abschaltung kleiner sein als 129,12 m. Der Spannungsfall ist zu groß. Der Leitungsquerschnitt ist zu erhöhen.

29 Ladesäulen

DIN VDE 0100-722 (VDE 0100-722):2016-10 Errichten von Niederspannungsanlagen – Teil 7-722: Anforderungen für Betriebsstätten, Räume und Anlagen besonderer Art – Stromversorgung von Elektrofahrzeugen

29.1 Die Stromversorgung von Elektrofahrzeugen muss nach DIN VDE 0100-722 aufgrund der hohen Belastung für das lokale Leitungsnetz idealerweise 3-phasig und über eine separate Zuleitung von der Hauptverteilung oder vom Zählerschrank mit einer Strombelastbarkeit von bis zu 32 A erfolgen.

29.2 Nein. Das Diagramm gilt nur Wohnungen. Der Gleichzeitigkeitsfaktor des Stromkreises bei dem Ladevorgang eines Elektrofahrzeugs ist eins. Die Beanspruchung des Stromkreises liegt bei 100 %. Zu der Anschlussleistung der Wohnung muss noch die Leistung des Elektroautos hinzuaddiert werden.

Bei Anschluss einer Ladestation ist die Hauptzuleitung auf die neue gleichzeitig benötigte Leistung zu überprüfen. Die notwendigen Angaben erhält der Netzbetreiber durch den Inbetriebnahme-Antrag des Elektroinstallateurs. Insbesondere bei Ladestationen mit einer Leistung über 12 kVA ist gemäß der Niederspannungsanschlussverordnung (NAV) und VDE AR N 4100 sowie den Technischen Anschlussbedingungen (TAB) eine Zustimmung durch den Netzbetreiber gefordert und ein Datenblatt der Ladeeinrichtung sowie eine Inbetriebsetzungsanzeige erforderlich. Zudem ist ab 12 kVA eine Steuerungsschnittstelle bereitzustellen. Ladeeinrichtungen mit Leistungen kleiner als 12 kVA müssen beim Netzbetreiber angemeldet werden. Außerdem besteht nach VDE AR N 4100 die Verpflichtung zur Einhaltung der Symmetrieanforderung (unsymmetrische Belastung).

29.3 Nein. Elektroautos sollten daher immer über fest installierte Ladestationen, z. B. Wallboxen geladen werden.

29.4 Es gibt verschiedene Ausführungen von Wallboxen. Die Anschlussleistung geht von 3,7 kW bis 22 kW und sie können mit 230 V oder 400 V versorgt werden.

29.5 Die Norm DIN VDE 0100-722 sieht vor, dass für jeden Anschluss von Elektrofahrzeugen ein eigener Stromkreis bereitgestellt werden muss. Darüber hinaus gilt es, jeden Anschlusspunkt durch eine eigene Fehlerstrom-Schutzeinrichtung (RCD) Typ B oder A mit einem Bemessungsdifferenzstrom nicht größer als 30 mA zu schützen. Der Schutz gegen Überlast und Kurzschluss ist durch einen laienbedienbaren Leitungsschutzschalter zu realisieren und nicht durch NH- oder Schraubsicherungen. Zum vorbeugenden Brandschutz müssen selektive Fehlerstrom-Schutzeinrichtungen (RCD) mit einem Bemessungsdifferenzstrom nicht größer als 300 mA am Anfang des zu schützenden Stromkreises errichtet werden.

29.6 Beim Laden mit Wechselstrom (AC-Laden) wird die elektrische Energie aus dem Wechselstromnetz unter Verwendung von einer oder drei Phasen zunächst in das Fahrzeug übertragen. Das im Fahrzeug eingebaute Ladegerät übernimmt die Gleichrichtung und steuert das Laden der Batterie. Die Energieübertragung zwischen dem Wechselstromnetz und dem Elektrofahrzeug kann kabelgebunden oder kabellos erfolgen.

Das Laden mit Gleichstrom (DC-Laden) benötigt eine Verbindung des Fahrzeugs mit der Ladestation über ein Ladekabel, wobei das Ladegerät in der Ladestation integriert ist. Die Steuerung des Ladens erfolgt über eine spezielle Kommunikationsschnittstelle zwischen Fahrzeug und Ladestation.

Beim induktiven Laden erfolgt die Energieübertragung kabellos durch ein elektromagnetisches Feld ähnlich wie bei einem Induktionskochfeld oder einer elektrischen Zahnbürste.

29.7 Die Definitionen für Normal- und Schnellladen sind in der EU-Richtlinie 2014/94/EU „Aufbau der Infrastruktur für alternative Kraftstoffe" definiert und ergeben sich einzig aus den beim Ladevorgang angewendeten Ladeleistungen. So werden alle Ladevorgänge mit einer Ladeleistung von bis zu 22 kW als Normalladen klassifiziert, Ladevorgänge mit höheren Leistungen werden als Schnellladen bezeichnet. Neben den klassischen DC-Ladestationen mit Leistungen ab 50 kW aufwärts kommen zunehmend auch kleinere DC-Wallboxen mit Leistungen von 10...20 kW in Betracht.

29.8 Vier Ladebetriebsarten sind heute für die Stromversorgung von Elektroautos im Einsatz:

- Ladebetriebsart 1: Unter diese Ladebetriebsart fallen Ladeeinrichtungen, die nicht fest mit der Installation verbunden sind. Der Ladestrom beträgt 16 A. Beispiele sind: Elektrofahrzeuge, Pedelecs, E-Bikes.
- Ladebetriebsart 2: Anschluss ist bis 32 A erlaubt. In dem Ladekabel des Fahrzeugs befindet sich eine Steuer- und Schutzeinrichtung (In Cable Control and Protection Device, IC-CPD). Sie übernimmt den Schutz vor elektrischem Schlag.
- Ladebetriebsart 3: Diese Betriebsart wird für das ein- bzw. dreiphasige Laden mit Wechselstrom bei fest installierten Ladestationen genutzt. Die Sicherheitsfunktionalität inklusive Fehlerstrom-Schutzeinrichtung ist in der Gesamtinstallation integriert, sodass nur ein Ladekabel mit zweckgebundenem Stecker auf der Infrastrukturseite notwendig ist.
- Ladebetriebsart 4: Diese Betriebsart ist für das Laden mit Gleichstrom (DC-Laden) an fest installierten Ladestationen vorgesehen. Das Ladekabel ist immer fest an den Ladestationen angeschlossen.

29.9 Die Kommunikation zwischen Fahrzeug und Ladestation erfolgt bei den Ladebetriebsarten 2, 3 und 4 immer durch eine Basiskommunikation (Low Level) zwischen der IC-CPD bzw. der Ladestation und dem Fahrzeug.

29.10 Bei der korrekten Dimensionierung der Anschlussleistung sind folgende Größen zu beachten:

- die Art und Anzahl der Fahrzeuge,
- die Ladeleistung der anzuschließenden Fahrzeuge,
- die erwartete durchschnittliche Parkdauer,
- das Ladeverhalten der Fahrzeugbesitzer und
- Lastmanagement.

29.11 Für öffentlich zugängliche Anschlusspunkte ist ein Überspannungsschutz gegen transiente Überspannungen verbindlich gefordert.

Anhang

A 6 Ausstattungsqualität elektrischer Anlagen in Wohngebäuden

A 7 IP-Schutzarten

A 8 Sicherheitszeichen

A 9 Prüffristen und Art der Prüfung von elektrischen Anlagen und Betriebsmitteln

A 1 Rechenbeispiele

A 1.1 Erdung

(Rechenbeispiel zu Frage 5.15 und 17.12)

Beispiel: An einem Wohnhaus-Neubau soll der Erdungswiderstand des Fundamenterders überprüft werden. Hierfür wird der Fundamenterder nach dem Trennen von der Haupterdungsklemme (HEK) über einen Vorwiderstand mit einem Strom von $I_p = 7{,}5$ A aus einem Außenleiter des Netzes beaufschlagt.

Fragen

1. Welchen Wert hat der Erdungswiderstand des Fundamenterders, wenn während des Prüfens zwischen Fundamenterder und Sonde eine Spannung von 34 V gemessen wird?
2. Welcher Spannungswert wird angezeigt, wenn zwischen dem Fundamenterder und dem Hauptleitungs-PEN-Leiter gemessen wird, und in welchen Fällen wird man so messen?
3. Wie hoch wird der Spannungsfall am Vorwiderstand, wenn die Nennspannung des Netzes 230 V beträgt?
4. Wie können derartige Messungen auch ohne Strommesser durchgeführt werden?

Antworten

1. Der Ausbreitungswiderstand R_A des Erders errechnet sich aus

   $R_A = U_E / I_p = 34\ \text{V} / 7{,}5\ \text{A} = 4{,}5\ \Omega.$

2. Es wird etwa der gleiche Wert, $U_E = 34$ V, gemessen. Der mehrfach geerdete PEN-Leiter des Netzes ersetzt hier die Sonde. Besonders in dicht besiedelten Gebieten wird man so messen, da hier der Mindestabstand zwischen der Sonde und dem zu messenden Erder oft nur schwierig eingehalten werden kann. Zudem können Streuströme im Erdboden merkliche Spannungen verursachen, die die Messung verfälschen würden.

3. Der Spannungsfall am Vorwiderstand beträgt

   $U_R = U_0 - U_E = 230\ \text{V} - 34\ \text{V} = 196\ \text{V}.$

   Die Spannung U_0 ist in einer zweiten Messung bei geöffnetem Schalter am unbelasteten Außenleiter gegen Erde festzustellen. Mit dieser Prüfmethode ermitteln auch die modernen Schleifenwiderstands- und Erdungswiderstands-Messgeräte die gesuchten Widerstände. Dabei übernehmen Analog- oder Digitalrechner die

Berechnung der Widerstandswerte aus den gemessenen Strom- und Spannungswerten. Diese Methode der Widerstandsmessung ist praktisch und schnell, weil das Prüfgerät nur an zwei Punkten anzuschließen ist.

4. Ein einstellbarer und kalibrierter Vorwiderstand kann den Strommesser ersetzen, es braucht dann während der kurzen Prüfzeit nur der Spannungsmesser beobachtet zu werden.

   Für R_A = 4,5 Ω, U_0 = 230 V und I_P = 7,5 A ergibt sich der Wert des Vorwiderstands zu

   $R_V = (U_0 - U_E) / I_p =$
   (230 V – 34 V) / 7,5 A = 196 V / 7,5 A = 26,1 Ω.

A 1.2 Abschaltstrom und Stromkreislänge

(Rechenbeispiel zu Frage 5.21 und 2.4)

Beispiel: Am Hausanschluss einer ausgedehnten Verbraucheranlage, wie Sportfeld, Schießstand, Baudenkmal, Friedhof, Baustelle, Lagerhalle, wurde ein Schleifenwiderstand des vorgeschalteten Ortsnetzes mit R_S = 0,4 Ω gemessen. Die Bemessungsspannung des Netzes beträgt 230 V/400 V. Der Wechselstromkreis soll mit dem Querschnitt 1,5 mm² Cu installiert und mit 16-A-LS-Schaltern der Charakteristik B geschützt werden.

Frage: Wie lang darf hier ein Wechselstromkreis höchstens sein, damit auch an seinem entferntesten Ende beim Auftreten eines Kurzschlusses innerhalb von 0,2 s abgeschaltet wird?

Antwort: Der erforderliche Abschaltstrom für die Überstromschutzeinrichtung wird der Zeit-Strom-Kennlinie bzw. VDE 0100-600, Tabelle NA.1 und NA.2, mit 80 A entnommen. Der höchstzulässige Schleifenwiderstand am entferntesten Schleifenende beträgt dann

$R_{Sz} = U_0 / I_a$ = 230 V / 80 A = 2,88 Ω.

Der maximale Schleifenwiderstand der Leitung in der Verbraucheranlage (Installation) errechnet sich zu

$R_{Inst} = R_{Sz} - R_{Sp}$ = 2,88 Ω – 0,4 Ω = 2,48 Ω.

Die höchstzulässige Länge des Stromkreises ergibt sich aus

$l = {}^1/_2\, R_{Inst} \cdot \kappa_{80} \cdot A = {}^1/_2$ · 2,48 Ω · 45,16 m/Ω mm² · 1,5 mm² = 84 m,

κ_{80} Leitfähigkeit von Kupfer bei 80 °C.

Bei der Ermittlung der zulässigen Stromkreislänge muss, außer dem hier berechneten maximal zulässigen Schleifenwiderstand, auch der Schutz bei Kurzschluss (nach VDE 0100-430) und der maximal zulässige Spannungsfall (nach VDE 0100-520) berechnet werden. Der kleinste dieser getrennt zu ermittelnden Werte ist für die Installation maßgebend.

A 1.3 Abschaltbedingungen im TN-System

Frage: Wie kann man aus vorgegebenen Abschaltzeiten (0,2 s, 0,4 s oder 5 s) den erforderlichen Abschaltstrom einer Schmelzsicherung ermitteln?

Antwort: Aus den Zeit-Strom-Kennlinien von Schmelzsicherungen ist der gesuchte Abschaltstrom für die Zeiten 0,2 s, 0,4 s oder 5 s abzulesen. Die Sicherungskennlinien sind entweder Datenblättern der Hersteller oder aus VDE 0636 für Schmelzsicherungen zu entnehmen (s. auch Tabelle A 1).

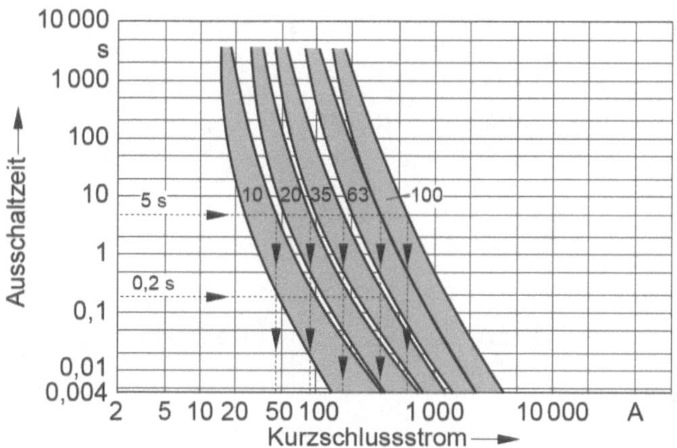

Da die Sicherungen Fertigungs- und Materialtoleranzen unterliegen, ist ein Streuband (Toleranzband) vorgegeben. Für die sichere Auslösung der Schmelzsicherungen muss der maximal erforderliche Auslösestrom angenommen werden.

VDE 0100-410, Abschn. 411.4 u. VDE 0100-600, Tabelle NA.1 und NA.2

A 1.4 Schleifenwiderstand · Kurzschlussstrom

Beispiel: Ein Sägewerk ist über einen langen Netzausläufer angeschlossen. Es soll ein Drehstrom-Steckdosenstromkreis mit NYM-J 5 × 6 mm² Cu auf die Zulässigkeit der Schutzmaßnahme durch Überstromschutzeinrichtung im TN-System überprüft werden.

Am entferntesten Ende wurden folgende Spannungen zwischen Außenleitern und Schutzleiter gemessen:

U_0 = 235 V (unbelastet); U_{01} = 228 V (bei I = 19 A Laststrom).

Fragen

1. Wie groß ist der Wert des Schleifenwiderstands, R_S?
2. Welcher maximale Kurzschlussstrom kann hier fließen?
3. Darf dieser Stromkreis mit 35-A-Schmelzsicherungen geschützt werden?

Antworten

1. Der Spannungsfall der Leiterschleife beträgt

   $\Delta U = U_0 - U_{01}$ = 235 V – 228 V = 7 V.

   Der Schleifenwiderstand beträgt

   $R_S = \Delta U / I$ = 7 V / 19 A = 0,368 Ω.

   Werden die beiden vorstehenden Formeln zusammengefasst, so erhält man die bekannte Formel

   $R_S = (U_0 - U_{01}) / I$

2. Der Kurzschlussstrom der Leiterschleife beträgt

   $I_k = U_0 / R_S$ = 235 V/0,368 Ω = 638,58 A.

3. Bei 5 s maximal zulässiger Abschaltzeit erhält man aus der Schmelzkennlinie der 35-A-Schmelzsicherung einen erforderlichen Kurzschlussstrom von 175 A.

   Die Schutzmaßnahme durch Überstromschutzeinrichtung im TN-System ist hier für eine 35-A-Sicherung gut erfüllt, weil bei einem vollkommenen Körperschluss ein Kurzschlussstrom I_k = 638 A fließen kann, der größer ist als der erforderliche Abschaltstrom der Schmelzsicherungen I_a = 175 A.

   Da dem Querschnitt 6 mm² Cu nach Tabelle 1 Beiblatt 2 zu VDE 0100-520 bei Leitungen der Verlegeart C (z. B. NYM) nur Überstromschutzeinrichtungen bis 40 A Nennstrom zugeordnet werden dürfen, sind die vorgesehenen Schmelzsicherungen erlaubt.

A 1.5 Prüfen einer Fehlerstromschutzeinrichtung (RCD)

(Rechenbeispiel zu Frage 2.12)

Ein Verbraucher ist an einer elektrischen Anlage mit AC 400 V/230 V, 50 Hz angeschlossen. Für den Personenschutz ist eine RCD/30 mA vorgesehen. Die Zuleitung des Verbrauchers ist mit 16 A/B abgesichert.

Für das TT-System sind folgende Daten gegeben: Betriebserdungswiderstand R_B = 2 Ω, Transformatorenwiderstand + Leitungswiderstand R_{TL} = 1,2 Ω, Körperwiderstand des Menschen R_K = 750 Ω. Der Erdungswiderstand wurde mit R_A = 25 Ω gemessen.

Zwischen dem Außenleiter L1 und dem Gehäuse ist ein Fehler aufgetreten.

Fragen

1. Berechnen Sie den Fehlerstrom ohne wirksame Erdung!
2. Berechnen Sie die Berührungsspannung!
3. Berechnen Sie den Strom mit schlechter Schutzerdung!
4. Wie groß darf die Impedanz der Fehlerschleife nach VDE 0100-410 sein?
5. Wie groß darf der Widerstand des Erders sein, wenn eine RCD/30 mA installiert wird?

Antworten

1. $I_F = U_0 / (R_B + R_{TL} + R_K + R_A)$ = 230 V / (2 Ω + 1,2 Ω + 750 Ω + 0 Ω) = 0,305 A

   Der Abschaltstrom des LS-Schalters beträgt I_a= 5 · 16 A = 80 A. Ein Auslösen kann nicht erfolgen.

   Dieser Strom liegt im tödlichen Bereich!

2. $U_T = I_F \cdot R_K$ = 0,305 A · 750 Ω = 228,75 V

3. $I_F = U_0 / [R_B + R_{TL} + \frac{R_K \cdot R_A}{R_K + R_A}]$ = 230 V / (2 Ω + 1,2 Ω + 24,2 Ω) = 8,4 A

   Der LS-Schalter löst nach längerer Zeit aus.

4. $Z_s \leq U_0 / I_a$ = 230 V / 80 A = 2,875 Ω

Dieser Wert gilt für die Schleifenimpedanz der Fehlerschleife des TT-Systems, um die Sicherheit der Anlage mit Überstrom-Schutzeinrichtungen (ohne RCD) zu gewährleisten. Der gemessene Erdungswiderstand von 25 Ω ist zu hoch.

5. $R_A \leq U_T / I_{\Delta n}$ = 50 V / 30 mA = 1,67 kΩ

   Der Einsatz einer RCD ist, wie man sieht, für die Herstellung des Erdungswiderstands gemäß VDE 0100-410.411.3.3 zwingend erforderlich.

A 1.6 Belastbarkeit und Querschnitt · Erhöhte Umgebungstemperatur

(Rechenbeispiel zu Frage 4.16 und 8.19)

Beispiel: Zwei Drehstrom-Wärmegeräte für 230 V/400 V haben dieselbe symmetrische Bemessungsleistung P = 36,3 kW. Die drei Heizstränge des einen Geräts sind in Stern, die des anderen jedoch in Dreieck angeschlossen.

Fragen

1. Welche Bemessungsleistung hat ein Heizstrang?
2. Welcher Bemessungsstrom fließt in einem Heizstrang bei Sternschaltung bzw. bei Dreieckschaltung?
3. Welcher Strom fließt in der Zuleitung, und wie groß muss ihr Kupferquerschnitt sein, wenn sie als Mehraderleitung direkt unter Putz installiert wird?
4. Welcher Querschnitt ist zu wählen, wenn die PVC-isolierte Leitung wegen einer höchsten zu erwartenden Umgebungstemperatur von 50 °C geringer belastet werden darf?

Antworten

1. Jeder Heizstrang hat – unabhängig von seiner Schaltung – ein Drittel der Bemessungsleistung des gesamten Geräts:

   $P_{Strang} = P/3$ = 36,3 kW/3 = 12,1 kW.

2. Bei Sternschaltung liegt jeder Heizstrang an U_Y = 230 V, es fließt in ihm der Strom

   $I = P_{Strang} / U_Y$ = 12100 W / 230 V = 52,6 A.

   Bei Dreieckschaltung liegt jeder Heizstrang an $U\Delta$ = 400 V, es fließt in ihm der Strom

$I = P_{\text{Strang}} / U_{\Delta}$ = 12100 W / 400 V = 30,25 A.

3. In der Zuleitung fließt der Strom

   I = 1/3 $P / U_{Y} = P / (\sqrt{2}\, U_{\Delta})$ = 36300 W / 690 V= 52,6 A.

   Für Mehraderleitungen (z. B. NYM), direkt unter Putz verlegt, gilt Verlegungsart Gruppe C mit 3 belasteten Adern nach Tabelle 3 in VDE 0298-4. Für I = 52,6 A ist mindestens der Querschnitt 10 mm^2 Cu erforderlich, er ist bei 30 °C Umgebungstemperatur und der gewählten Verlegungsart bis 57 A belastbar.

4. Nach Tabelle 17 in VDE 0298-4 ist für eine Umgebungstemperatur bis 50 °C die zulässige Dauerbelastung nur noch 71 % des Werts der Tabelle 3:

   10 mm^2 Cu kann anstatt 57 A nur 0,71 · 57 A = 40,47 A,

   16 mm^2 Cu kann anstatt 76 A nur 0,71 · 76 A = 53,96 A tragen.

   Für I = 52,6 A ist in diesem Fall mindestens der Querschnitt 16 mm^2 Cu erforderlich.

A 1.7 Berechnung eines Hauptleitungsquerschnitts

(Rechenbeispiel zu Frage 17.10 und 17.13)

Beispiel: Die Hauptleitung eines Wohnhaus-Neubaus soll vier vollelektrifizierte Wohnungen (je eine in vier Geschossen) ab einem Kabel-Hausanschluss mit Drehstrom 230 V/400 V versorgen. Als höchster Leistungsbedarf je Wohnung wird P_W = 18 kW zugrunde gelegt, wobei Durchlauferhitzer wegen ihrer kurzen Einschaltzeiten bzw. ihrer Vorrangschaltung zu den Speicherheizanlagen unberücksichtigt bleiben. Alle Leitungen werden direkt im Putz verlegt (Verlegungsart C mit 3 belasteten Adern).

Fragen

1. Welchen Querschnitt muss die Hauptleitung haben, wenn sie als Mehraderleitung (z. B. NYM) verlegt ist und der zu erwartende Gleichzeitigkeitsfaktor g = 0,85 beträgt?
2. Welches Ergebnis hat die Überprüfung des Spannungsfalls bis zum letzten Zähler, d. h., darf für die Versorgung der oberen Wohnungen ein kleinerer Querschnitt gewählt werden, wenn die Leitungslängen zwischen Hausanschluss und Erdgeschoss l_1 = 12 m, zwischen den folgenden Stockwerken $l_{2,3,4}$ = 3 m betragen?

Antworten

1. Strom einer Wohnung je Außenleiter:

   $I_W = P_W / (\sqrt{3}\ U) = 18000\ \text{W} / 690\ \text{V} = 26\ \text{A}.$

   Strom je Hauptleitung-Außenleiter:

   $I_H = g \cdot 4\ I_W = 0{,}85 \cdot 4 \cdot 26\ \text{A} = 88{,}4\ \text{A}.$

   Der Querschnitt, der nach Tabelle 3 der VDE 0298-4 damit belastet werden darf, ist 25 mm² Cu.

2. Der Widerstand eines Hauptleitungs-Außenleiters beträgt je Meter:

   $R_L = l / (\kappa \cdot A) = 1\ \text{m} / (56\ \text{m}/\Omega\ \text{mm}^2 \cdot 25\ \text{mm}^2) = 0{,}0007\ \Omega,$

   das ergibt, auf die Sternspannung bezogen, zwischen Hausanschluss und Erdgeschoss einen Spannungsfall von

   $4/4 \cdot 88{,}4\ \text{A} \cdot 12\ \text{m} \cdot 0{,}0007\ \Omega/\text{m} = 0{,}742\ \text{V};$

   zwischen Erdgeschoss und 1. Stock

   $3/4 \cdot 88{,}4\ \text{A} \cdot 3\ \text{m} \cdot 0{,}0007\ \Omega/\text{m} = 0{,}14\ \text{V};$

   zwischen 1. Stock und 2. Stock

   $2/4 \cdot 88{,}4\ \text{A} \cdot 3\ \text{m} \cdot 0{,}0007\ \Omega/\text{m} = 0{,}092\ \text{V}$ und

   zwischen 2. Stock und 3. Stock

   $1/4 \cdot 88{,}4\ \text{A} \cdot 3\ \text{m} \cdot 0{,}0007\ \Omega/\text{m} = 0{,}046\ \text{V}.$

   Bis zum obersten Zähler beträgt also der Spannungsfall

   $\Delta U = 0{,}742\ \text{V} + 0{,}14\ \text{V} + 0{,}092\ \text{V} + 0{,}046\ \text{V} = 1{,}02\ \text{V},$

   d. h. in Prozent: $\Delta u = (1{,}02\ \text{V} / 230\ \text{V}) \cdot 100\ \% = 0{,}443\ \%.$

   Das ist knapp an der nach TAB, Abschnitt 6, zulässigen Grenze von 0,5 %; es darf also – obwohl belastungsmäßig bereits ab Erdgeschoss möglich – der Querschnitt nicht verringert werden.

A 1.8 Leiterquerschnitt bei zyklischen Wechsellasten

Beispiel: Eine Industriemaschine wird von drei Drehstrommotoren mit je 15 kVA (23 A) angetrieben.

Motor 1 läuft ständig mit Bemessungsstrom.

Motor 2 läuft ebenfalls mit Bemessungsstrom, wird aber alle 30 s mit einem Belastungsstoß von 10 s Dauer und dem 2-fachen Nennstrom belastet.

Motor 3 läuft annähernd im Leerlauf (I = 4 A) und wird alle 15 s mit einem Belastungsstoß von 5 s Dauer mit dem 4-fachen Nennstrom belastet.

Fragen

1. Mit welchem quadratischen Mittelwert wird die Zuleitung belastet?
2. Welchen Cu-Querschnitt muss die Zuleitung (Mehraderleitung) zur Maschine haben?
3. Wie viele Sekunden Einschaltdauer (des Spitzenstroms) sind für diesen Querschnitt nach dem quadratischen Mittelwert des Stroms zulässig?

Antworten

1. Der quadratische Mittelwert des Summenstroms wird nach folgender Gleichung ermittelt:

$$I_m = \sqrt{(I_1^2 \cdot t_1 + I_2^2 \cdot t_2 + \ldots + I_n^2 \cdot t_n) / (t_1 + t_2 + \ldots t_n)}\,;$$

I_m	quadratischer Mittelwert des Stroms,
$I_1, I_2 \ldots I_n$	Summe des Leitungsstroms zu den Zeiten $t_1, t_2 \ldots t_n$,
$t_1, t_2 \ldots t_n$	Einschaltdauer des Leitungsstroms $I_1, I_2 \ldots I_n$,
$t_1 + t_2 + \ldots t_n$	gesamte Einschaltdauer eines Spiels.

Zunächst müssen noch die einzelnen Zeitabschnitte (t_1 bis t_5) gekennzeichnet werden.

Nun zur Berechnung durch Einsetzen der Werte in die Gleichung

$$I_m = \sqrt{\begin{matrix}[(50\ \text{A})^2 \cdot 15\ \text{s} + (138\ \text{A})^2 \cdot 5\ \text{s} + (50\ \text{A})^2 \cdot 10\ \text{s} + (73\ \text{A})^2 \cdot \\ 5\ \text{s} + (161\ \text{A})^2 \cdot 5\ \text{s}] / (15\ \text{s} + 5\ \text{s} + 10\ \text{s} + 5\ \text{s} + 5\ \text{s})\end{matrix}}$$

$$I_m = \sqrt{314000\ \text{A}^2\text{s} / 40\ \text{s}} = \sqrt{7850\ \text{A}^2} = 88{,}6\ \text{A}.$$

Die Zuleitung wird mit einem quadratischen Mittelwert des Stroms von I_m = 88,6 A belastet.

2. Nach VDE 0298-4, Tabelle 3, Verlegungsart B1 in Elektroinstallationskanälen mit 3 belasteten Adern ist für einen Strom von 89 A ein Querschnitt von 25 mm² Cu erforderlich (s. nachfolgende Tabelle A4 im Buch). Bei Häufung von Kabeln oder Leitungen muss die Belastung der einzelnen Leiter reduziert werden, d. h., es muss bei gleicher Last ein größerer Querschnitt gewählt werden.

3. Die maximal zulässige Einschaltdauer des Spitzenstroms beträgt für den Leiterquerschnitt von 25 mm^2 Cu 160 s [44] (nach Tabelle 9.10 der VDE-Schriftreihe Bd. 148).

   Der Spitzenstrom I_S von 161 A fließt in diesem Beispiel nur 5 s; somit ist die Bedingung aus VDE erfüllt. Wird die zulässige Einschaltdauer des Spitzenstroms überschritten, muss ein größerer Querschnitt gewählt werden, der von Fall zu Fall zu berechnen ist [42].

A 1.9 Spannungsschwankungen · Beeinflussungsprobleme

(Rechenbeispiel zu Frage 17.10, 17.15 und 21.7)

Beispiel: Planung einer Aufzuganlage für einen Gewerbebetrieb, angetrieben von einem 15-kW-Drehstrommotor mit einer Anlassvorrichtung, die den Anzugstrom auf I_A = 1,8 I_{rM} begrenzt; sein Bemessungsstrom beträgt I_{rM} = 30 A, seine Bemessungsspannung U_n = 400 V. Er soll an der Hauptverteilung (Zählerplatz) über ein eigenes, 70 m langes Kabel 4 · 10 mm^2 Al (z. B. NAYY) angeschlossen werden.

Fragen

1. Wie hoch darf der maximal zulässige Spannungseinbruch sein, wenn mit 65 Anläufen/h gerechnet wird?
2. Welcher maximale Netzinnenwiderstand ist dann noch zulässig?

Antworten

1. Nach VDE-AR-N 4105, ist der maximal zulässige Spannungsfall $\Delta u = k \cdot 3$ %, wobei der k-Faktor für typische Aufzugsanwendungen vorgegeben ist.
   Für Einfamilienhäuser mit bis zu 6 Anläufen/h ist k = 1;
   für Mehrfamilienhäuser mit bis zu 50 Anläufen/h ist k = 0,5;
   für Büro- und Geschäftshäuser mit über 100 Anläufen/h ist k = 0,4.
   Da in unserem Beispiel 65/h angegeben sind, muss der k-Faktor nach folgender Gleichung berechnet werden:

   $$k = \sqrt[3]{\frac{6}{\mathrm{h}} / r_{\mathrm{typ}}}$$

   Für r_{typ} sind 65 Änderungen/h vorgegeben. Der k-Faktor ist also

   $$k = \sqrt[3]{\frac{6}{\mathrm{h}} / \frac{65}{\mathrm{h}}} = \sqrt[3]{0,09231} = 0,452.$$

Der maximal zulässige Spannungseinbruch beträgt dann 0,452 · 3 % = 1,36 %. Wenn diese beiden Werte, $r_{typ} \leq$ 65/h und $\Delta u \leq$ 1,36 %, als Grenzwerte eingehalten werden, ist sichergestellt, dass die Langzeitflickerstörwirkung A_{lt} = 0,1 nicht überschritten wird. Die Flickerstörwirkung ist somit im zulässigen Bereich (s. Antwort 21.7).

2. Aus der Gleichung

   $I_{a\,zul}$ = 1 / ($|Z_k|$ · k · 0,03 · 230 V)

   erhält man durch Umstellen die Bestimmungsgleichung für $|Z_k|$:

   $|Z_k|$ = (k · 0,03 · 230 V) / $I_{a\,zul}$.

   Setzt man $I_{a\,zul}$ gleich dem maximal auftretenden Strom des Aufzugs (1,8 I_{rM}, da strombegrenzende Steuerung), so ergibt sich der Betrag

   $|Z_k|$ = (0,452 · 0,03 · 230 V) / (1,8 · 30 A) = 3,119 V / 54 A = 0,0578 Ω = 57,8 · 10^{-3} Ω = 57,8 mΩ.

   Für das 70 m lange Kabel 4 × 10 mm² Al ist der ohmsche Anteil

   R_L = l / ($\kappa \cdot A$) = 70 m / (35 m/Ω mm² · 10 mm²) = 200 mΩ.

   Da dieser Wert den zulässigen Betrag von Z_k bereits erheblich überschreitet, ist ein größerer Querschnitt für die Zuleitung zu wählen. Bei einem Leiterquerschnitt von 50 mm² Al beträgt der ohmsche Anteil des Kabels rund 40 mΩ. Hinzu kommt die Transformatorenimpedanz von ca. 20 mΩ (z. B. 400-kVA-Transformator). Als Gesamtimpedanz erhält man somit

   $$|Z_k| = \sqrt{R_{\text{Kabel}}^2 + X_{\text{Trafo}}^2} = \sqrt{40^2 + 20^2}\,\text{m}\Omega = 44,72\ \text{m}\Omega.$$

A 2 Strombelastbarkeit

A 2.1 Abschaltstrom und Schleifenimpedanz

Die erforderlichen Abschaltströme und Schleifenimpedanzen von Schmelzsicherungen und Leitungsschutzschaltern bei 0,2 s und 5 s Abschaltzeit sind aus VDE 0100-600 Tabelle NB.1 und NB.2 zu entnehmen.

Tabelle NB.1 Abschaltbedingung im TN-System

U_0 = AC 230 V, 50 Hz	**Niederspannungssicherungen der Betriebsklasse gG**				**Leitungsschutzschalter und Leistungsschalter für die überschlägige Prüfung $t_a \leq 5$ s; $t_a \leq 0,4$ s (wird erreicht durch Schnellabschaltung $t \leq 0,1$ s)**					
I_n A	I_a (5 s) A	Z_a (5 s) Ω	I_a (0,4 s) A	Z_a (0,4 s) Ω	$I_a = 5\,I_n$ (Char. B) A	Z_a Ω	$I_a = 10\,I_n$ (Char. C) A	Z_a Ω	$I_a = 12\,I_n$ A	Z_a Ω
2	9,2	25,00	16	14,38			20	11,5	24	9,58
4	19	12,11	32	7,19			40	5,75	48	4,79
6	27	8,52	47	4,89	30	7,67	60	3,83	72	3,19
10	47	4,89	82	2,80	50	4,60	100	2,30	120	1,92
16	65	3,54	107	2,15	80	2,88	160	1,44	192	1,20
20	85	2,71	145	1,59	100	2,30	200	1,15	240	0,96
25	110	2,09	180	1,28	125	1,84	250	0,92	300	0,77
32	150	1,53	265	0,87	160	1,44	320	0,72	384	0,60
35	173	1,33	295	0,78	175	1,31	350	0,66	420	0,55
40	190	1,21	310	0,74	200	1,15	400	0,58	480	0,48
50	260	0,88	460	0,50	250	0,92	500	0,46	600	0,38
63	320	0,72	550	0,42	315	0,73	630	0,36	756	0,30
80	440	0,52							960	0,24
100	580	0,40							1 200	0,19
125	750	0,31							1 440	0,16
160	930	0,25							1 920	0,12

Tabelle NB.2 Abschaltbedingungen im TT-System bei Verwendung von Überstromschutzeinrichtungen

U_0 = AC 230 V, 50 Hz	Niederspannungs-sicherungen der Betriebsklasse gG				Leitungsschutzschalter und Leistungsschalter für die überschlägige Prüfung $t_a \leq 5$ s; $t_a \leq 0{,}2$ s (wird erreicht durch Schnellabschaltung $t \leq 0{,}1$ s)					
I_n A	I_a (1 s) A	Z_a (1 s) Ω	I_a (0,2 s) A	Z_a (0,2 s) Ω	$I_a = 5\,I_n$ (Char. B) A	Z_a Ω	$I_a = 10\,I_n$ (Char. C) A	Z_a Ω	$I_a = 12\,I_n$ A	Z_a Ω
2	13	17,69	19	12,11			20	11,5	24	9,58
4	26	8,85	38	6,05			40	5,75	48	4,79
6	38	6,05	56	4,11	30	7,67	60	3,83	72	3,19
10	65	3,54	97	2,37	50	4,60	100	2,30	120	1,92
16	90	2,56	130	1,77	80	2,88	180	1,44	192	1,20
20	120	1,92	170	1,35	100	2,30	200	1,15	240	0,96
25	145	1,59	220	1,05	125	1,84	250	0,92	300	0,77
32	220	1,05	310	0,74	160	1,44	320	0,72	384	0,60
35	230	1,00	330	0,70	175	1,31	350	0,66	420	0,55
40	260	0,88	380	0,61	200	1,15	400	0,58	480	0,48
50	380	0,61	540	0,43	250	0,92	500	0,46	600	0,38
63	440	0,52	650	0,35	315	0,73	630	0,36	756	0,30

Zur Berechnung der maximal zulässigen Schleifenimpedanzen wurde die Spannung U_0 = 230 V gegen geerdete Leiter angenommen. Zur Berechnung des kleinsten Kurzschlussstroms ist der Spannungsfaktor mit c = 0,95 einzusetzen (DIN EN 60909-0 (VDE 0102), Tabelle 1).

A 2.2 Verlegungsarten von Leitungen

Man unterscheidet neun Gruppen von Verlegungsarten für fest verlegte Leitungen:

Verlegungsart Gruppe A – in wärmedämmenden Wänden
Hierzu zählen Aderleitungen oder mehradrige Leitungen im Elektroinstallationsrohr, mehradrige Leitungen in der Wand, bei Verlegung in wärmegedämmten Wänden.

Verlegungsart Gruppe B1, B2 – in Elektrorohren oder -kanälen
Dazu zählen Aderleitungen oder einadrige Mantelleitungen im Elektroinstallationsrohr oder -kanal auf oder in der Wand (B1) oder

mehradrige Leitungen im Elektroinstallationsrohr oder -kanal auf der Wand oder auf dem Fußboden (B2).

Verlegungsart Gruppe C – direkte Verlegung
Mehradrige Leitung auf der Wand oder auf dem Fußboden, einadrige Mantelleitung auf der Wand oder auf dem Fußboden, mehradrige Leitung in der Wand oder unter Putz, Stegleitung unter Putz.

Verlegungsart Gruppe D – Verlegung in Erde direkte Verlegung
Mehradriges Kabel im Elektroinstallationsrohr oder Kabelaschacht im Erdboden

Verlegungsart Gruppe E – frei in Luft
Bei Abstand der Leitung von der Wand, nebeneinander- oder übereinanderliegende Leitungen mit mindestens 2-fachem Abstand des Leitungsdurchmessers untereinander.

Verlegungsart Gruppe F – frei in Luft
Einadrige Kabel mit Abstand von mindestens 1 × Durchmesser D zur Wand, mit Berührung

Verlegungsart Gruppe G – frei in Luft
Einadrige Kabel mit Abstand von mindestens 1 × Durchmesser D zur Wand, mit Abstand D

Aus den einzelnen Verlegungsarten und aus den unterschiedlichen Leiterquerschnitten lassen sich die maximal zulässigen Strombelastbarkeitswerte für dauernde Belastung bei einer Umgebungstemperatur von 30 °C ermitteln. Daraus ergeben sich dann auch die maximal zulässigen Absicherungen (Nennströme der Überstromschutzeinrichtungen). Ausführliche Angaben werden hierzu in VDE 0298-4 und VDE 0100-430 gemacht. In Tabelle 3 und 4 sind für die wichtigsten Querschnitte die Strombelastbarkeitswerte I_r der Überstromschutzeinrichtung aufgeführt.

Den in VDE 0298-4, Tabelle 3 und 4, genannten Belastbarkeitswerten liegen Dauerbetrieb, die einzelnen Verlegungsbedingungen und eine Umgebungstemperatur von 30 °C zugrunde.

Treten abweichende Bedingungen auf, z. B. andere Umgebungstemperatur, Häufung, vieladrige Leitungen, aufgewickelte Leitungen, so ändert sich die zulässige Belastbarkeit. In VDE 0298-4 sind hierzu die Tabellen 17, 21, 22, und 23 mit den Umrechnungsfaktoren enthalten.

Als geänderte Strombelastbarkeit erhält man

$I_z = I_r \, \Pi f;$

I_z Strombelastbarkeit unter Berücksichtigung der abweichenden Betriebsbedingungen,

I_r Strombelastbarkeitswerte bei den vereinbarten Betriebsbedingungen (Tabellenwerte aus VDE 0298-4),

Πf Produkt aller für den Anwendungsfall zutreffenden Umrechnungsfaktoren.

Hierzu ein *Beispiel*: In einem Elektroinstallationskanal werden zur Versorgung eines Bürokomplexes 20 mehradrige Leitungen (NYM) verlegt.

Frage: Welche Belastbarkeit ergibt sich für eine Mantelleitung NYM 5 × 6 mm² bei einer Umgebungstemperatur von 25 °C und Dauerlast bei Drehstromversorgung?

Antwort: Die Belastbarkeit nach Anhang A Tabelle A.1 in VDE 0298-4 für die Verlegungsart A1 beträgt für 3 belastete Adern $I_r = 33$ A.

Für besondere Bedingungen erhält man nach

- Tabelle 21 den Umrechnungsfaktor für Häufung bei 20 mehradrigen Leitungen $f_H = 0{,}38$,
- Tabelle 17 den Umrechnungsfaktor für abweichende Umgebungstemperaturen $f_T = 1{,}06$ für PVC-isolierte Leitungen und eine Umgebungstemperatur von 25 °C.

Die tatsächliche Belastbarkeit für die Leitung beträgt nach o. g. Gleichung:

$I_z = I_r \cdot f_T \cdot f_H = 33 \text{ A} \cdot 1{,}06 \cdot 0{,}38 = 13{,}3 \text{ A}.$

Wie dieses einfache Beispiel zeigt, sollten Häufungen möglichst vermieden werden, weil dadurch ein Wärmestau entstehen kann. Dies hat sich in den Bestimmungen in dem niedrigen Umrechnungsfaktor für Häufung (nur 0,38) niedergeschlagen.

Frage: Welchen Nennstrom darf die vorgeschaltete Sicherung, die auch gegen Überlast schützen soll, haben?

Antwort: Zum Schutz bei Überlast müssen nach VDE 0100-430 folgende Bedingungen erfüllt sein:

$I_B \le I_n \le I_z$ (Regel 1 für den Betriebsstrom),

$I_2 \le 1{,}45 \, I_z$ (Regel 2 für die Auslösung).

Der Betriebsstrom darf in unserem Beispiel also maximal 13,3 A betragen, damit die Regel 1 noch erfüllt ist.

Zur Überprüfung der 2. Regel muss bekannt sein, dass es für gL-Sicherungen nach VDE 0636 je nach Sicherungsnennstrom unterschiedliche Faktoren für den sog. „großen Prüfstrom" gibt. Der große Prüfstrom ist der Strom, bei dem die Sicherung unter festgelegten Zeiten mit Sicherheit auslösen muss.

Tabelle A 3 Großer Prüfstrom für gL-Sicherungen

Nennstrom In in A	großer Prüfstrom I_2
bis 4	2,1 I_n
über 4 bis 10	1,9 I_n
über 10 bis 25	1,75 I_n
über 25	1,6 I_n

Zur Überprüfung der Regel 2 kann man nun einsetzen

$1{,}9 \cdot I_n \leq 1{,}45 \cdot I_Z$

$1{,}9 \cdot 10\ \text{A} \leq 1{,}45 \cdot 13{,}3\ \text{A}$

$19\ \text{A} \leq 19{,}28\ \text{A}$

Die Leitung darf also unter den gegebenen Bedingungen nur mit maximal 10 A abgesichert werden.

A 2.3 Strombelastbarkeit · Überstromschutz

Die folgenden Tabellen sind empfohlene Werte für die Strombelastbarkeit von Kabeln und Leitungen für feste Verlegung in und am Gebäude.

Tabelle A 4 Belastbarkeit von Cu-Kabeln und -Leitungen für feste Verlegung in und an Gebäuden, Verlegeart A1, A2, B1, B2, C, D, E, F und G, Betriebstemperatur 70 °C, Umgebungstemperatur 30 °C in Luft, 20 °C im Erdboden, nach VDE 0298-4

Verlegeart	A1		A2		B1		B2		C	
	Verlegung in wärmegedämmten Wänden				Verlegung in Elektroinstallationsrohren				Verlegung auf einer Wand	
Anzahl belastete Adern	2	3	2	3	2	3	2	3	2	3
Nennquerschnitt, mm²	Belastbarkeit A									
1,5	15,5	13,5	15,5	13,0	17,5	15,5	16,5	15,0	19,5	17,5
2,5	19,5	18,0	18,5	17,5	24	21	23	20	27	24
4	26	24	25	23	32	28	30	27	36	32
4	–	–	–	–	–	–	–	–	–	33,0
6	34	31	32	29	41	36	38	34	46	41
10	46	42	43	39	57	50	52	46	63	57
10	–	–	–	–	–	–	–	47,2	–	59,4
16	61	56	57	52	76	68	69	62	85	76
25	80	73	75	68	101	89	90	80	112	96
35	99	89	92	83	125	110	111	99	138	119
50	119	108	110	99	151	134	133	118	168	144
70	151	136	139	125	192	171	168	149	213	184
95	182	164	167	150	232	207	201	179	258	223
120	210	188	192	172	269	239	232	206	299	259
150	240	216	219	196	–	–	–	–	344	299
185	273	245	248	223	–	–	–	–	392	341
240	321	286	291	261	–	–	–	–	461	403
300	367	328	334	298	–	–	–	–	530	464

Tabelle A 4 *(Fortsetzung)*

Verlegeart	D Verlegung in Erde		E Verlegung in Luft		F			G	
Anzahl belastete Adern	2	3	2	3	2	3	3 gebündelt	3 horizontal	3 vertikal
Nennquerschnitt, mm²	Belastbarkeit A								
1,5	22	18	22	18,5	–	–	–	–	–
2,5	29	24	30	25	–	–	–	–	–
4	37	30	40	34	–	–	–	–	–
6	46	38	51	43	–	–	–	–	–
10	60	50	70	60	–	–	–	–	–
16	78	64	94	80	–	–	–	–	–
25	99	82	119	101	131	114	110	146	130
35	119	98	148	126	162	143	137	181	162
50	140	116	180	153	196	174	167	219	197
70	173	143	232	196	251	225	216	281	254
95	204	169	282	238	304	275	264	341	311
120	231	192	328	276	352	321	308	396	362
150	261	217	379	319	406	372	356	456	419
185	292	243	434	364	463	427	409	521	480
240	336	280	514	430	546	507	485	615	569
300	379	316	593	497	629	587	561	709	659
400	–	–	–	–	754	689	656	852	795
500	–	–	–	–	868	789	749	982	920
630	–	–	–	–	1005	905	855	1138	1070

A 2.4 Erhöhte Umgebungstemperatur

Die Werte der Tabelle A.1 und A.2 gelten bei 25 °C Umgebungstemperatur, die der Tabelle 3 und 4 bei 30 °C bei Belastung mit annähernd Bemessungsstrom. Wenn abweichende Umgebungsbedingungen auftreten, müssen diese durch Umrechnungsfaktoren in die geänderte Belastbarkeit eingerechnet werden. So müssen z. B. für Umgebungstemperaturen über 30 °C bis 55 °C die in Tabelle A 5 angegebenen Umrechnungsfaktoren berücksichtigt werden. Eine Gummischlauchleitung beispielsweise darf bei einer Umgebungstemperatur von 40 °C nur noch mit 82 % der ursprünglichen Belastung beansprucht werden.

Tabelle A 5 Umrechnungsfaktor für erhöhte Umgebungstemperatur über 30 °C

Isoliermaterial	Umgebungstemperatur in °C				
der Leitung	30...35	35...40	40...45	45...50	50...55
Gummi(1)	0,91	0,82	0,71	0,58	0,41
PVC(2)	0,94	0,87	0,79	0,71	0,61
EPR(3)	0,95	0,89	0,84	0,77	0,71

(1) Natur- und synthetischer Kautschuk; zul. Betriebstemperatur: 60 °C
(2) Polyvinylchlorid; zul. Betriebstemperatur: 70 °C
(3) Ethylen-Propylen-Kautschuk (EMP) oder Ethylen-Propylen-Dien-Kautschuk (EPDM); zul. Betriebstemperatur: 90 °C

Bei Umgebungstemperaturen über 55 °C müssen wärmebeständige Leitungen verwendet werden. In diesen besonderen Anwendungsfällen ist im Prinzip genauso zu verfahren wie bei den allgemein verwendeten Leitermaterialien, nur sind die zulässigen Betriebstemperaturen entsprechend höher. Bei höheren Temperaturen ergeben sich ebenfalls Verminderungen der Belastbarkeit. Im Bereich von 55 °C bis 65 °C (bei manchen wärmebeständigen Leitungen sogar bis 145 °C) beträgt die Strombelastbarkeit der Leitung 100 %. Bei wärmebeständigen Leitungen vermindern erst Temperaturen über 90 °C bis 95 °C (170 °C bis 175 °C) die Strombelastbarkeit auf 38 %.

A 3 Hauptstromversorgungssysteme

A 3.1 Planung

Hauptleitungen

Die Planung des Hauptstromversorgungssystems, der Hauptleitungen und Stromkreisverteiler ist nach TAB unter Beachtung von DIN 18 015 durchzuführen (DIN 18 015 Elektrische Anlagen in Wohngebäuden; Teil 1 Planungsgrundlagen; Teil 2 Art und Umfang der Mindestausstattung; Teil 3 Leitungsführung und Anordnung der Betriebsmittel, Teil 4 Gebäudesystemtechnik, Teil 5[1] Luftdichte und wärmebrückende Elektroinstallation).

Hinter der Übergabestelle (in der Regel ist das der Hausanschlusskasten) ist es Sache des Elektroinstallateurs, die elektrische Anlage zu planen und auszuführen. Unter Beachtung bestimmter Vorgaben

1 in Vorbereitung

des NB sind die Maßgaben aus DIN 18 015 sowie der TAB anzuwenden.

Grundsätzlich gilt:

1. Kabel und Leitungen sind im Wohnbereich unter Putz, im Putz, hinter Verkleidungen oder im Mauerwerk zu verlegen. Dies gilt auch für Hauptleitungen.
2. Bei Freileitungsanschlüssen muss ein Leerrohr mit mindestens 36 mm Innendurchmesser bis ins Kellergeschoss verlegt werden. Es ermöglicht eine problemlose Umstellung auf einen eventuellen später folgenden Kabelanschluss.
3. Hauptleitungen sind als Drehstromleitungen auszuführen. Für Einfamilienhäuser ist ein Leiterquerschnitt, der eine Belastung von 63 A erlaubt, ausreichend.

In Mehrfamilienhäusern sind die Hauptleitungen so auszulegen, dass die Bemessungsgrundlagen nach DIN 18 015-1 erfüllt werden (s. Tabelle A 7).

Man unterscheidet hierbei Anlagen mit und ohne Warmwasserbereitung. So muss z. B. für Wohngebäude mit bis zu 10 Wohnungen die Hauptleitung mit mindestens 80 A belastbar sein, wenn keine elektrische Warmwasserbereitung erfolgt. Bei elektrischer Warmwasserbereitung muss die Hauptleitung bereits mit 160 A belastbar sein.

1. Die Leiterquerschnitte sind außerdem so zu wählen, dass vor der Messeinrichtung (Zähler) kein höherer Spannungsfall als 0,5 % auftritt. Dies gilt bis zu einem Leistungsbedarf von 100 kVA, darüber hinausgehender Leistungsbedarf kann in Abhängigkeit von der Leistung einen noch zulässigen Spannungsfall von 1,0 %, 1,25 % und maximal 1,5 % verursachen.
   Hinter der Messeinrichtung soll der Spannungsfall 3 % nicht übersteigen.
1. Die maximal zulässige Sicherung (gL) vor der Messeinrichtung darf 100 A nicht überschreiten. Sind höhere Werte erforderlich, ist der NB zu befragen.
2. Messeinrichtungen und Steuergeräte sind an gut zugänglichen Stellen (besondere Räume, Treppenräume u. ä.) vorzusehen. Für eine zentrale Steuerung von Mehrtarifzählern sind zu jedem Zählerplatz ggf. Leerrohre mit mindestens 29 mm Innendurchmesser zu verlegen.
3. Je Wohnung ist eine Messeinrichtung vorzusehen.

4. Die Zuleitungen zu Stromkreisverteilern müssen für eine Belastbarkeit von mindestens 63 A ausgelegt sein und als Drehstromleitungen ausgeführt werden.
5. Für Licht- und Steckdosenstromkreise sollen als Überstromschutzeinrichtungen LS-Schalter mit einem Bemessungs-Ausschaltvermögen von mindestens 6 kA vorgesehen werden.
6. Schutzbereiche von Räumen mit Duschen, Badewannen und Schwimmbädern sind zu beachten und einzuhalten. Dies bedingt wiederum die Abgrenzung der Schutzbereiche, Verbote und Einschränkungen bei der Leitungsführung sowie beim Anbringen von Steckdosen und festinstallierten Geräten, außerdem mindestens erforderliche Restwanddicken im Schutzbereich.
7. Hauptleitungen dürfen nicht zusammen mit anderen Rohrleitungen, Wasserverbrauchs- und Heizungsleitungen u. ä. verlegt werden, es sei denn, geeignete Schottungsmaßnahmen in Kanälen und Schächten verhindern eine gegenseitige Beeinflussung.
8. Zum Freischalten von Stromkreisverteilern müssen Trennvorrichtungen vorgesehen werden.

Wichtige Angaben zur Planung von Fernmelde-, Informations- und Gefahrenmeldeanlagen sind ebenfalls in DIN 18 015 enthalten, werden hier aber nicht weiter behandelt. Für die Planung von größeren Betriebsstätten, industriellen Anlagen und ähnlichen Großanlagen sind besondere Berechnungen und weitere Abstimmungen mit dem zuständigen NB erforderlich.

Stromkreisverteiler

Im Lastschwerpunkt der Wohnung wird ein Stromkreisverteiler angeordnet, der nicht zu klein bemessen werden sollte. Geht man von DIN 18 015-2 Tabelle 1 aus, so ergeben sich für die dort festgelegten Mindestausstattungen einer Wohnung mit

bis 50 m^2	mindestens 3 Licht- und Steckdosenstromkreise,
50 bis 75 m^2	mindestens 4 Licht- und Steckdosenstromkreise,
75 bis 100 m^2	mindestens 5 Licht- und Steckdosenstromkreise,
100 bis 125 m^2	mindestens 6 Licht- und Steckdosenstromkreise,
über 125 m^2	mindestens 7 Licht- und Steckdosenstromkreise.

Hinzu kommen weitere Stromkreise für Verbrauchsgeräte mit Anschlussleistungen über 2 kW, z. B. Waschmaschinen, Trockner, Spülmaschinen, Elektroherde, Heißwasserbereiter u. ä. Außerdem ist für eventuell erforderliche Fehlerstromschutzeinrichtungen (RCDs), Klingeltransformatoren und sonstige Schaltelemente Platz in der Verteilung vorzusehen. Einige Reserveplätze sind ebenfalls empfehlenswert. DIN 18 015-2 (Abschnitt 4.5.1) schreibt für Mehrraumwohnungen mindestens dreireihige Verteiler vor, so dass je nach Ausstattungsumfang vierreihige Stromkreisverteiler erforderlich sind.

Tabelle A 6 Hausanschlusskabel nach zurückgezogener VDE 0100-732, Tabelle 1, für PVC-Kabel, wie NYY, NAYY u. ä.

Anzahl der Wohnungen	Wohnung ohne Warmwasserbereitung			Wohnung mit Warmwasserbereitung für Bade- und Duschzwecke		
	Nennstrom A	Leiterquerschnitt Cu mm^2	Leiterquerschnitt Al mm^2	Nennstrom A	Leiterquerschnitt Cu mm^2	Leiterquerschnitt Al mm^2
1	63	10	–	63	10	–
2	63	.	–	80	10	–
3	63	.	–	100	16	25
4	63	.	–	125	25	50
5	63	.	–	125	–	–
6	80	.	–	125	25	50
7	80	.	–	160	35	70
8	80	.	–	160	–	–
9	80	.	–	160	–	–
10	80	10	–	160	–	–
11	100	16	25	160	35	70
12	100			200	70	95
.	.	.	.	.	.	.
.	.	.	.	.	.	.
.	.	.	.	.	.	.
19	100	16	25	200	.	.
20	125	25	50	200	.	.
21	125	.	.	200	70	95
22	125	25	50	250	95	120

Weitere Daten s. Diagramm in DIN 18 015-1 und VDE 0100-732, Tabelle 1

Als Randbedingungen für den Gültigkeitsbereich der Tabelle A 6 sind zu beachten:

1. Kabel in Erde verlegt.
2. Kabel auf einer Länge von maximal 6 m in der Luft verlegt mit Befestigung auf der Wand und einer maximalen Umgebungstemperatur von 15 °C.
3. Kabel auf nicht brennbaren Baustoffen verlegt.
4. Überstromschutzeinrichtungen der abgehenden Hauptleitungen müssen sicherstellen, dass das Kabel nicht über die Werte der Tabelle hinaus belastet werden kann. Als Faustregel gilt, dass die Summe der Bemessungsströme der Überstromschutzeinrich-

tungen der abgehenden Hauptleitungen gleich oder kleiner sein muss als der Bemessungsstrom der Überstromschutzeinrichtung für das Hausanschlusskabel.

5. Gilt nur für Hausanschlüsse in öffentlichen Kabelnetzen.

Treten andere Betriebs- und Verlegebedingungen auf, so muss die zulässige Belastbarkeit des Hausanschlusskabels nach VDE 0276-1000 (Ersatz für VDE 0298-2) ermittelt werden. Die Schutzeinrichtung gegen Überstrom ist ebenfalls danach neu festzulegen.

A 3.2 Zulässiger Spannungsfall

Die NAV schreibt in § 12 (5) vor, dass der zulässige Spannungsfall zwischen dem Hausanschluss und der Messeinrichtung, unter Zugrundelegung des Nennstromes der vorgeschalteten Schutzeinrichtung, nicht mehr als 0,5 % betragen darf. Gestaffelt nach der beanspruchten Leistung ist gemäß TAB ein Spannungsfall zulässig von

< 0,5 % bis 100 kVA
1 % zwischen 100 und 250 kVA
1,25 % zwischen 250 und 400 kVA
1,5 % über 400 kVA

In der Verbraucheranlage, also hinter der Messeinrichtung, darf der Spannungsfall 3 % nicht überschreiten (nach DIN 18 015-1, Abschn. 5.2.1). Für andere Spannungsfälle siehe VDE 0100-520:2013-06 Anhang G, Tabelle G. 52.1.

Die maximal zulässigen Leitungslängen in m lassen sich wie folgt berechnen:

für Drehstrom: $l_m = (\Delta u \cdot U \cdot A \cdot \kappa) / (100 \cdot \sqrt{3} \cdot I \cdot \cos\varphi)$;

für Wechselstrom: $l_m = = (\Delta u \cdot U \cdot A \cdot \kappa) / (100 \cdot 2 \cdot I \cdot \cos\varphi)$;

l_m maximale Leitungslänge in m;
Δu Spannungsfall in %;
U Leiterspannung in V;
I Strom in A (hier Nennstrom der vorgeschalteten Schutzeinrichtung);
$\cos\varphi$ Leistungsfaktor;
A Leiterquerschnitt in mm²;
κ Leitfähigkeit in m/Ωmm² (s. [43] und [44]).

A 3.3 Kurzschlussfestigkeit elektrischer Anlagen[1, 2]

Das Bild zeigt eine beispielhafte Niederspannungsanlage mit einem Motor, einer Steckdose, Schalt- und Schutzeinrichtungen mit Bemessungs-Auschaltvermögen. Die Verteiltransformatoren werden direkt geerdet. Das Energieversorgungssystem wird entweder mit einem Vierleiter- oder Fünfleitersystem als TN- oder TT-System ausgeführt. Die Niederspannung beträgt 400 V/230 V, 50 Hz [45].

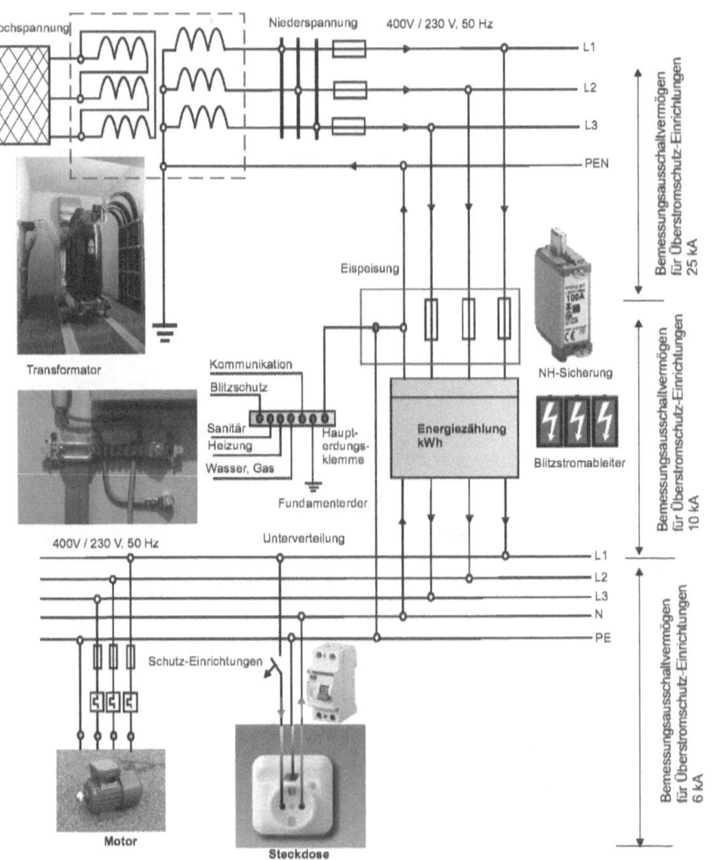

1 Diese Werte sind direkt von den verwendeten Betriebsmitteln und den Leitungslängen abhängig. Sie müssen im Bedarfsfall ermittelt werden.
2 Werte nach TAB, Abschnitt 7.2

A 3.4 Kurzschlussleistungen an den niederspannungsseitigen Transformatorenklemmen

Die Näherungswerte bei Einspeisung aus einem 20-kV-Netz wurden mit den angenommenen Kurzschlussleistungen[1] (A: 250 MVA, B: 100 MVA und C: 50 MVA) auf der 20-kV-Seite berechnet. Die Kurzschlussleistungen auf der 20-kV-Seite sind Anhaltswerte für

A: in Umspannanlagennähe bei Einspeisung aus einem Leistungstransformator mit 40 MVA Bemessungsleistung und u_{kr} = 12 %,

B: Durchschnittswerte bei Abständen von ca. 8 km im Mittelspannungsnetz und gutem Netzausbau,

C: Durchschnittswerte bei weiten Netzausläufern und geringem Netzausbau.

Kurzschlussleistung des 20-kV-Netzes	Kurzschlussleistung auf der Sekundärseite des Verteilungs-Transformators in MVA (0,4-kV-Seite) für Transformatoren mit einer Bemessungsleistung von							
	S_{rT} in kVA	100	250	400	630	1000	1250	1600
	u_{kr} in %	4	4	4	6	6	6	6
MVA	u_{Rr} in %	2	2	2	1,5	1,5	1,5	1,5
A: 250		2,22	5,5	8,7	9,8	15,2	18,7	23,5
B: 100		2,19	5,3	8,3	9,3	14,0	16,9	20,7
C: 50		2,15	5,1	7,7	8,5	12,3	14,5	17,2

A 3.5 Baustromverteiler

(zu Fragen 9.2 und 9.5)

Sie werden unterteilt in

1. Anschlussschrank
   Er enthält den Einspeisepunkt zum Anschluss an das öffentliche Netz oder einen Generator der Baustelle sowie plombierbare Zählerplätze zur Messung der verbrauchten elektrischen Energie. Eingangsseitig dürfen Schalter mit Trennfunktion und Überstromschutzeinrichtungen vorgesehen werden. Das Stromversorgungsunternehmen kann dies verlangen. Der Klemmenraum der Zuleitung muss ebenfalls plombierbar sein.
   Abgangsseitig ist mindestens ein abschließbares Schaltgerät mit Trennfunktion, das alle Außenleiter gleichzeitig schaltet, vorzusehen. Dieses Schaltgerät darf gleichzeitig den Überstromschutz übernehmen.

---

1 Nach DIN EN 60909-0:2002-07 wird die Anfangs-Kurzschlusswechselstromleistung nicht mehr verwendet.

2. Hauptverteilerschrank
   Er ist dem Anschlussschrank nachgeschaltet und ist mit Anschlussmöglichkeiten für den Anschluss von Hauptkabeln zur Versorgung der Baustelle ausgerüstet.
   Eingangsseitig sind zum Anschluss des Speisekabels nur Klemmen erlaubt. Zum Schutz bei Kurzschluss muss eine Kurschlussschutzeinrichtung vorgesehen sein. Der Kurzschlussschutz kann entfallen, wenn diese in einem vorgeschalteten Anschlussschrank gewährleistet wird. Ein abschließbares Schaltgerät mit Trennfunktion ist ebenfalls vorgeschrieben.
   Der Bemessungsstrom für Hauptverteilerschränke ist mit mindestens 630 A festgelegt.
   Die abgehenden Stromkreise müssen alle mit Schaltgeräten ausgestattet sein, die zum Trennen und Schalten unter Last geeignet sind sowie den Überstromschutz und den Schutz bei Fehlerschutz sicherstellen. Die Schaltgeräte sollen leicht zugänglich sein. Alle Außenleiter müssen gleichzeitig geschaltet werden.
3. Verteilerschrank
   Hier enden die vom Hauptverteilerschrank ausgehenden Kabel. Es können weitere Verteilerschränke oder auch Maschinen angeschlossen werden.
   Auch hier sind eingangsseitig zum Anschluss des Speisekabels nur Klemmen erlaubt. Ein Schaltgerät mit Trennfunktion sowie eine Kurzschlussschutzeinrichtung sind vorzusehen. Der Kurzschlussschutz ist allerdings freigestellt, wenn über einen Anschlussschrank oder über einen Hauptverteiler eingespeist wird.
   Selbstverständlich ist auch hier eine Sicherungsmöglichkeit des Schaltgerätes in der AUS-Stellung.
   Der Bemessungsstrom muss größer als 125 A sein; maximal jedoch 630 A.
   Wie bei den Hauptverteilerschränken müssen auch hier alle abgehenden Stromkreise mit Schaltgeräten ausgestattet sein, die zum Trennen und Schalten unter Last geeignet sind sowie den Überstromschutz und den Schutz bei Fehlerschutz sicherstellen.
   Die Abgänge dürfen als Klemmen oder Steckdosen ausgeführt sein. Für Steckdosen in TT- und TN-Systemen sind bis 20 A im Innenbereich Fehlerstromschutzeinrichtungen (RCDs) mit 30 mA Bemessungsdifferenzstrom und für sonstige Steckdosen Fehlerstromschutzeinrichtungen bis 500 mA Bemessungsdifferenzstrom als Zusatzschutz vorgeschrieben.

4. Transformatorenschrank
   Er enthält Transformatoren zur Versorgung der Baustelle. Der Transformatorenschrank muss in eine Einspeiseeinheit und in eine oder mehrere Transformatoreneinheiten aufgeteilt sein.
   Die Eingangsseite darf nur Klemmen zum Kabelanschluss enthalten. Schaltgeräte mit Trennfunktion und zum Kurzschlussschutz müssen vorgesehen werden.
   Der Bemessungsstrom muss größer als 125 A sein, darf aber 630 A nicht überschreiten.
   Bei den Transformatoreneinheiten unterscheidet man:
   LV/PELV-Transformatoreneinheiten (bisher: Schutzkleinspannung)
   LV Niederspannung (Low Voltage)
   PELV Schutzkleinspannung (Extra-Low Voltage)
   LV/SELV-Transformatoreneinheiten (bisher: Schutzkleinspannung)
   LV Niederspannung (Low Voltage)
   SELV Schutzkleinspannung mit sicherer Trennung (ungeerdete Sekundärstromkreise) (separated extra-low voltage)
   LV/FELV-Transformatoreneinheiten (bisher: Funktionskleinspannung)
   LV Niederspannung (Low Voltage)
   FELV Schutzkleinspannung ohne sichere Trennung (geerdete Sekundärstromkreise) (Functional Extra Low Voltage)
   LV/LV-Transformatoreneinheiten (bisher: Trenntransformator)
   LV Niederspannung (Low Voltage)
   Die Bezeichnungen nach VDE 0100-410, Abschn. 414.3, 414.4:
   SELV Sicherheitstransformator mit ungeerdeten Stromkreisen (Separated Extra-Low Voltage) – Sicherheitskleinspannung
   PELV Sicherheitstransformator mit geerdeten Stromkreisen (Protective Extra-Low Voltage) – Schutzkleinspannung
   FELV keine sicher getrennte Stromquelle mit geerdeten Stromkreisen (Functional Extra-Low Voltage) – Funktionskleinspannung
   VDE 0804-100 nennt außerdem noch die Kleinspannung TELV.
5. Endverteilerschrank
   Hier werden die tragbaren Elektrowerkzeuge und Betriebsmittel der Baustelle angeschlossen.
   Die Einspeisung enthält zum Anschluss des Speisekabels Klemmen oder Gerätestecker. Der Bemessungsstrom beträgt maximal 125 A.

Die abgehenden Stromkreise müssen alle mit Schaltgeräten ausgestattet sein, die zum Trennen und Schalten unter Last geeignet sind sowie den Überstromschutz und den Schutz bei Fehlerschutz sicherstellen. Die Schaltgeräte sollen leicht zugänglich sein. Alle Außenleiter müssen gleichzeitig geschaltet werden.
Jede Einheit kann mehrere Stromkreise enthalten.
Die abgehenden Kabel oder Leitungen dürfen über Stecker oder Klemmen angeschlossen werden.
Die Auslösung der Schutzeinrichtungen des Endverteilerschranks muss unverzögert erfolgen.
Zum Schutz bei Fehlerschutz ist eine Fehlerstromschutzeinrichtung (RCD) mit 30 mA Bemessungsdifferenzstrom vorgeschrieben, an die maximal 6 Steckdosen angeschlossen werden dürfen.

6. Steckdosenverteiler
   Der Anschluss des Steckdosenverteilers erfolgt über Stecker oder über eine Zuleitung mit Gerätestecker am Endverteilerschrank, am Transformatoren- oder am Verteilerschrank.
   Der Bemessungsstrom darf maximal 63 A betragen.
   Als Abgänge sind ausschließlich Steckdosen zulässig.
   Jede einzelne Steckdose muss einen eigenen Überstromschutz haben. Eine Ausnahme ist nur möglich, wenn der Stecker der Zuleitung den gleichen Bemessungsstromwert hat wie der kleinste Bemessungsstrom der kleinsten Steckdose des Steckdosenverteilers. Hier ist dann der kleinste Bemessungsstrom für den Überstromschutz maßgebend. Alle Steckdosen müssen über eine Fehlerstromschutzeinrichtung (RCD) geschützt sein. Eine Fehlerstromschutzeinrichtung darf für maximal 6 Steckdosen verwendet werden.

VDE 0660 Teil 501, Abschn. 2.9 u. 9

A 3.6 Anschlussleistungen von Maschinen[1]

Montage- und Kleinschweißgeräte

Nach TAB, Abschn. 10 sind Geräte mit Anschlusswerten bis zu 2 kVA zulässig (Heimwerkergeräte). Überschreitet ein Gerät diesen Wert, sind die Anschlussmaßnahmen mit dem NB abzustimmen.

Schweiß-gerät	Dauer-leistungs aufnahme kVA	Höchst-leistungs-aufnahme kVA	Anschluss-spannung A	Schweiß-strom-bereich	ED %	Anmerkung
Profi-Gerät für Baustelle-neinsatz	4,9	8	2-phasig	5...150	40	WIG-Schweißen
	4,9	8	2-phasig	20...120	60	Elektroden-Handschweißen
Licht-bogen-schweiß-maschinen		39		6...460	100	WIG-Schweißen
		39		6...550	80	Elektroden-Handschweißen

Schweißzangen

Tragbare Punktschweißzangen werden vor allem in Karosseriewerkstätten verwendet. Hängeschweißzangen hängen an einem Seilzug; die Zufuhr von elektrischer Energie, Druckluft und Kühlwasser erfolgt von der Decke her.

Schweißzange	Scheinleistung bei 50 % ED kVA	Anschlussleistung(1) kVA	Sekundär Kurzschlussstromstärke kA	Höchstschweißleistung kVA	ED %
tragbare Punktschweißzangen	3	7	6,5	12	6
	4	15	8	26	3
Hängeschweißzangen	4	7	5,2	11,5	6
	18	28	14	48	7
	31	50	19,5	84	6,5

(1) Werte veränderlich je nach Ausladung der Schweißarme

Widerstandsschweißmaschinen

Widerstands-schweißmaschine	Scheinleistung bei 50 % ED kVA	Anschlussleistung(1) kVA	Sekundär-Kurzschluss-stromstärke kA	Höchst-schweiß-leistung kVA	ED %
Punktschweißmaschinen (2-phasiger Anschluss)	50 80 120 170 200	48...75 94...147 109...253 172...317 330...407	20...25 22...35 31...41 25...46 54...67	80...100 123...196 181...338 123...423 440...542	19,1...12,2 21,2...8,4 21,7...6,3 27,0...8,0 10,4...6,8
Punktschweißmaschinen (Drehstromanschluss)	75 120	170 425...439	40...45 60...62	243...270 566...585	6...4,7 3,7...3,4
Buckelschweißmaschinen (zweiphasiger Anschluss)	50 80 120 170 250 315	84 168 340 450 530 680	28 40 55 65 70 80	112 224 453 600 710 900	9,7 6,5 3,5 4,0 6,3 6,1
Buckelschweißmaschinen (Drehstromanschluss)	120 200	375 780	70 105	660 10602)	2,4 4,6
Nahtschweißmachinen	100 170	100 170	20...23 20...29	– –	– –

(1) Werte veränderlich je nach Ausladung der Schweißarme

Schweißroboter
werden mit den unterschiedlichsten Schweißeinrichtungen bestückt, vom einfachen Lichtbogenschweißen bis hin zu leistungsstarken Buckelschweißmaschinen.

Die Daten der einzelnen Schweißverfahren können daher auch hier verwendet werden. Für die Auswirkungen von Netzrückwirkungen ist die meist höhere Häufigkeit der Schweißvorgänge allerdings eher als nachteilig zu betrachten.

Handbediente Punktschweißmaschinen erreichen je nach Material, Abmessungen und Schwierigkeitsgrad der Schweißpunktjustierung bei 2 s Punktabstand rund 30 Schweißpunkte/min. Leistungsstärkere Anlagen mit anderen Schweißaufgaben werden auch nur mit 2...3 Schweißungen/min betrieben. Die Schweißfolge ist also stark produktabhängig und kann daher nur vom Anwender der Schweißanlage genauer beziffert werden.

Beim Punkt- und Buckelschweißen sind Schweißzeiten von 1 bis 99 Perioden von 50 Hz üblich. In Schweißzeit je Schweißpunkt bzw. Schweißvorgang sind das 20 ms bis 1980 ms. Das Netz wird also nur während dieser relativ kurzen Zeiten mit stoßartigen Leistungen belastet. Was für derartige Vorgänge an der Anschlussstelle (Verknüpfungspunkt) mit dem NB-Netz benötigt wird, ist Kurzschlussleistung.

Diese kann nur durch große Leitungsquerschnitte bis hin zur nächsten Umspannstation oder durch geringen Abstand von einer solchen Umspannstation erreicht werden. In gewissem Maße spielen natürlich auch die eingesetzten Verteilungstransformatoren eine Rolle. Mit größerer Leistung und möglichst geringen Kurzschlussspannungen steigt die Kurzschlussleistung an.

Kurzschlussleistungen an den Sekundärklemmen von Verteilungstransformatoren am Beispiel eines 20-kV-/0,4-kV-Transformators:

Kurzschluss-leistung des vorgeschal-teten Netzes in MVA		Kurzschlussleistung im Niederspannungsnetz in MVA für						
	S_{rT} in kVA u_{kr} in %	100 4	250 4	400 4	630 6	1000 6	1250 6	1600 6
250		2,22	5,48	8,67	9,8	15,2	18,7	23,5
100		2,19	5,32	8,28	9,27	14,0	16,9	20,7
50		2,15	5,08	7,69	8,5	12,3	14,5	17,2

Ersatzstromanlagen oder auch Notstromaggregate, wie sie zur schnellen Wiederversorgung bei Netzstörungen oder zur kurzzeitigen Stromversorgung bei Netzbauarbeiten eingesetzt werden, können in aller Regel diese hohe erforderliche Kurzschlussleistung nicht aufbringen. Für die Schutzeinrichtungen dieser Geräte bilden die Schweißmaschinen eine kurzschlussähnliche Belastung. Dies führt zum eigentlich korrekten Ansprechen der Schutzeinrichtung im Ersatzstrom- oder Notstromaggregat.

Weitere technische Details sind den jeweiligen Herstellerunterlagen zu entnehmen, s. auch Merkblätter des Deutschen Verbandes für Schweißtechnik e. V. (DVS 1918).

Laser

Laseranlagen werden nach ihrer Lichtausgangsleistung bezeichnet. Dazu muss man für den Anschluss wissen, dass der Wirkungsgrad von Lasern nur knapp 10 % beträgt. Hinzu kommen Hilfseinrichtungen und Zubehör für den Betrieb.

Der Einsatz von Lasern ist inzwischen sehr vielseitig geworden, entsprechend sind die Leistungsunterschiede von Lasern sehr groß: vom kleinsten Laser mit nur einigen Milliwatt für nachrichtentechnische

Anwendungen bis hin zu den Leistungslasern in der industriellen Anwendung für Markierungs-, Abgleich- und Schneidarbeiten. Neuerdings werden Laser auch bei Dreh- und Fräsmaschinen zur Erwärmung von sehr harten Werkstoffen verwendet. Bei diesem Verfahren wird der Werkstoff punktuell vor der Schneidplatte des Drehmeißels oder Fräsers bis zur Rotglut erwärmt und sofort mit dem Werkzeug abgetragen. Moderne verschleißfeste und harte Werkstoffe lassen sich nur so bearbeiten.

Schneid- und Erwärmungslaser

	6-kW-Laser		14-kW-Laser		25-kW-Laser		45-kW-Laser	
	S kVA	P kW	S kVA	P kW	S kVA	P kW	S kVA	P kW
Leistungsteil	88	74	176	148	352	296	528	444
Frequenzumformer	11	10	22	20	44	40	66	60
Hilfsaggregate	8	9	11	10	18	16	25	22
Summenleistung	107	93	209	178	414	352	619	526

Röntgengeräte für den Einsatz in Arztpraxen und Kliniken

Typ	Anschluss-leistung kVA	max. Leistung bei Aufnahme kVA	max. Blind-leistung kvar	cos φ	Belich-tungszeit	Serien-aufnahmen Bilder/s
Röntgenkugel	1,3	2,2	–	0,5	–	–
Ergophos 4	7,7	26	–	0,82	–	–
Polyphos 30 M	23	68,4	–	–	4 ms...10 s	3
Polyphos 50 E	33	118	–	–	2 ms...10 s	8
Polydoros SX 50	43	130	–	–	2 ms... 5 s	8
Heliophos 4 S 5 S	12kW	65	57	0,5	20 ms... 5 s	3
Triomat 2	23kW	66	59	0,45	10 ms... 5 s	3
Tridoros 5s	23kW	86	70	0,58	3 ms... –	8
Garantix 1000	33	170	163	0,3	3 ms... –	8 (200)
Gigantos-Optimatic	42	230	207	0,43	–	
Pandoros-Optimatic	66	442	416	0,34	0,3 ms	bis 500

Die in der Tabelle angegebenen Werte wurden aus verschiedenen Herstellerangaben zusammengetragen. Alle Angaben sind Zirkawerte.

Schaustellerbetriebe

Bezeichnung	Anschlussleistung kW
Auto-Scooter	35...60
Ketten-Karussell (klein)	4
Kinder-Karussell	4...6
Helikopter	45...70
Riesenrad	15....120 (300)
Schiffschaukel	1...2
Schießstand	2...4
Achterbahn	90
Wellenflieger	100
UFO	160
Verlosungsstand	10
kleiner Imbissstand	15
Imbissstand	80...100
Festzelt	25...80
moderne Großanlagen	420 und mehr

Der Gleichzeitigkeitsfaktor der Schaustelleranlagen liegt erfahrungsgemäß bei etwa 0,8.

A 4 Kabel und Leitungen

A 4.1 Leitungsbezeichnungen

Tabelle A 7 Typenkurzzeichen-Schlüssel

Beispiel: H07 RN-F 3G1,5

Bedeutung	Kurzzeichen
Kennzeichen der Bestimmung	
Harmonisierte Bestimmung	H
Bisher anerkannter nationaler Typ	A
Nennspannung U_0/U	
100 V/100 V	01
300 V/300 V	03
300 V/500 V	05
450 V/750 V	07
Isolierwerkstoff	
PVC	V
Ethylen-Propylen-Gummi o. a. synthetisches Elastomer	R
Silikongummi	S
Mantelwerkstoff	
PVC	V
Ethylen-Propylen-Gummi o. a. synthetisches Elastomer	R
Polychloroprenkautschuk	N
Glasfasergeflecht	J
Textilgeflecht	T
Besonderheiten im Aufbau	
flache, aufteilbare Leitung	H
flache, nicht aufteilbare Leitung	H2
Leiterart	
eindrähtig	–U
mehrdrähtig	–R
feindrähtig bei Leitungen für feste Verlegung	–K
feindrähtig bei flexiblen Leitungen	–F
feinstdrähtig bei flexiblen Leitungen	–H
Lahnlitze	–Y
Aderzahl	…
Schutzleiter	
ohne Schutzleiter	X
mit Schutzleiter	G
Nennquerschnitt des Leiters	…

Beispiele für vollständige Leitungsbezeichnungen

PVC-Verdrahtungsleitung, 0,75 mm² feindrähtig, schwarz: H05V-K 0,75 sw

Schwere Gummischlauchleitung, 3-adrig, 2,5 mm² ohne grün-gelben Schutzleiter: A07RN-F 3 × 2,5 mm²

Tabelle A 8 Harmonisierte kunststoffisolierte Leitungen

Typenkurzzeichen nach VDE 0281	Bezeichnung	Typenkurzzeichen der abgelösten Typen nach VDE 0250
H03VH-Y H03VH-H	leichte Zwillingsleitungen Zwillingsleitungen	NLYZ NYZ
 H03VV-F H03VVH2-F	leichte Schlauchleitungen – runde Ausführung – flache Ausführung	 NYLHYrd NYLHYfl
HOSVV-F	mittlere PVC-Schlauchleitungen	NYMHY
 H05V-U H05V-K	PVC-Verdrahtungsleitungen mit eindrähtigem Leiter feindrähtigem Leiter	 NYFA, NYA NYFAF, NYAF
 H07V-U H07V-R H07V-K	PVC-Aderleitungen mit eindrähtigem Leiter mehrdrähtigem Leiter feindrähtigem Leiter	 NYA NYA NYAF

Tabelle A 9 Harmonisierte gummiisolierte Leitungen

Typenkurzzeichen nach VDE 0282	Bezeichnung	Typenkurzzeichen der abgelösten Typen nach VDE 0250
H05SJ-K	wärmebebeständige Silikon-Gummiaderleitungen	N2GAFU
H03RT-F	Gummiaderschnüre	NSA
H05RR-F(1)	leichte Gummischlauchleitungen	NLH, NMH
H05RN-F(1)	leichte Gummischlauchleitungen mit Polychloroprenmantel	NMHöu
H07RN-F(1)	schwere Gummischlauchleitungen	NMHöu und NSHöu

(1) je nach (z. B. mechanischer) Beanspruchung, erforderlicher Aderzahl und Nennspannung.

Tabelle A 10 Leitungsbauarten und Anwendungsgebiete (nach VDE 0298-3)

Bauart	Kurzzeichen	Nennspannung U_0/U	schutzisoliert	Anwendungsbeispiele
PVC-Mantelleitung	NYM, NYMZ, NYMT	300 V/500 V	ja	feste Verlegung über, auf, in und unter Putz und im Beton[(1)], in trockenen, feuchten und nassen Räumen sowie im Freien[(1)]; in explosionsgefährdeten Bereichen (s. VDE 0165); in Lagerräumen; in landwirtschaftlichen Betriebsstätten; in feuergefährdeten Betriebsstätten; in Hohlwänden; in Holzhäusern u. ä. Nicht im Erdreich. Die Bauarten im Traggeflecht (NYMZ) und Tragseil (NYMT) sind für Spannweiten bis 50 m geeignet. Es müssen aber witterungsbedingte Einflüsse beachtet werden, wie etwa Zusatzlasten durch Eisbelag.
Stegleitung	NYIF	230 V/400 V	nein	nur für trockene Räume bei fester Verlegung im und unter Putz.
Zwillingsleitung	H03VH-Y H03VH-H	300 V/300 V	ja	Anschlussleitung für leichte Handgeräte wie Rasierapparate, Radios, Uhren, Kaffeemühlen bei geringer mechanischer Beanspruchung
leichte PVC-Schlauchleitung	H03VV-F	300 V/300 V	ja	nur in trockenen Räumen bei geringer mechanischer Beanspruchung, z. B. für Haushaltsgeräte.
mittlere PVC-Schlauchleitung	H05VV-F	300 V/500 V	ja	in trockenen, feuchten, nassen und in explosionsgefährdeten Bereichen.
Gummischlauchleitung	H05RR-F	300 V/500V	ja	in trockenen Räumen bei geringer mechanischer Beanspruchung für Haushaltsgeräte und Werkzeuge; auch für feste Verlegung in Möbeln und Dekorationsverkleidungen zulässig

(1) NYM eingeschränkt verwendbar.

Tabelle A 10 *(Fortsetzung)*

Bauart	Kurz-zeichen	Nennspan-nung U_0/U	schutz-isoliert	Anwendungsbeispiele
	H05RN-F	300 V/500 V	ja	in trockenen, feuchten und nassen Räumen bei geringer mechanischer Beanspruchung sowie im Freien; zur festen Verlegung in Möbeln, Hohlräumen von Fertigbauteilen u. ä. Anwendungen; zum Anschluss von Haushaltsgeräten und Gartengeräten.
	H07RN-F	450 V/750 V	ja	in trockenen, feuchten und nassen Räumen, im Freien; bei mittlerer mechanischer Beanspruchung für Geräte in gewerblichen Bereichen, in der Landwirtschaft, auf Baustellen usw. Zur festen Verlegung ist diese Leitung ebenfalls zugelassen, z. B. auf Maschinen, Hebezeugen, in Wohnbaracken.
	NSSHöu	0,6 kV/1 kV	ja	in trockenen, feuchten und nassen Räumen und im Freien; bei hoher mechanischer Beanspruchung auf Baustellen, in der Industrie, im Tagebau usw.; auch zur festen Verlegung auf Putz zulässig sowie in explosionsgefährdeten Bereichen.
Sondergummiaderleitung	NSGAöu NS-GAFC-Möu	0,6 kV/1 kV 3,6 kV/6 kV	nein nein	in trockenen Räumen, in Verteileranlagen zur erd- und kurzschlusssicheren Verlegung.
	NYL, NYLRZY	4 kV/4 kV 8 kV/8 kV	– –	Leuchtröhrenleitung Leuchtröhrenleitung mit Metallumhüllung; nur für Leuchtröhrenanlagen zulässig (VDE 0128)
Leitungstrossen	NT...., NTS, NTM	0,6 kV/1 kV bis 18 kV/30 kV	ja	Leitungen für besonders hohe mechanische Beanspruchung auf Baustellen, Untertagebergbau, im Tagebau und in der Industrie.

Tabelle A 11 Kabelbauarten und Anwendungsgebiete (nach VDE 0293-3)

Bauart	Kurz-zeichen	Nennspan-nung U_0/U	Anwendungsbeispiele
Kunststoffisolierte Kabel ohne Metallmantel	NYY NAYY NYCY NYCWY	0,6 kV/1 kV	Energie- und Steuerkabel in Innenräumen, in Kabelkanälen im Freien und im Erdreich, wenn mechanische Beschädigungen nicht zu erwarten sind. In Erde kann ein mechanischer Schutz erforderlich sein, wenn mit Beschädigung zu rechnen ist. Für Industrie- und Ortsnetze, für Hausanschlüsse und als Straßenbeleuchtungskabel einsetzbar.
Kabel mit Aluminiummantel und äußerer Kunststoffhülle	NKLY, NAKLEY, NHEKLY	0,6 kV/1 kV	Kabel für Ortsnetze; in Innenräumen nicht üblich.
Papierbleikabel	NKBA NAKBA NEKBA	0,6 kV/1 kV	Kabel für Ortsnetze mit Erderwirkung des Bleimantels (Korrosionsschutz beachten); in Innenräumen nur mit flammwidriger Schutzhülle erlaubt oder es muss die Juteschutzhülle entfernt werden.
Kunststoffisolierte Kabel mit Bleimantel	NYK NYKY	0,6 kV/1 kV	Energie- und Steuerkabel; für Tankstellen und Raffinerien geeignet.
Gummiisolierte Kabel mit Bleimantel	NGK NGKA NGKY	0,6 kV/1 kV	Energie- und Steuerkabel

A 4.2 Mechanische Festigkeit · Mindestquerschnitte von Leitungen

Einen Mindestquerschnitt müssen Kabel und Leitungen haben, um auch eine ausreichende mechanische Festigkeit zu gewährleisten (neben der elektrischen Belastbarkeit). In VDE 0100-520 wurden deshalb Mindestquerschnitte festgelegt.

A 5 Installation

A 5.1 Installationszonen in Räumen

Vorgegebene Installationszonen sollen spätere Beschädigungen der unsichtbar unter oder im Putz verlegten Leitungen und Kabel vermeiden helfen. Grundsätzlich ist an Wänden senkrecht und waa-

Tabelle A 12 Mindestquerschnitte

Mindestquerschnitt mm² Cu	Anwendung
0,1	bewegliche Leitungen für leichte Handgeräte mit einer Stromaufnahme von max. 1 A und einer Leitungslänge von max. 2 m, auch in Melde- und Steuerstromkreisen für elektronische Betriebsmittel.
0,5	in Schaltanlagen und Verteilern bis max. 2,5 A Belastung sowie für bewegliche Anschlussleitungen bis 2 m Länge und max. 2,5 A Belastung; außerdem für Lichterketten zwischen den einzelnen Lampen. Die Anschlussleitung der Lichterkette muss aber mind. 0,75 mm² Cu aufweisen.
0,75	in Schaltanlagen und Verteilern zwischen 2,5 A und 16 A Belastung; für bewegliche Geräteanschlussleitungen bei max. 10 A Belastung; des weiteren für Fassungsadern und für die Anschlussleitung von Lichterketten.
1,0	in Schaltanlagen und Verteilern über 16 A; für bewegliche Geräteanschlussleitungen; Mehrfachsteckdosen mit einer Belastung zwischen 10 und 16 A.
1,5	für feste Verlegung.
2,5	separate Schutzleiter bei zusätzlichem mechanischem Schutz. Leiter für zusätzlichen Potentialausgleich mit zusätzlichem mechanischem Schutz.
4	separate Schutzleiter ohne zusätzlichen mechanischen Schutz. Leiter für zusätzlichen Potentialausgleich ohne zusätzlichen mechanischen Schutz.
6	Mindestquerschnitt für Hauptpotentialausgleich (in der Regel werden aber Leiter mit dem halben Querschnitt des Hauptschutzleiters angewendet).
10	Mindestquerschnitt für PEN-Leiter im TN-System.
16	verzinntes Kupferseil zum Überbrücken des Wasserzählers.

Für explosionsgefährdete Bereiche und ähnliche besondere Anlagen können in den einzelnen Bestimmungen andere Mindestquerschnitte festgelegt sein.

gerecht zu installieren. In Fußböden und Decken darf der kürzeste Weg gewählt werden.

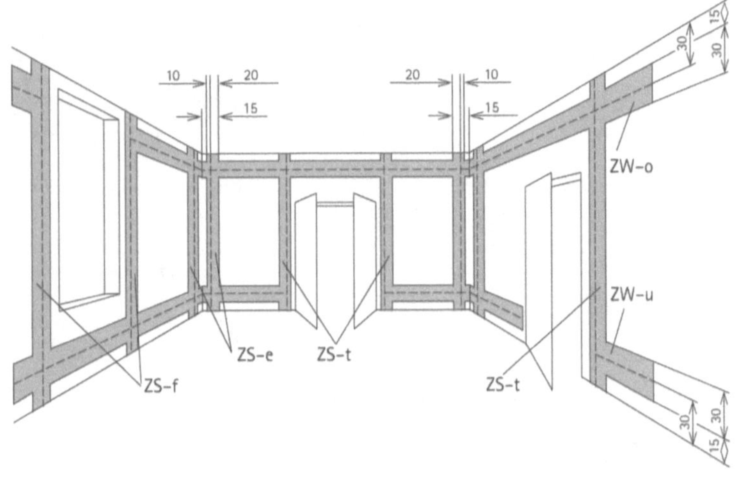

Man unterscheidet:

- *Waagerechte Installationszonen (ZW)* mit einer Breite von 30 cm. Die obere waagerechte Installationszone (ZW-o) verläuft im Bereich von 15 cm bis 45 cm unterhalb der fertigen Decke und eine untere waagerechte Installationszone (ZW-u) im Bereich von 15 cm bis 45 cm über dem fertigen Fußboden. In Küchen und sonstigen Arbeitsräumen kommt eine mittlere waagerechte Installationszone (ZW-m) in einer Höhe von 90 cm bis 120 cm über dem fertigen Fußboden hinzu.
- *Senkrechte Installationszonen (ZS)* mit einer Breite von 20 cm. Hier verlaufen die senkrechten Installationszonen 10 cm bis 30 cm neben den Rohbaukanten von Türen (ZS-t), von Fenstern (ZS-f) und von den Rohbauecken (ZS-e).

Schalter sollen möglichst in den senkrechten Installationszonen neben den Türen etwa 105 cm über dem fertigen Fußboden angeordnet werden. Über Arbeitsflächen soll der Abstand zum fertigen Fußboden etwa 115 cm für Steckdosen und Schalter betragen.

A 5.2 Aussparungen und Schlitze in Wänden

Das Unterputzverlegen von Kabeln, Leitungen, Rohrleitungen u. dgl. erfordert in der Regel Aussparungen und Schlitze im Mauerwerk. Bei Installationsarbeiten kommt es daher häufig vor, dass Schlitze und Aussparungen nachträglich herausgearbeitet werden müssen. Damit die Stabilität von Wänden nicht in unzulässiger Weise beeinträchtigt wird, müssen folgende grundsätzliche Punkte beachtet werden:

1. Aussparungen und Schlitze sind nur zulässig, wenn die Standfestigkeit nicht beeinträchtigt wird.
2. Das Stemmen von Aussparungen und Schlitzen ist ausdrücklich verboten!
3. In Schornsteinwangen ist das Anbringen von Aussparungen und Schlitzen nicht zulässig.

Ohne weiteren Nachweis sind folgende gefräste Schlitze und Aussparungen im gemauerten Verband nach DIN 1053-1 bzw. DIN EN 1996-1-1 bei Rezeptmauerwerk zulässig.

Tabelle A 13a Senkrechte gefräste Aussparungen und Schlitze (Maße in cm)

Wanddicke	≥ 11,5	≥ 15	≥ 17,5	≥ 20	≥ 24	≥ 30	> 36,5
Tiefe[1]	≤ 1	≤ 2	≤ 3	≤ 3	≤ 3	≤ 3	≤ 3
Einzelschlitzbreite[2]	≤ 10	≤ 10	≤ 10	≤ 12,5	≤ 15	≤ 20	≤ 20
Gesamtbreite der Schlitze je 2 m Wandlänge1	–	–	≤ 26	≤ 30	≤ 38,5	≤ 38,5	≤ 38,5

(1) Unter Beachtung besonderer Bedingungen sind auch tiefere Schlitze möglich.
(2) Je 2 m Wandlänge darf die Gesamtbreite aller dort befindlichen Schlitze die genannten Maße nicht überschreiten. Bei geringeren Wandlängen als 2 m sind die Werte proportional zur Wandlänge zu verringern.

Der Mindestabstand zu Öffnungen beträgt hier mindestens 11,5 cm. Einzelheiten siehe DIN 1996-1-1/NA.

Tabelle A 13b Waagerechte und schräge Schlitze (Maße in cm)

Wanddicke	≥ 11,5	≥ 15	≥ 17,5	≥ 24	≥ 30	≥ 36,5
Tiefe[1]	–	–	0	≤ 1,5	≤ 2	≤ 2
Tiefe bei max. 1,25 m Länge	–		≤ 2,5	≤ 2,5	≤ 3	≤ 3

(1) Unter Beachtung besonderer Bedingungen sind auch tiefere Schlitze möglich.

Der Abstand zu Öffnungen beträgt hier mindestens 49 cm. Genaue und weitere Randbedingungen siehe DIN 1996-1-1/NA.

Alle anderen Abmessungen von Schlitzen und Aussparungen müssen bei der Stabilitätsberechnung des Mauerwerks unbedingt berücksichtigt werden.

DIN 1996-1-1, s. auch [46]

A 5.3 Befestigungstechnik · Dübel

Zu den Hauptbefestigungsaufgaben des Elektroinstallateurs gehört das sichere Anbringen von Gehäusen, Verteilern, Kabelträgern u. ä. Bauteilen und Betriebsmitteln nach bauaufsichtlichen Vorschriften. Je nach Art der Befestigungsaufgabe sind Dübel unterschiedlicher Bauart erforderlich. Wichtig bei der Auswahl der richtigen Dübelart ist der Mauerwerkstoff, denn vom Mauerwerkstoff hängt im Wesentlichen die zulässige Belastbarkeit der Dübelverbindung ab. Welche Zugkräfte auf Dübelverbindungen wirken dürfen, sollte den Herstellerangaben entnommen werden.

A 6 Ausstattungsqualität elektrischer Anlagen in Wohngebäuden

Die Planungsnorm DIN 18015-2 behandelt Art und Umfang der Mindestausstattung von elektrischen Anlagen in Wohngebäuden. Zusätzlich hat die HEA – Fachgemeinschaft für effiziente Energieanwendung (früher: Hauptberatungsstelle für Elektrizitätsanwendung) für Vergleichsmöglichkeiten und funktionelle Bewertung der Elektroinstallation die Sternkennzeichnung erarbeitet. Die Gebrauchstauglichkeit der elektrischen Anlage wird dabei durch ihren Ausstattungswert – gekennzeichnet durch Sterne – bestimmt:

1. Drei Ausstattungswerte (Mindest-, Standard- bzw. Komfortausstattung für konventionelle Elektroinstallation (Beispiele für den Ausstattungsumfang zeigt Tabelle A 14; darüber hinaus macht die HEA in ihrer Fachinformation zu Elektrischen Anlagen in Gebäuden auch Angaben zu Kommunikationsanschlüssen u. v. a.),
2. drei *plus*-Ausstattungswerte, die zusätzlich die Gebäudesystemtechnik nach DIN 18015-4 in Abstufungen berücksichtigen.

Tabelle A 14 Stufen der Ausstattungswerte nach RAL-RG 678 für Steckdosen und Beleuchtungsanschlüsse

Raum	RAL-RG 678	Anzahl[1] der Steckdosen	Anzahl[1] der Auslässe f. Leuchten
Wohnzimmer (je nach Größe)	*	4...5	2...3
	**	8...11	2...3
	***	10...13	3...4
Schlafzimmer Eltern/Kinder, Büro, Gästezimmer	*	4...5	1...2
	**	8...11	2...3
	***	10...13	3...4
Küche (ohne/mit Essecke)	*	5...6	2...3
	**	10...11	3...4
	***	12...13	3...4
Hausarbeitsraum	*	3	1
	**	8	2
	***	10	3
Bad	*	2	2
	**	4	3
	***	5	3
WC-Raum	*	1	1
	**	2	1
	***	2	2
Flur	*	1	1...2
	**	2...3	2
	***	3...4	3

(1) Die Anzahl kann geringfügig von den HEA-RAL-RG 678-Angaben abweichen, da hier eine etwas andere Aufteilung gewählt wurde. Einige Steckdosen sind mindestens als Zweifach-Steckdose vorzusehen; sie zählen jedoch in der Tabelle nur als eine Steckdose.

A 7 IP-Schutzarten

Der Schutz elektrischer Betriebsmittel gegen Berührung, Fremdkörper und Wasser wird durch die Schutzart gewährleistet und durch ein alphanumerisches Kurzzeichen, den IP-Code, angegeben. Der IP-Code setzt sich aus den Code-Buchstaben IP (International Protection) und zwei Kennziffern (erste und zweite Kennziffer) sowie zwei Buchstaben (zusätzlicher und ergänzender Buchstabe) zusammen. Die erste Kennziffer gibt den Schutz gegen den Zugang zu gefährlichen Teilen und gegen feste Fremdkörper an (Tabelle A 15), die zweite den Schutz gegen schädliches Eindringen von Wasser (Tabelle A 16).

Tabelle A 15 Erste Kennziffer: Berührungsschutz – Fremdkörperschutz

IP-Code	Erläuterungen
IP0X	Kein besonderer Schutz. Eindringen von Fremdkörpern ist nicht verhindert.
IP1X	Schutz gegen das Eindringen fester Fremdkörper über 50 mm Durchmesser. Kein Schutz gegen absichtliches Berühren, größere Körperteile werden jedoch ferngehalten. Dies bedeutet gleichzeitig Schutz gegen Berühren mit dem Handrücken. (Schutz gegen große Fremdkörper)
IP2X	Schutz gegen das Eindringen fester Fremdkörper über 12,5 mm Durchmesser. Finger(1) und ähnliche Fremdkörper werden von sich bewegenden Teilen und unter Spannung stehenden Teilen ferngehalten. (Schutz gegen mittelgroße Fremdkörper)
IP3X	Schutz gegen das Eindringer fester Fremdkörper über 2,5 mm Durchmesser. Werkzeug u. dgl. mit größeren Abmessungen werden ferngehalten. (Schutz gegen kleine Fremdkörper)
IP4X	Schutz gegen das Eindringer fester Fremdkörper über 1 mm Durchmesser. Drähte, Werkzeuge usw. mit größeren Abmessungen werden ferngehalten. (Schutz gegen kornförmige Fremdkörper)
IP5X	Schutz gegen schädliche Staubablagerungen im Innern; die Arbeitsweise des Betriebsmittels darf dabei nicht beeinträchtigt werden das Eindringen von Staub ist jedoch nicht vollkommen verhindert;. Vollständiger Berührungsschutz. Prüfung in der Staubkammer.
IP6X	Schutz gegen das Eindringen von Staub. Prüfung in der Staubkammer. Vollständiger Berührungsschutz. (Staubdicht)

(1) Der gegliederte VDE-Prüffinger darf bis zur vollen Länge (80 mm) in das Gehäuse eindringen. Dabei muss ein ausreichender Abstand zu gefährlichen Teilen eingehalten werden.

Tabelle A 16 Zweite Kennziffer: Wasserschutz

IP-Code	Erläuterungen
IPX0	Kein besonderer Schutz, keine Prüfung
IPX1	Schutz gegen senkrecht fallendes Tropfwasser
IPX2	Schutz gegen schräg (15° zur Senkrechten) fallendes Tropfwasser
IPX3	Schutz gegen Sprühwasser (Wasser bis 60° zur Senkrechten).
IPX4	Schutz gegen Spritzwasser (Wasser aus allen Richtungen)
IPX5	Schutz gegen Strahlwasser (Wasserstrahl aus einer Düse aus allen Richtungen)
IPX6	Schutz gegen starken Wasserstrahl
IPX7	Schutz beim zeitweiligen Untertauchen (das Betriebsmittel wird unter festgelegten Druck- und Zeitbedingungen in Wasser untergetaucht)
IPX8	Schutz beim dauernden Untertauchen (das Betriebsmittel wird unter einem festgelegten Druck beliebig lange unter Wasser getaucht)

Dem IP-Code (zwei Ziffern oder X) können zusätzliche und ergänzende Buchstaben angefügt werden [48]. Sie bedeuten:

Schutz für Personen:
Zugang zu gefährlichen Teilen mit

A Handrücken

B Finger

C Werkzeug

D Draht

ist verhindert

Schutz des Betriebsmittels
(ergänzende Information):

H Hochspannungsgerät

M Bewegung während der Wasserprüfung

S Stillstand während der Wasserprüfung

W Wetterbedingungen

A 8 Sicherheitszeichen

Verbotsschilder

Schwarzes Symbol auf weißem Grund mit roter Umrandung und rotem Querbalken

Verbotsschild	Verbotsschild	Kombinationszeichen
D-P010: Schalten verboten	D-P009: Berühren verboten, Gehäuse unter Spannung	D-C002 zum Sichern gegen Wiedereinschalten
P 10: Nicht schalten	P 09: Nicht berühren, Gehäuse unter Spannung	

Die Verbotszeichen D-P010 (Schalten verboten) und D-P009 (Berühren verboten, Gehäuse unter Spannung) nach DIN 4844-2 (identisch mit P 10 (Nicht schalten) bzw. P 09 (Nicht berühren, Gehäuse unter Spannung) nach BGV A8/GUV-V A8) sind in ausreichender Anzahl und Größe bereitzuhalten.

Betriebsmittel, mit denen freigeschaltet wurde, sind gegen Wiedereinschalten zu sichern! An Schaltgriffen oder Antrieben von Schaltern, an Sicherungsunterteilen oder an Steuereinrichtungen, mit denen ein Anlagenteil freigeschaltet worden ist oder mit denen es unter Spannung gesetzt werden kann, muss für die Dauer der Arbeiten ein Verbotszeichen angebracht werden.

A 9 Prüffristen und Art der Prüfung von elektrischen Anlagen und Betriebsmitteln

Tabelle A 17 Prüffristen und Prüfungen

Art des Betriebsmittels	Prüffrist	Art der Prüfung
Elektrohandwerkzeuge	3–6 Monate	Inaugenscheinnahme (Prüfung
auf Baustellen	evtl. kürzer[1]	auf mech. Beschädigung), Prüfung der angewendeten Maßnahme zum Schutz bei Fehlerschutz
Elektrohandwerkzeuge im stationären Betrieb	6 Monate	wie vor
Büromaschinen	1–2 Jahre	wie vor
Fertigungseinrichtungen	1–2 Jahre	Sichtkontrolle und Prüfung des Schutzleiteranschlusses in Steckdosen mittels Prüfgerät
elektrische Anlagen und ortsfeste elektrische Betriebsmittel	mind. alle 4 Jahre	Schleifenwiderstand messen, (Außenleiter L1, L2, L3 gegen Neutralleiter N und Außenleiter L1, L2, L3 gegen Schutzleiter)
Fehlerstromschutzeinrichtungen (RCDs) – bei fliegenden Bauten – übrige nichtstationäre Anlagen	 arbeitstäglich monatlich	Messung der Fehlerspannung, Erdungswiderstandsmessung
Fehlerstrom- und Fehlerspannungsschutzeinrichtungen		durch Betätigen der Prüfeinrichtung
– bei nichtstationären Anl.	täglich	
– bei stationären Anlagen	alle 6 Monate	

Tabelle A 17 Prüffristen und Prüfungen *(Fortsetzung)*

Art des Betriebsmittels	Prüffrist	Art der Prüfung
Isolierende Schutz-bekleidung	alle 6 Monate und vor jeder Benutzung	auf augenfällige Mängel
isolierte Werkzeuge	vor jeder Benutzung	auf augenfällige Mängel
isolierte Schutz-vorrichtungen	vor jeder Benutzung	auf augenfällige Mängel
Betätigungs- und Erdungsstangen	vor jeder Benutzung	auf augenfällige Mängel
Spannungsprüfer	vor jeder Benutzung	auf augenfällige Mängel

(1) im rauen Baustellenbetrieb oder auf Mehrschicht-Baustellen.

Literaturverzeichnis

[1] Sicherheitsvorschrift für elektrische Starkstromanlagen. Elektrotechnische Zeitschrift, 2 (1896) S. 22–25

[2] *Weber, C. L.*: Erläuterungen zu den Sicherheitsvorschriften des Verbandes Deutscher Elektrotechniker. 3. Ausgabe, Berlin: Julius Springer, München: R., Oldenbourg, 1900

[3] Grundsätze für die Zusammenarbeit von Elektrizitätsversorgungsunternehmen und Elektro-Installateuren bei der Ausführung und Unterhaltung von elektrischen Anlagen im Anschluss an das Niederspannungsnetz der EVU. Frankfurt am Main: VDEW, 1966

[4] Unfallverhütungsvorschriften der Berufsgenossenschaften: DGUV Vorschrift 3 (frühwe BGV A3) Elektrische Anlagen und Betriebsmittel

[5] *Kreienberg, M.*: Wo steht was im VDE-Vorschriftenwerk? Stichwortverzeichnis zu allen DIN-VDE-Normen und VDE-Anwendungsregeln, unter Berücksichtigung von DIN-EN- und DIN-IEC-Normen mit VDE-Klassifikation. VDE Schriftenreihe Bd. 1. Berlin/Offenbach: VDE Verlag, 2021

[6] Gesetz über technische Arbeitsmittel (Gerätesicherheitsgesetz) von 01.05.2004

[7] *Meyer, T. R.*: Gerätesicherheitsgesetz. Berlin: Verlag für Technische Regelwerke, 1979

[8] *Hörmann, W.; Schröder, B.*: Schutz gegen elektrischen Schlag in Niederspannungsanlagen: Kommentar der DIN VDE 0100-410 (VDE 0100-410):2007-06. VDE-Schriftenreihe Bd. 140. 4. Aufl. Berlin/Offenbach: VDE Verlag, 2010

[9] *Luber, G.; Pelta, R.; Rudnik, S.*: Schutzmaßnahmen gegen elektrischen Schlag: Grundlagen und deren praktische Umsetzung: VDE-Schriftenreihe Bd. 9. 12. Aufl. Berlin/Offenbach: VDE Verlag, 2013

[10] *Kasikci, I.*: Projektierung von Niederspannungsanlagen: Betriebsmittel, Vorschriften, Praxisbeispiele. 4. Aufl. Heidelberg: Hüthig Verlag, 2018

[11] *Spindler, U.*: Schutz bei Überlast und Kurzschluss in elektrischen Anlagen: Erläuterungen zur neuen DIN VDE 0100-430:2010-10 und DIN VDE 0298-4:2003-08. VDE-Schriftenreihe Bd. 143. 3. Aufl. Berlin/Offenbach: VDE Verlag, 2010

[12] *Hochbaum, A.; Hof, B.*: Kabel- und Leitungsanlagen: Auswahl und Errichtung nach DIN VDE 0100-520. VDE-Schriftenreihe Bd. 68. 2. Aufl. Berlin/Offenbach: VDE Verlag, 2003

[13] *Kasikci, I.*: Kurzschlussstromberechnung in elektrischen Anlagen nach DIN EN 60909-0 (VDE 0102): Theorie, Vorschriften, Praxis, Betriebsmittelparameter und Rechenbeispiele. 6. Aufl. Expert Verlag, 2019

[14] *Schmolke, H.*: Potentialausgleich, Fundamenterder, Korrosionsgefährdung: DIN VDE 0100, DIN 18014 und viele mehr. VDE-Schriftenreihe Bd. 35. 8. Aufl. Berlin/Offenbach: VDE Verlag, 2013

[15] DIN 18014:2014-03: Fundamenterder: Planung, Ausführung und Dokumentation

[16] *Faber, U.; Grapentin, M.; Wettingfeld, K.*: Prüfung elektrischer Anlagen und Betriebsmittel – Grundlagen und Methoden: Allgemeine Rechtsgrundsätze, EG-Richtlinien, ProdSG, BetrSichV, EnWG, BGV A3, TRBS, DIN VDE 0100, DIN VDE 0105-100, DIN EN 60038 (VDE 0175-1), DIN EN 60204-1 (VDE 0113-1), DIN EN 61340 (VDE 0300), DIN EN 61010 (VDE 0411), DIN EN 61557 (VDE 0413), DIN VDE 0701-0702, DIN EN 61000-2/-6 (VDE 0839-2/-6), DIN EN 61000-4 (VDE 0847-4), DIN EN 60051. VDE-Schriftenreihe Bd. 124. Berlin/Offenbach: VDE Verlag, 2012

[17] *Luber, G. ; Rudnik, S.*: Badezimmer-Fibel, elektrische Anlagen für Räume mit Badewanne oder Dusche: Kommentar der DIN VDE 0100-701:2008-10.VDE-Schriftenreihe Bd. 141. Berlin/Offenbach: VDE Verlag, 2012

[18] *Cichowski, R. R.*: Baustellen-Fibel der Elektroinstallation: Elektrische Anlagen und Betriebsmittel auf Baustellen. Erläuterungen zu DIN VDE 0100-704, DIN EN 61439-4 (VDE 0660-600-4), BGI/GUV-I 608 und weiterer Normen und Unfallverhütungsvorschriften (UVV). VDE-Schriftenreihe Bd. 142. Berlin/Offenbach: VDE Verlag, 2014

[19] Elektrische Anlagen in der Landwirtschaft, Richtlinien zur Schadenverhütung, VdS 2067:2008-01

[20] *Hofheinz, W.*: Elektrische Sicherheit in medizinisch genutzten Bereichen: Normgerechte Stromversorgung und fachgerechte Überprüfung medizinischer elektrischer Geräte – DIN VDE 0100-100, DIN VDE 0100-410, DIN VDE 0100-710, DIN IEC/TS 60479-1, (VDE V 0140-479-1), DIN VDE 0701-0702, DIN EN 60601-1 (VDE 0750-1), DIN EN 61140 (VDE 0140-1),

DIN EN 61557-8 (VDE 0413-8), DIN EN 61557-9 (VDE 0413-9), DIN EN 62353 (VDE 0751-1). VDE-Schriftenreihe Bd. 117. 4. Aufl. Berlin/Offenbach: VDE Verlag, 2018

[21] *Rosa, A.*: Projektierung von Ersatzstromaggregaten: Errichten und Betreiben von Stromerzeugungsaggregaten nach DIN VDE 0100-551, DIN VDE 0100-560, DIN VDE 0100-710, DIN VDE 0100-718, DIN 6280, VDE-AR-N 4105, VDN-, BDEW-Richtlinien, baurechtlichen Regelungen wie EltBauVO, LAR usw. VDE-Schriftenreihe Bd. 122. 3. Aufl. Berlin/Offenbach: VDE Verlag, 2018

[22] *Wettingfeld, K.*: Explosionsschutz nach VDE und BetrSichV: Eine praxisnahe Einführung in die zu beachtenden Richtlinien, Verordnungen, technischen Regeln und Normen für den elektrischen Explosionsschutz – Richtlinie 94/9/EG – Betriebssicherheitsverordnung – TRBS – DIN EN 60079-xx (VDE 0165-xx). VDE-Schriftenreihe Bd. 65. 4. Aufl. Berlin/Offenbach: VDE Verlag, 2009

[23] TAB: Technische Anschlussbedingungen für den Anschluss an das Niederspannungsnetz. BDEW, 2012

[24] *Kern, A.; Wettingfeld, J.*: Blitzschutzsysteme 1: Allgemeine Grundsätze, Risikomanagement, Schutz von baulichen Anlagen und Personen – Erläuterungen zu den Normen DIN EN 62305-1 (VDE 0185-305-1):2011-10, DIN EN 62305-2. VDE-Schriftenreihe Bd. 44. 2. Aufl. Berlin/Offenbach: VDE Verlag, 2014

[25] *Kern, A.; Wettingfeld, J.*: Blitzschutzsysteme 2: Schutz für besondere bauliche Anlagen. Schutz für elektrische und elektronische Systeme in baulichen Anlagen. Erläuterungen zu den Normen DIN EN 62305-3 (VDE 0185-305-3):2011-10 (besondere bauliche Anlagen), DIN EN 62305-4 (VDE 0185-305-4):2011-10. VDE-Schriftenreihe Bd. 160. Berlin/Offenbach: VDE Verlag, 2014

[26] Blitzplaner. 3. Aufl. Neumarkt: Dehn + Söhne, 2013

[27] *Hasse, P.; Wiesinger, J.; Zieschank, W.*: Handbuch für Blitzschutz und Erdung. 5. Aufl. München: Pflaum Verlag, 2006

[28] *Hasse, P.*: Schutz von elektronischen Systemen vor Gewitterüberspannungen. ETZ (1979) S. 1335

[29] *Trommer, W.; Hampe, E.*: Blitzschutzanlagen, Planen, Bauen, Prüfen. 3. Aufl. Heidelberg: Hüthig, 2004

[30] VDE/ABB-Blitzschutztagung „Blitzschutz für Gebäude und elektrische Anlagen", März 1996, Kassel. VDE-Fachbericht 49. Berlin: VDE Verlag, 1996

[31] *Hasse, P.; Wiesinger, J.*: EMV-Blitz-Schutzzonen-Konzept. München: Pflaum Verlag, 1993

[32] *Vries, J. de; Ballewski, G.*: Telefon-/ISDN-Installationen: Grundlagen, Recht, Praxis. 3. Aufl. Heidelberg: Hüthig, 2002

[33] Elektrische Anlagen in feuergefährdete Betriebsstätten und diesen gleichzustellende Risiken, Richtlinien zur Schadenverhütung, VdS 2033:2007-09

[34] VDE-AR-N 4105:2018-11: Erzeugungsanlagen am Niederspannungsnetz – Technische Mindestanforderungen für Anschluss und Parallelbetrieb von Erzeugungsanlagen am Niederspannungsnetz

[35] *Schäffer, K. P.*: Dezentrale Netzeinspeisung aus der Sicht eines EWs. Bull. SEV/VSE 77 (1986) 6, 29. März, S. 322 ff.

[36] *Mombauer, W.*: Netzrückwirkungen von Niederspannungsgeräten: Spannungsschwankungen und Flicker. Theorie, Normung nach DIN EN 61000-3-3 (VDE 0838-3):2002-05 und DIN EN 61000-3-11 (VDE 0838-11):2001-04. VDE-Schriftenreihe Bd. 111. Berlin/Offenbach: VDE Verlag, 2006

[37] Grundsätze für die Beurteilung von Netzrückwirkungen. 3. Ausg. Frankfurt: VDEW, 1992

[38] DIN 18015-1:2013-09: Elektrische Anlagen in Wohngebäuden – Teil 1: Planungsgrundlagen

[39] DIN VDE 0100-520 Beiblatt 2:2010-10: Errichten von Niederspannungsanlagen – Auswahl und Errichtung elektrischer Betriebsmittel – Teil 520: Kabel- und Leitungsanlagen – Beiblatt 2: Schutz bei Überlast, Auswahl von Überstrom-Schutzeinrichtungen, maximal zulässige Kabel- und Leitungslängen zur Einhaltung des zulässigen Spannungsfalls und der Abschaltzeiten zum Schutz gegen elektrischen Schlag

[40] DIN VDE 0100-520 Beiblatt 3:2012-10: Errichten von Niederspannungsanlagen – Auswahl und Errichtung elektrischer Betriebsmittel – Teil 520: Kabel- und Leitungsanlagen – Beiblatt 3: Strombelastbarkeit von Kabeln und Leitungen in 3-phasigen Verteilungsstromkreisen bei Lastströmen mit Oberschwingungsanteilen

[41] DIN VDE 0100 Beiblatt 5:2021-06: Errichten von Niederspannungsanlagen; Beiblatt 5: Maximal zulässige Längen von Ka-

beln und Leitungen unter Berücksichtigung des Fehlerschutzes, des Schutzes bei Kurzschluss und des Spannungsfalls

[42] *Kiefer, G.; Schmolke, H.; Callondann, K.*: VDE 0100 und die Praxis: Wegweiser für Anfänger und Profis. 17. Aufl. Berlin/Offenbach: VDE Verlag, 2020

[43] *Hösl, A.; Ayx, R.; Busch, H.-W.*: Die vorschriftsmäßige Elektroinstallation: Wohnungsbau, Gewerbe, Industrie. 22. Aufl. Berlin/Offenbach: VDE Verlag, 2019

[44] *Ayx, R.; Kasikci, I.*: Projektierungshilfe elektrischer Anlagen in Gebäuden: Praxiseinführung und Berechnungsmethoden. VDE-Schriftenreihe Bd. 148. 8. Aufl. Berlin/Offenbach: VDE Verlag, 2018

[45] *Kasikci, I.*: Elektrotechnik für Architekten, Bauingenieure und Gebäudetechniker. Wiesbaden: Springer Fachmedien, 2013

[46] *Thierolf, H.*: Aussparungen und Schlitze in Mauerwerk zulässig. de 65 (1990) 2, S. 74

[47] *Heinhold, L.*: Kabel und Leitungen für Starkstrom. 5. Aufl, München: Siemens, 1999, MCD Verlag

[48] *Nowak, K.*: Von DIN 40050 zu EN 60529/DIN VDE 0470 Teil 1: IP-Schutzarten. de 68 (1993) 7, S. 488-494; 8, S. 620-624

[49] *Schmolke, H.; Callondann, K.*: Elektro-Installation in Wohngebäuden: Handbuch für die Installationspraxis. VDE-Schriftenreihe Bd. 45. 10. Aufl. Berlin/Offenbach: VDE Verlag, 2021

[50] *Rudolph, W.; Winter, O.*: EMV nach VDE 0100: EMV für elektrische Anlagen von Gebäuden: Erdung und Potentialausgleich nach EN 50130, TN-, TT- und IT-Systeme, Vermeidung von Induktionsschleifen, Schirmung, lokale Netze. VDE-Schriftenreihe Bd. 66. 3. Aufl. Berlin/Offenbach: VDE Verlag, 2000

Stichwortverzeichnis